普通高等教育系列教材

Java Web 应用开发技术与案例教程
第 2 版

张继军 董 卫 王婷婷 编著

机械工业出版社

本书从实用的角度出发，为 Java Web 开发人员提供了一套实用的开发技术，通过案例由浅入深地介绍这些技术的基本原理和应用，以及它们的整合应用。全书共 13 章，第 1～7 章是基础篇，介绍了 Java Web 开发所必需的基础知识，包括：Java Web 开发环境的搭建、静态网页开发技术（HTML、JavaScript、CSS）、JSP 技术、JDBC 数据库访问技术、JavaBean 技术、Servlet 技术，并基于 Java Web 常用的开发模式介绍了这些技术之间的关系与整合方法；第 8～13 章为提高篇，介绍了 Java Web 应用程序开发的高级技术和常用框架技术，包括：EL 和 JSTL 技术、jQuery 前端框架技术、Ajax 编程技术、过滤器和监听器技术、Web 开发中常用的实用技术、Struts2 框架技术等相关内容。

本书提供了丰富的案例程序，通过这些应用案例对开发、集成、部署及具体的实现过程和方法都给出了详尽的阐释，使理论与实践紧密结合，力求让读者通过这些案例领会并掌握 Java Web 开发中的各种基本技巧和设计方法。

本书主要面向初学者，特别适合高等院校和职业院校学生作为学习 Java Web 应用程序开发技术课程的教材，也可作为 Java Web 开发人员的学习资料和参考用书。

本书提供配套授课电子课件，需要的教师可登录 www.cmpedu.com 免费注册，审核通过后下载，或联系编辑索取（微信：15910938545；电话：010-88379739）。

图书在版编目（CIP）数据

Java Web 应用开发技术与案例教程 / 张继军，董卫，王婷婷编著. —2 版. —北京：机械工业出版社，2019.4（2025.1 重印）

普通高等教育系列教材

ISBN 978-7-111-63952-7

Ⅰ.①J… Ⅱ.①张… ②董… ③王… Ⅲ.①JAVA 语言-程序设计-高等学校-教材 Ⅳ.①TP312.8

中国版本图书馆 CIP 数据核字（2019）第 230281 号

机械工业出版社（北京市百万庄大街 22 号　邮政编码 100037）

策划编辑：郝建伟　　　责任编辑：郝建伟
责任校对：张艳霞　　　责任印制：常天培

固安县铭成印刷有限公司印刷

2025 年 1 月第 2 版·第 11 次印刷
184mm×260mm·21.5 印张·534 千字
标准书号：ISBN 978-7-111-63952-7
定价：69.00 元

电话服务　　　　　　　　　　　网络服务

客服电话：010-88361066　　　　机 工 官 网：www.cmpbook.com
　　　　　010-88379833　　　　机 工 官 博：weibo.com/cmp1952
　　　　　010-68326294　　　　金 书 网：www.golden-book.com
封底无防伪标均为盗版　　　　机工教育服务网：www.cmpedu.com

第 2 版前言

随着 Java Web 应用程序开发技术不断地升级更新，新的开发技术、开发思想、开发方法不断出现，各类流行的开发技术、开发框架也不断更新，新的技术内容得到补充，同时开发工具、程序的运行环境都在不断地改进与提高。这些技术、方法、开发工具、运行环境的升级更新，要求高校的教学内容也要不断地更新，以适应社会、企业发展的需求。基于这种思想，对本书进行了修订。

Java Web 应用程序一般分为前端程序和后端（后台）程序，对应的开发技术为 Web 前端开发技术和 Web 服务器端开发技术，在教材的修订过程中，重点更新、添加了与前端有关的开发技术，同时修订了原教材中不适应目前需要的技术，更改了原教材中存在的错误。本教材主要进行了以下改动。

1）对于 Java Web 应用的开发工具，目前最常用的是 MyEclipse 和支持 Java EE 框架的 Eclipse，在本教材中添加了支持 JavaEE 框架的 Eclipse 开发环境的搭建，以及开发过程与使用，同时将 MyEclipse 开发工具由 6.0 版本更新为 MyEclipse 2017 CI 版本，该版本集成了目前较新的相关 Web 组件，提供了更方便、快捷的开发设计过程。

2）HTML5 目前已经成为前端开发的主要技术，在第 2 章添加了 HTML5 的相关内容，重点给出了 HTML5 新的语法要求和新添加的标签、属性，以及对 HTML4 中废除的标签、属性，从而在前端页面设计中选用适合新要求的标签元素，同时为表单的设计提供了更方便的输入域组件和属性。

3）为了突出前端开发技术，增加了"jQuery 前端框架技术"并单独作为一章。将原教材的第 8 章拆分成两章："EL 和 JSTL 技术"作为一章，在"Ajax 技术"中添加了 JSON、jQuery 和 Ajax 的内容，构成了"Ajax 编程技术"一章，同时对相关的内容进行纠正、删除。

4）"Java Web 实用开发技术"一章集成了目前开发 Web 应用程序常用的实用技术，增加了"二维码创建与扫描识别"，以及 Java Web 对"Excel 电子表的访问操作"，并纠正了以前一些不合适的源代码。

5）对于 Java Web 的各种配置信息，目前一般都采用在源代码中的注释配置，修改了 Servlet、监听器、拦截器的配置方式，并基于 MyEclipse 2017 CI 开发工具，重新给出了 Servlet、监听器、拦截器的开发过程。同时，对原教材中所有涉及 Web 配置内容都修改为注释配置。

6）对于 Struts2 框架，修改为最新的 Struts2.5.16 版本，添加了基于注解方式配置 Action 的有关内容。由于目前 HTML5 提供了很好的输入域自动校验，所以删除了 Struts2 的输入验证的内容。

7）删除了"Hibernate 框架技术"一章。

8）通过应用案例，深入开展社会主义核心价值观教育，深化爱国主义、集体主义、社会主义教育，弘扬劳动精神、奋斗精神、奉献精神、创新精神、勤俭节约的精神，培养学生成为担当民族复兴重任的时代新人。

本书的修订编写由张继军、董卫、王婷婷完成。其中，第 8 章、第 9 章由王婷婷修改编写，第 10 章、第 12 章由董卫修改编写，其他章节由张继军修改编写。最后由张继军统稿、定稿以及进行所有源代码的验证。

为了方便教师备课，便于学生学习，本书配有电子课件（PPT 文件）和案例的源代码。如有需要可在机械工业出版社教育服务网下载。

希望通过这次修改，广大读者能够更喜欢本书。但同时，由于编者时间和能力有限，本书还会存在一些问题，请原谅并欢迎您对本书的内容提出意见和建议，我们将不胜感激。

编　者

第 1 版前言

Java Web 应用开发技术是目前最主流的 Web 应用开发技术之一。无论是高校的计算机专业还是计算机相关的专业、IT 培训机构，都将 Java Web 应用技术作为教学的内容之一。但目前有关 Java Web 应用的书多为技术参考书，不适合作为教材；而教材类书籍大多以 JSP 为主，缺乏多种 Web 技术的整合应用，不适应社会对 Web 技术人才的需求，更不能满足学生学习的需要。

目前，Java Web 应用的开发，都是多种 Web 技术的结合或整合应用。一个 Web 应用系统是由多种组件构成的，在开发、设计时，要根据不同组件的功能和特点，选取不同的 Web 技术给予实现，并将这些技术整合，从而完成应用系统的开发。为此，编者以培养和提高学生解决实际问题的应用能力，并能适应社会对 Web 应用开发的需求为目标编写了本书。

本书从实用的角度出发，介绍了 Java Web 应用开发的编程技术，从最基本的网页技术到 Struts2 MVC 框架技术和 Hibernate 框架技术，都给出了较为详细的介绍和应用案例。

本书的编写特别突出了以下两点。

1) 突出"系统观点和系统设计"的思想。Java Web 应用的开发实际上就是一个应用系统的开发，需要读者有一个整体的系统观念来组织、理解各部分的功能及其所使用的技术，在内容组织上以提高读者的"系统设计能力"为目标。

2) 贯穿"项目驱动、设计主导、案例教学"的思想。通过典型的案例，将知识要点融入案例中，在求解案例时，进一步加深对有关技术方法、知识的理解和应用；同时，每个案例都是一个 Web 应用系统，在设计中需要采用工程、系统的思想和方法。

书中的每个案例都按照软件工程的思想给出了详细的设计思想、设计方法、实现步骤的分析和描述，使读者在阅读学习中逐渐培养应用系统的开发方法和技能，提高读者的设计能力，这也是本书比较突出的特点。

本书的编写按 Web 技术设置章节，每种开发技术都与其相关的开发案例相结合。对每种技术采用"技术的基本知识"→"技术的应用案例"→"使用该技术所遇到的问题及其解决方法"的线路组织内容，在应用中提出问题、解决问题，引导读者探讨解决方法，提高读者的学习兴趣和积极性。

本书的第 7 章是第 1～6 章技术的整合应用，基于 Web 开发模式，实现 Web 技术之间的融合，集中介绍 Web 开发模式并形成对比，同时开发方法由简单模式到 MVC 模式逐步加深扩展，是培养读者提高系统认知能力和系统设计能力的特色内容；第 12 章的应用案例整合了 Struts2+Hibernate 及相关的技术，便于读者理解和掌握各种开发方法的使用及其特点，加深读者对 Web 技术的理解和掌握。

本书中所介绍的案例和例题都是在 Windows 7 和 MyEclipse、MySQL 环境下调试运行通过的。每个案例都按软件工程的思想给出了完整的设计思想和设计步骤，以帮助读者顺利地完成开发任务。从应用程序的设计到应用程序的发布，读者都可以按照书中所讲述的内容实施。作为教材，每章后均附有习题。

本书主要面向初学者，特别适合作为高等院校和职业院校学生学习 Java Web 应用程序开发技术课程的教材，也可作为 Java Web 应用开发人员的学习资料和参考用书。

本书由张继军、董卫编著。其中，第 1~4 章、第 7 章、第 11 章由张继军编写，第 5 章、第 6 章、第 8 章、第 9 章由张继军、董卫共同编写，第 10 章、第 12 章由董卫编写。另外，特别感谢费玉奎教授对本书的编写提出了很多宝贵的建议。

为了方便教师备课，本书还配有电子课件（PPT 文件）和案例的源代码。如有需要可在机械工业出版社网站下载。

感谢读者选择使用本书，由于时间仓促，书中难免存在不妥之处，欢迎广大读者对本书内容提出意见和建议，我们将不胜感激。

编　者

目　　录

XII

第1章　Java Web 应用开发技术概述

Java Web 是采用 Java 技术来解决相关 Web 互联网领域的技术总和，主要涉及 HTML、CSS、JSP、Servlet、JavaBean、JDBC、XML、Tomcat 基本技术以及 jQuery、Struts2、Hibernate 等框架技术。

本章简单介绍 Java Web 开发所需要的主流技术和常用框架技术，以及开发 Java Web 应用所需要的开发环境、运行环境和开发工具，并给出简单的 Web 应用程序的设计案例。

1.1　Java Web 应用开发技术简介

Java Web 应用开发是基于 Java EE（Java Enterprise Edition）框架的，而 Java EE 是建立在 Java 平台上的企业级应用的解决方案。

开发 Java Web 应用程序一般使用 Servlet 或者 Filter 拦截请求，使用 MVC 的思想设计架构，利用 XML（配置文件）或 Annotation（注释配置）实现配置，运用 Java 面向对象的性质、特点，实现 Web 请求和响应的流程控制。

1.1.1　Java Web 应用

"Java Web 应用"一般定义为：一个由 HTML/XML 文档、Java Servlet、JSP（Java Server Pages）、JSTL（Java Server Pages Standard Tag Library）、类以及其他任何种类的文件捆绑起来，并在 Web 容器上运行的 Web 资源构成的集合。

1. 容器

"容器（Container）"指的是提供特定程序组件服务的标准化运行时环境，通过这些组件可以在 JavaEE 平台上得到所期望的服务。容器的作用是为组件提供与部署、执行、生命周期管理、安全和其他组件需求相关的服务。

一般来说，软件开发人员只要开发出满足 Java EE 应用需要的组件并能安装在容器内就可以了。程序组件的安装过程包括设置各个组件在 Java EE 应用服务器中的参数，以及设置 Java EE 应用服务器本身，这些设置决定了在底层由 Java EE 服务器提供的多种服务（例如，安全、交易管理、JNDI 查寻和远程方法调用等）。

Java EE 平台对每一种主要的组件类型都定义了相应的容器类型。Java EE 平台由 Applet 容器、应用客户端容器（Application Client Container）、Web 容器（Servlet 和 JSP 容器）和 EJB 容器（Enterprise JavaBeans Container）这 4 种类型的程序容器组成。

1）EJB 容器——为 Enterprise JavaBean 组件提供运行时环境，它对应于业务层和数据访问层，主要负责数据处理，以及和数据库或其他 Java 程序的通信。

2）Web 容器——管理 JSP 和 Servlet 等 Web 组件的运行，主要负责 Web 应用和浏览器的通信，它对应于表示层。Web 容器是本书所使用的容器。

3）应用客户端容器——负责 Java 应用程序的管理与运行。

4）Applet 容器——负责在 Web 浏览器和 Java 插件（Java Plug-in）上运行 Java Applet 程序，对应于用户界面层。

每种容器内都使用相关的各种 Java Web 编程技术。这些技术包括应用组件技术（例如，Servlet、JSP、EJB 等技术构成了应用的主体）、应用服务技术（例如，JDBC、JNDI 等服务保证组件具有稳定的运行时环境）、通信技术（例如，RMI、JavaMail 等技术在平台底层实现机器和应用程序之间的信息传递）3 类。

2．组件

为了降低软件开发成本，适应企业快速发展的需求，Java EE 平台提供了基于组件的方式来设计、开发、组装和部署企业应用系统。

组件（Component）是指在应用程序中能发挥特定功能的软件单位。组件实质上就是几种特定的 Java 程序，只不过这些程序被规定了固定的格式和编写方法，它们的功能和使用方式在一定程度上被标准化了。例如，JavaBean 组件就是按照特定格式编写的 Java 类文件，JavaBean 对象可以通过 get/set 方法访问对象中的属性数据。

Java EE 平台主要提供了以下 3 类 Java EE 组件：

1）客户端组件——客户端的 Applet 和客户端应用程序。

2）Web 组件——Web 容器内的 JSP、Servlet、Web 过滤器、Web 事件监听器等。

3）EJB 组件——EJB 容器内的 EJB 组件。

3．组件与容器的关系

组件是组装到 Java EE 平台中独立的软件功能单元，每一个 Java EE 组件在容器中执行，容器为组件提供标准服务和 API，容器充当通向底层 Java EE 平台的接口。"连接器（connector）"在概念上驻留在 Java EE 平台的下方，连接器提供了可移植服务的 API，Java EE 应用使用这些 API 来插入到现有的企业应用中。连接器也被称为资源适配器，连接器为 Java EE 体系结构增加了另一种灵活性。

4．Java Web 应用的定义

基于"组件"和"容器"的观点，在 Java EE 平台下，Web 应用是满足下列要求的软件体系：

1）Java Web 应用由软件组件构成，这些组件根据其各自所属的层进行了分类。

2）组成 Java Web 应用的各种组件在对应容器中执行，容器为组件提供底层 Java EE API 的统一视图。

3）容器管理组件，并且为组件提供多种系统级服务。例如，生命周期管理、事务管理、数据缓存、异常处理实例池、线程以及安全性。即 Java Web 应用以分布式组件集合的形式存在，而各分布式软件组件在其各自的容器中运行。

4）Java Web 应用客户为应用提供用户界面，客户端向最终用户提供了一个窗口，最终用户可以通过该窗口使用 Java Web 应用提供的各种服务。

1.1.2　Java Web 应用开发技术

Java Web 应用程序供用户通过浏览器（例如 IE）发送请求，程序通过执行产生 Web 页面，并将页面传递给客户机器上的浏览器，将得到的 Web 页面呈现给用户。

一个完整的 Java Web 应用程序通常是由多种组件构成的，一般由表示层组件、控制层组件、业务逻辑层组件及其数据访问层（或持久层）组件组成：

● 表示层组件一般由 HTML 和 JSP 页面组成。
● 控制层组件一般是 Sevlet、过滤器、监听器。
● 业务逻辑层组件一般是 JavaBean 或 EJB。
● 持久层组件一般是 JDBC、Hibernate。

此外，Java Web 应用的各个组件需要在 XML 格式的配置文件中进行声明配置，然后打包，部署到 Java Web 服务器（例如 Tomcat）中运行。

下面简要介绍 HTML、CSS、JSP、Servlet、JavaBean、JDBC、XML、Tomcat、拦截器、监听器技术以及 Struts2 等框架技术。对于它们的具体内容，将在后面各章中详细介绍。

1．HTML

HTML（Hypertext Markup Language）即超文本链接标记语言。使用 HTML 可以设计静态网页。

2．CSS

CSS（Cascading Style Sheets）即层叠样式表，简称"样式表"，是一种美化网页的技术，主要完成字体、颜色、布局等方面的各种设置。

在 HTML 的基础上，使用 CSS 不仅能够统一、高效地组织页面上的元素，还可以使页面具有多样的外观。

3．JavaScript

JavaScript 是一种简单的脚本语言，在浏览器中直接运行，无需服务器端的支持。这种脚本语言可以直接嵌套在 HTML 代码中，它响应一系列的事件，当一个 JavaScript 函数响应的动作发生时，浏览器就会执行对应的 JavaScript 代码，从而在浏览器端实现与客户的交互。

JavaScript 增加了 HTML 网页的互动性，它可以在浏览器端实现一系列动态的功能，仅仅依靠浏览器就可以完成一些与用户的互动。

4．JSP

JSP 页面由 HTML 代码和嵌入其中的 Java 代码组成。在页面被客户端请求后，Web 服务器对 Java 代码进行处理，然后将生成的 HTML 页面返回客户端的浏览器。JSP 页面一般包含 JSP 指令、JSP 脚本元素、JSP 标准动作以及 JSP 内置对象。

5．Servlet

Servlet（Java 服务器小程序）是用 Java 编写的服务器端程序，是由服务器端调用和执行的。

Servlet 可以处理客户端传来的 HTTP 请求，并返回一个响应。它是按照 Servlet 自身规范设计的一个 Java 类，具有可移植性强、功能强大、安全、继承、模块化和可扩展性好等特点。

6．JavaBean

JavaBean 是用 Java 语言编写并遵循一定规范的类，该类的一个实例称为 JavaBean 实例，简称 Bean。JavaBean 实例可以被 JSP 引用，也可以被 Servlet 引用。

7．JDBC

数据库访问接口（Java Database Connectivity，JDBC）是 Java Web 应用程序开发中最主要的 API 之一，因为任何应用程序总是需要访问数据库的。它使数据库开发人员能够用标准的 Java API 编写数据库应用程序。JDBC API 主要用来连接数据库和直接调用 SQL 命令执行各种 SQL 语句。

8．XML

XML（eXtensible Markup Language）即可扩展的标记语言。在 Java Web 应用程序中，XML 主要用于描述配置信息。Servlet、Struts2 以及 Hibernate 框架都需要配置文件，它们的配置文件都是 XML 格式的。

9．Struts2

Struts2 框架提供了一种基于 MVC 体系结构的 Web 程序的开发方法，具有组件模块化、灵活性和重用性等优点，使基于 MVC 模式的程序结构更加清晰，同时也简化了 Web 应用程序的开发，是目前最常用的开发框架。

另外，还有 Ajax、EL、JSTL、过滤器、监听器、jQuery 前端框架等技术。

1.2　Java Web 运行环境及开发工具

Java Web 应用开发就是使用 Java 语言及其有关的开发技术，完成应用程序的开发过程。开发 Java Web 应用程序，需要相应的开发环境和开发工具。目前常用的 Java Web 开发工具主要是 MyEclipse 和支持 Java EE 框架的 Eclipse。

MyEclipse 是将 Eclipse、Web 服务器、Java JDK 等有关的组件集成在一起的开发工具，目前 MyEclipse 的版本是 MyEclipse 2017 CI 10，开发者下载 MyEclipse（下载网址为：http://www.myeclipsecn.com/），解压并安装，然后启动 MyEclipse 即可。唯一不足的就是，MyEclipse 是收费软件，安装后有一个月的免费试用期，开发者可以购买其使用权或者在免费期内使用。该软件的使用操作与 Eclipse 完全一样。

基于支持 Java EE 框架的 Eclipse 开发工具是完全开源和免费的，开发者需要自己搭建开发环境并集成有关的开发组件（Java JDK、Web 服务器——Tomcat，这些组件都是开源、免费的，可以从相关的官方网站上下载）。

本节主要内容包括：下载并安装 Java 的 JDK、下载并安装（Tomcat）服务器、下载集成开发工具并配置开发环境 Eclipse，以及下载安装 MyEclipse，并分别基于两种开发环境给出简单的 Java Web 应用程序设计、部署和测试。

1.2.1　Java JDK 的下载与安装

Java 开发工具包（Java Development Kit，Java JDK）是整个 Java 的核心，其中不仅包含 Java 运行环境 JRE（Java Runtime Environment），还包括众多的 Java 开发工具和 Java 基础类库（*.jar）。

1．下载 JDK 程序包

JDK 的下载地址为：http://www.oracle.com/technetwork/java/javase/downloads，提供了 Windows、Linux 等各种不同系统的使用的 JDK。在本书中，下载基于 Windows 操作系统的 jdk-8u51-windows-i586.exe 文件，可以随时进入该网站，下载最新的版本。

2．安装 JDK

双击安装文件 jdk-8u51-windows-i586.exe，系统自动进入安装进程，按照向导提示即可完成安装。假设将 JDK 安装于 C:\Program Files\Java 目录下（这是系统默认的安装目录），在该目录下有 jdk1.8.0_51 和 jre1.8.0_51 两个子目录，分别存放 Java 程序的开发环境 JDK 和运行环境 JRE（Java Runtime Environment）。

3. 设置 JDK 的环境变量

设置 JDK 的环境变量，需要设置 3 个环境变量的名字和值：JAVA-HOME、Path、classPath。其设置过程如下。

1）右击桌面上的"计算机"图标，选择"属性"→"高级系统设置"→"高级"→"环境变量"命令。打开如图 1-1 所示的界面，在"系统变量"列表框中寻找 JAVA_HOME 变量，如果没有找到，可以通过单击"新建"按钮，新建 JAVA_HOME 变量，并设置变量值为 Java JDK 安装路径，这里是 C:\Program Files\Java\jdk1.8.0_51，如图 1-2 所示；若找到，单击"编辑"按钮，将其修改为 C:\Program Files\Java\ jdk1.8.0_51 即可。然后，利用该变量设置 Path 和 classPath 变量值。

2）设置 Path 变量值。在系统原有的 Path 值后添加如下语句（注意：前面有个分号，且为英文的分号）：

```
;%JAVA_HOME%\bin;%JAVA_HOME%\lib;
```

3）设置 classPath 变量值。添加 classPath 变量，并设置值为：

```
%JAVA_HOME%\lib;
```

设置完成后，在桌面"开始"菜单处输入 cmd，进入命令行界面，然后输入 javac，出现如图 1-3 所示的界面，表示安装并设置成功。

图 1-1　环境变量设置　　图 1-2　新建环境变量示意图　　图 1-3　启动 javac 的命令行界面

1.2.2　Tomcat 服务器的安装与配置

开发 Java Web 程序，需要支持 Web 程序运行的服务器。Tomcat 是一个免费的、开源的 Serlvet 容器，可以从 http://tomcat.apache.org 处下载最新版本的 Tomcat。本书使用 Tomcat-v8.0 版本，下载文件为 apache-tomcat-8.0.23.exe。

1. 安装和配置 Tomcat

双击 Tomcat 安装文件 apache-tomcat-8.0.23.exe，将启动 Tomcat 安装程序，按照向导提示一直单击 Next 按钮，可自动完成 Tomcat 的安装。但要注意以下几点：

1）安装到如图 1-4 所示的安装界面时，要选择端口号和配置管理员用户名及密码。既可以按照默认值安装，也可以根据需要修改各项内容，但一定要记住修改后的端口号和管理员用户名及密码，因为在以后使用 Tomcat 的过程中要用到此两项内容。一般按默认值安装（端口号为：8080，用户名：空，密码：空）。

2）安装到如图 1-5 所示的界面，会自动搜索 Java 虚拟机的安装路径（安装的 JDK 路径），然后提供给用户确认。

注意：在安装Java JDK时，所安装的JRE目录位置

图 1-4　Tomcat 安装中设置端口号页面　　　　图 1-5　自动选择 Jre 安装路径

3）安装到如图 1-6 所示的界面，提示要设置安装目录。其默认路径是 C:\Program Files\Apache Software Foundation\Tomcat 8.0。可以根据自己的需要修改安装路径。

4）最后选择安装，则可完成 Tomcat 的安装。安装完成后，在 Windows 系统的"开始"→"所有程序"菜单下会添加 Apache Tomcat 8.0 Tomcat8 菜单组。

2．Tomcat 的目录结构

Tomcat 安装目录下有 bin、conf、lib、logs、temp、webapps 和 work 等子目录，其目录结构及相应用途如表 1-1 所示。

表 1-1　Tomcat 的目录结构及用途

Tomcat 目录	用途
/bin	存放启动和关闭 Tomcat 的命令文件
/lib	存放 Tomcat 服务器及所有 Web 应用程序都可以访问的 JAR 文件
/conf	存放 Tomcat 的配置文件，如 server.xml,web.xml 等
/logs	存放 Tomcat 的日志文件
/temp	存放 Tomcat 运行时产生的临时文件
/webapps	通常把 Web 应用程序的目录及文件放到这个目录下
/wtpwebapps	与目录 webapps 功能一样，是 Eclipse 默认部署目录，可改到 webapps 下
/work	Tomcat 将 JSP 生成的 Servlet 源文件和字节码文件放到这个目录下

注意：Java Web 应用程序部署完成后，被放置在/webapps 或/wtpwebapps 目录下。

3．测试 Tomcat

打开 IE 浏览器，在地址栏中输入 http://localhost:8080 或 http://127.0.0.1:8080，将会打开 Tomcat 的默认主页，如图 1-7 所示，表示 Tomcat 安装成功。

图 1-6　安装路径设置　　　　　　　　图 1-7　Tomcat 默认主页

1.2.3 Eclipse 集成开发工具的下载、安装与使用

Eclipse 是一个开放源代码的、基于 Java 的可扩展开发平台，提供了一个框架和一组服务，用于通过插件组件构建开发环境。

Eclipse 目前支持两种不同的开发，一种是支持 Java SE，另一种是支持 Java EE，在本书中，使用支持 Java EE 的 Eclipse。

在 http://www.eclipse.org/downloads/下载 Eclipse For Java EE 的 Eclipse。Eclipse 始终不停地进行改进和完善，从该网站可以下载最新版本的 Eclipse。

在本书中下载 eclipse-jee-luna-SR2-win32 文件，是 Luna 的 4.4.2 版本。下载后解压即可使用。假设解压路径为：D:\eclipse-jee-luna-SR2-win32\eclipse。

在使用 Eclipse 开发程序前，要配置 Eclipse 所采用的编码以及所使用的服务器，下面介绍具体的使用过程。

1．启动 Eclipse

在解压位置，找到文件 eclipse.exe 并双击启动 Eclipse，然后输入工作区路径，假设其工作区为 E:\java_web，界面如图 1-8 所示。单击 OK 按钮，继续启动系统，并出现开发应用程序界面，如图 1-9 所示。

图 1-8　启动 Eclipse 界面

图 1-9　Eclipse 开发界面

2．设置工作区编码方式

（1）设置工作区编码

选择"Window"→"Preferences"命令，打开对话框，然后展开"General"选项，选择"Workspace"选项，在"Text file encoding"选项组中选择"Other"单选列表后，在右边的下拉列表框中选择文本编码方式。示例中采用 UTF-8，如图 1-10 所示。设置后单击"Apply"按钮即可。

（2）配置 JSP 文件编码方式

展开"Web"节点并选择"JSP Files"选项，将 JSP 编码也设置成 UTF-8，如图 1-11 所示。

图 1-10　设置工作区编码

图 1-11　配置 JSP 文件编码方式

3．新建 Server——Tomcat 服务器

在 Eclipse 每个新建的工作区中，要添加 Web 服务器（这里添加 Tomcat 服务器）。

首先，打开 Servers 视图，Servers 视图一般在右下方可以找到，如果找不到，则可以通过下面的方式打开：选择 "Window" → "Show View" → "Servers" 命令，在 Servers 视图中右击，弹出快捷菜单，选择 "New" → "Server" 命令。操作过程如图 1-12 所示。

图 1-12　添加服务器界面

继续选择图 1-12 中的 "Server" 命令，打开如图 1-13 所示的窗口，在 1.2.2 节已经安装了 Tomcat 8.0.23，所以展开 Apache 节点并选中 Tomcat v8.0 Server，如图 1-14 所示。

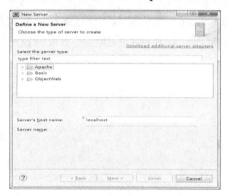

图 1-13　选择服务器类型　　　　　　　　图 1-14　选择服务器版本

继续单击 "Next" 按钮，得到如图 1-15 所示的界面，再单击 "Next" 按钮，出现如图 1-16 所示的界面。表示目前没有 Web 工程与该服务器绑定。对于如何绑定在后面章节中会给出详细说明。

图 1-15　选择服务器的已安装路径和 JRE　　　图 1-16　选择可以在服务器运行的 Web 程序

单击 "Finish" 按钮，出现如图 1-17 所示的界面，表示成功添加 Server，即 Eclipse 与设置的服务器绑定，使之在该工作区中所开发的 Web 工程可以在该服务器上运行。

图 1-17　已经设置服务器的界面

4．新建 Web 项目

选择"File"→"New"→"Dynamic Web Project"命令，打开如图 1-18 所示的对话框。

在"Project name"文本框中输入新的项目名称"card"。"Target runtime"选择刚才添加的服务器。"Configuration"选择对应的配置"Default Configuration for ApacheTomcat v8.0"。连续单击"Next"按钮，进入如图 1-19 所示的界面，选中"Generate web.xml deployment descriptor"复选框。单击"Finish"按钮完成新建 Web 项目的操作，显示出目录结构，如图 1-20 左侧所示。

图 1-18　新建 Web 项目界面

图 1-19　选中复选框界面

图 1-20　新建项目的初始开发界面

5．新建一个 JSP 文件

右击"WebContent"，选择"新建"→"JSP 文件"命令，输入文件名"index.jsp"，如图 1-21 所示。单击"Next"按钮，进入如图 1-22 所示的界面，单击"Finish"按钮，进入如图 1-23 所示的界面。

图 1-21　输入 JSP 文件名界面　　　　　　图 1-22　选择 JSP 模板界面

在图 1-23 所示界面中的<body>两标签之间输入一行代码"Java Web 应用的第一个演示程序!",并保存程序,即完成了 JSP 文件的设计。

图 1-23　JSP 编辑页面

6. 启动服务器,并运行该 Web 程序

(1)启动服务器

单击图 1-24 处所标注的按钮,启动服务器。

启动按钮

图 1-24　启动服务器界面

(2)运行 Web 工程

右击 JSP 页面,选择"Run on server"命令,出现如图 1-25 所示的对话框。选中最下面的复选框(以后修改程序后,再运行工程,就直接出现运行结果了)。再单击"Finish"按钮,出现如图 1-26 所示的对话框,表示所设计的工程运行正常。

图 1-25　选择服务器运行 JSP　　　　　　图 1-26　运行 JSP 的结果

除此之外，也可以在桌面浏览器中运行该工程。首先启动服务器，然后在浏览器的地址栏中输入网址：http://localhost:8080/card/index.jsp。

7．添加并发布项目或删除已经发布的项目

有的工程在创建时，没有与该工作区的服务器绑定，当工程设计完成后，需要将工程添加到服务器中，从而实现发布。

（1）添加并发布项目

首先打开 Servers 窗口，右击 Tomcat，选择"Add and remove"命令，如图 1-27 所示。

之后，进入如图 1-28 所示的界面，在左侧区域选中要添加的工程，单击"Add"按钮，从而将该工程添加到右侧，就完成了添加。注意：不是 Web 类型的项目将不允许添加。

在图 1-27 中，当单击"Publish"发布项目时，单击"Start"按钮启动 Tomcat。添加并部署后可以重启服务器。

（2）从服务器移走已部署发布的项目

在图 1-27 中，选中"Clean"命令，可以将已经部署完的项目从服务器中删除。

在图 1-28 中，将项目从右侧，移到左侧，可以解除项目与服务器的绑定。

图 1-27　添加并发布项目

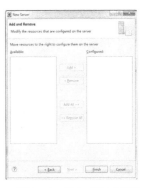
图 1-28　添加 Web 工程

1.2.4　MyEclipse 集成开发工具的下载、安装与使用

MyEclipse 是将支持 Java EE 的 Eclipse、Web 服务器、Java JDK（包括 JRE）等有关的组件集成在一起的开发工具，开发者下载 MyEclipse，解压并安装，然后启动 MyEclipse 即可。

唯一不足的是 MyEclipse 为收费软件，安装后有一个月的免费试用期，开发者可以购买其使用权或者在免费期内使用。

MyEclipse 更新比较快，目前 MyEclipse 的新版本是 MyEclipse 2017 CI 10，无论新版本还是以前的版本，其基本操作类似，只是在新版本中集成了更多的框架或第三方的 JAR 包。本书中，使用 MyEclipse 2017 CI 10 版本。

1．下载、安装 MyEclipse

MyEclipse 是一款商业的基于 Eclipse 的 Java EE 集成开发工具，官方站点是 http://www.myeclipseide.com/。进入到 MyEclipse 的下载页面后，有"在线安装包下载"和"离线安装包下载"，建议使用离线下载包进行安装。本书下载的是离线安装包，即下载文件 myeclipse-2017-ci-10-offline-installer-windows.exe。双击下载的文件，然后一直单击"Next"按钮，直至安装结束。

2．启动 MyEclipse

安装完成后可以从"开始"菜单下的"所有程序"中，找到"MyEclipse 2017 CI"程序，单击即可启动 MyEclipse。

启动后主界面显示"MyEclipse Dashboard"项，关闭该项后就可以开发 Web 程序了。这时 MyEclipse 界面如图 1-29 所示。注意：单击服务器选项后，就列出了目前可以使用的服务器，可以选择其中之一部署并运行 Web 程序。

图 1-29　MyEclipse 的工作界面

> 📖 说明：MyEclipse 是一个集成开发工具，在该工具中，已经内置服务器（MyEclipse-Derby 和 MyEclipse-Tomcate）以及 JDK、JRE，用户不需要配置服务器和 JDK、JRE，在该开发工具中就可以部署和运行所设计的 Web 程序。但是，Web 程序需要单独的运行环境，所以，在实际开发 Web 程序时，都需要配置自己所需要的服务器和运行环境 JDK、JRE。

3．使用 MyEclipse 创建 Web 工程并运行

使用 MyEclipse 的开发过程与使用 Eclipse 完全一样，这里不再介绍，在下一节中通过一个案例给出具体的设计过程以及实现方法。另外，需要说明的是，在本书后面的章节中都会使用 MyEclipse 给出相关例题、案例的开发设计。

1.3　Java Web 应用程序的开发与部署

本节介绍如何在 MyEclipse 下创建 Web 项目，以及如何部署、运行。

建立与部署 Java Web 项目的步骤如下：

1）启动 MyEclipse，并选择或创建新（设置）工作区。

2）建立 Java Web 项目。

3）设计并编写有关的代码（网页和 Servlet）。

4）启动 Web 服务器（Tomcat），然后运行程序。

5）若需要部署到其他服务器，还需要生成并发布 WAR 文件（将该文件直接复制到 Web 服务器的 webapps 目录下就可以访问该工程了）。

1.3.1 Java Web 应用的开发过程示例

本节创建一个 Web 项目，其工程名为"helloapp"，并设计一个 JSP 程序 hello.jsp，运行后，在浏览器上显示页面运行结果："Hello World!"。

下面给出详细的设计过程和设计说明。

第 1 步：启动 MyEclipse，并选择或创建新（设置）工作区。

启动 MyEclipse，并选择或设置工作区（工作区是项目所在的根目录位置），这里设置的工作区为：D:\JavaWeb2，启动后出现如图 1-29 所示的界面。

第 2 步：建立 Java Web 项目：helloapp。

选择"File"→"new"→"Web Project"命令，确定后，进入如图 1-30 所示的对话框，输入工程名称，单击"Finish"按钮，如图 1-31 显示了所建的工程，展开"helloapp"选项可得其工程目录，注意图中给出的说明。

图 1-30 创建工程

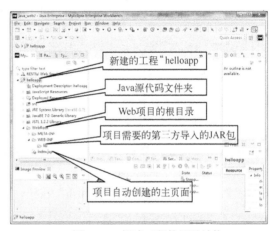

图 1-31 新建工程的目录结构

第 3 步：编写页面或 Java 代码。

编写一个只在浏览器上显示"Hello World!"的 JSP 页面。假设页面名称为"hello.jsp"。

1）建立 hello.jsp 文档。

选中工程的 WebRoot 目录，并选择"new"→"JSP"类型文档，如图 1-32 所示。

2）在图 1-33 中，输入文档名称"hello.jsp"，进入如图 1-34 所示的代码编写界面。

图 1-32 建立.jsp 文档的操作

图 1-33 输入 hello.jsp 文档名

图 1-34　JSP 代码编写界面

3）在设计窗口，修改成如下代码，设计完成后，要保存该文件：

```
<%@ page language="java" import="java.util.* " pageEncoding="UTF-8"%>
<html>
  <head>   <title>我的第一个 jsp 页面</title>  </head>
  <body>
      Hello Word!! <br>
  </body>
</html>
```

第 4 步：部署、运行项目。

1）部署项目：所谓部署就是将开发项目的各有关资源编译并存放到指定服务器的指定位置。选中服务器（这里选择 MyEclipse Tomcat），在图 1-35 中单击部署项目按钮，出现如图 1-36 所示的对话框，然后单击"Finish"按钮，完成部署。

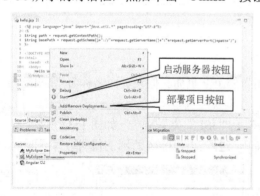

图 1-35　对服务器的操作界面

图 1-36　部署项目操作界面

2）启动服务器：重新选中服务器（参见图 1-35），并单击"Start"按钮，启动服务器。若在控制面板上无异常提示，则表示 Tomcat 正常启动。

3）启动浏览器：在地址栏中输入网址：http://127.0.0.1: 8080/helloapp/ hello.jsp，确定后显示如图 1-37 所示的运行界面。若运行结果不是所希望的，则需要修改代码，并重新部署和运行。

图 1-37　运行结果界面

1.3.2　Java Web 应用程序的打包与部署以及导入与导出

在前面的示例中，是将开发的应用程序直接部署到开发环境中的 Tomcat 下并运行。但若将一个 Web 程序部署到另一台计算机上，如何实现呢？如果将目前正在编辑、设计的 Web 程序转移到另外一台计算机上继续编辑、设计，如何实现呢？下面分别给出实现方法。

1. Java Web 应用程序打包成 WAR 文档

将 Web 程序打包成 Web 归档（WAR）文件。其处理过程如下：

选中要打包的工程，并选择"Emport"命令，如图 1-38 所示，选择"WAR File"命令，打开如图 1-39 所示的对话框，选择或创建要打包到的路径，这里给出的打包路径是：E:\helloapp.war。然后单击"Finish"按钮，完成打包，即在 E 盘上建立了 WAR 文件：helloapp.war。

图 1-38　打包命令　　　　　　　　　　图 1-39　创建打包路径

2. Java Web 应用程序打包后的部署

打包后的 Web 工程可以部署到另一台计算机的服务器下（Tomcat）或上传到其他网站的服务器上，实现重新部署。

将打包形成的 WAR 文件，直接复制（或上传）到 Tomcat 的 webapps 子目录下，系统自动解压。然后，重新启动服务器和浏览器，就可以像图 1-37 所示那样运行系统。

除了在 Tomcat 的 webapps 目录下创建（或部署）这个目录结构，还可以将此目录结构放在其他位置，然后通过配置虚拟目录的方法进行发布，1.3.3 节给出了虚拟目录的配置。

3. Java Web 应用程序的导入与导出

在开发 Web 工程时，经常需要将工程或工程中的一部分从一个工作区移到另一个工作区，这里需要采用 MyEclipse 中的导出和导入操作。

1）导出：导出操作过程与工程打包类似，如图 1-38 所示，选择"Emport"命令，按提示选择导出的类型并导出。

2）导入：其操作过程是，在 MyEclipse 中，选择"File"→"Import"→"General"→"Existing Projects"命令，选中"Copy Into Workspace"单选按钮，单击"Next"按钮选择保存的目录，单击"Finish"按钮。注意：在导入时，要根据导出时创建的类型，选择导入类型。

3）移植工程文件并重新编辑：若将当前正在编辑、设计的 Web 程序转移到另外一台计算机上继续编辑、设计，需要如下两步：

① 首先保存工程文件，并复制到另一台计算机上。

② 进入 MyEclipse 环境，将复制的工程导入即可，其操作过程是：在 MyEclipse 中，选择"File"→"Import"→"General"→"Existing Projects"命令，选中"Copy Into

Workspace"单选按钮，单击"Next"按钮，选择复制的工程目录，单击"Finish"按钮。

1.3.3 配置虚拟目录

在 Tomcat 服务器上部署 Web 程序的默认路径是 Tomcat 根目录下的 webapps 目录，若不想把 Web 工程的文件部署在 Tomcat 根目录下，可以采用虚拟目录的方法。

虚拟目录实际上是在服务器上做一个映射，把某个名称命名的目录指向另外一个事实上存在的目录。

在 Tomcat 中配置虚拟目录不需要重新启动，只需要在 Tomcat 安装目录的"conf/catalina/localhost"文件夹下新建一个.xml 文件。需要用如下语句配置虚拟目录：

```
<context   path="/jsp"              <!—path 设置虚拟目录的名字-->
           docBase="d:/helloapp"    <!-- docBase 具体的文件位置   -->
           debug="0"
           reloadable="true"
           crossContext="true">
</context>
```

其中，<context>表示一个虚拟目录，它主要有两个属性：path 为虚拟目录的名字，而 docBase 则是具体的文件位置。在这里配置的虚拟路径名称为 jsp，文件的实际存放地址为 d:/helloapp。将此文件保存为 jsp.xml，这样就可以通过在地址栏中输入地址 http://127.0.0.1/jsp/*.jsp 来访问这个虚拟目录中的 JSP 文件了，其中*.jsp 为目录 d:/helloapp 下的一文件。

例如，在 d:/helloApp 中存放一个名称为 first.jsp 的 JSP 文件，则可以在 IE 浏览器的地址栏中输入 http://localhost:8080/jsp/first.jsp 来访问该文件，该文件代码如下：

```
<!—    程序 first.jsp    -->
<%@ page contentType="text/html;charset=UTF-8"%>
<html>
    <head><title>虚拟目录测试页面</title></head>
    <body>
        <br><%out.println("虚拟目录测试页面<br>");
        out.println("Hello World!");
        %>
    </body>
</html>
```

浏览结果如图 1-40 所示。

图 1-40　通过设置虚拟目录来访问页面

本节介绍了开发环境的搭建步骤，并给出了一个简单的应用设计示例，使读者对 Java Web 的应用有了初步的认识和了解，在后面的章节中会详细介绍有关的技术、方法。

本章小结

本章重点介绍了 Java Web 应用开发与运行环境的建立，要建立开发与运行环境需要安装 JDK 及 Tomcat。本章详细讲解了两种软件的下载、安装及配置，然后介绍了如何创建和发布 Java Web 应用程序，并分别讲解了 Eclipse 和 MyEclipse 集成开发环境，使用它们可以方便、快捷地进行 JSP 程序的开发。本章最后介绍了其安装、配置及使用方法。

习题

按照本章所介绍的方法，下载和安装 JDK、Tomcat 和 Eclipse、MyEclipse，配置 Windows 操作系统下的 Java Web 应用开发环境。

1）安装 JDK，配置系统的环境变量，测试 JDK 安装是否成功。

2）安装并配置 Tomcat，安装完成后发布 Tomcat 的默认主页，完成 Tomcat 的启动和停止操作。

3）分别使用 MyEclipse 和 Eclipse 开发一个简单的 JSP 程序，并实现部署和运行。

4）创建一个虚拟发布目录，将例 helloapp.jsp 存入虚拟目录发布，重新运行。

第 2 章　静态网页开发技术

静态网页是指可以由浏览器解释执行而生成的网页，其开发技术主要有：HTML、JavaScript 和 CSS。HTML 是一组标签，负责网页的基本表现形式；JavaScript 是在客户端浏览器运行的语言，负责在客户端与用户互动；CSS 是一个样式表，起到美化整个页面的作用。

本章主要介绍 HTML、JavaScript 和 CSS 这 3 种技术及其使用，并给出设计案例。

2.1　HTML 网页设计

超文本标记语言（Hyper Text Markup Language，HTML）是用来编写网页文件的标准，定义了一组标签（tag，也称标记）用来描述 Web 文档数据。

用 HTML 编写的超文本文档称为 HTML 文档（文件），是一个放置了"标签"的文本文件，以".html"或".htm"为扩展名，是可供浏览器解释执行的网页文件（注意：对于 HTML 文档可以直接通过浏览器打开并解释执行，不需要使用服务器）。

网页设计是指通过"HTML 标签"控制，按一定的格式展示所希望的信息。也就是说，网页设计就是利用"有关标签"以及"标签的属性"设置控制要展示的信息。

目前，HTML 已经升级到 HTML 5 版本，但 HTML5 不再仅仅是一种标记语言，而是被广泛应用于 Web 前端开发的新一代 Web 语言。

本节先介绍 HTML 的基本内容，然后介绍 HTML5 有关的新增内容与使用。

2.1.1　HTML 文档结构与基本语法

如例 2-1 所示为一个 HTML 文档，HTML 文档的内容一般位于\<html\>和\</html\>之间，分为头部（head）和主体（body）两部分。在头部，可定义标题、样式等，文档的主体就是要显示的信息。

【例 2-1】　一个简单的 HTML 例子，文件名为"ch02_1.html"。

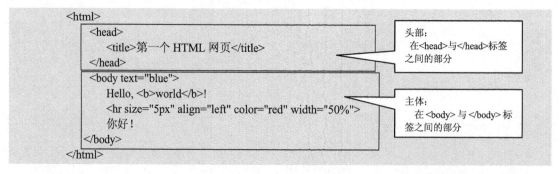

将文档以"ch02_1.html"为文件名保存，并在浏览器中打开，运行界面如图 2-1 所示。

图 2-1 例 2-1 的运行界面

1.HTML 标签

在 HTML 文件中，是以标签来标记网页结构和显示内容的。在例 2-1 的代码中，用"< >"括起来一些单词或字母，如<html>、<head>、<body>等，称为标签。标签用来分割和标记网页中的元素，以形成网页的布局、格式等。一个 HTML 标签及标签中嵌套的内容称为网页中的一个"HTML 元素"。例如"<title>第一个 HTML 网页</title>"是标题元素。

标签分为单标签和双标签两种类型。

（1）单标签

单标签仅单独使用就可以表达完整的意思。

基本语法：

    <标签名称/>

例如，
、<hr/>是单标签，其中，
可以实现换行功能，<hr/>可以绘制水平直线。

（2）双标签

双标签由"首标签"和"尾标签"构成，成对使用。

基本语法：

    <标签名称>内容</标签名称>

其中，"内容"部分就是要被这对标签施加作用的部分。例如，

    计算机

该语句表示"计算机"以粗体显示，其中，是首标签，是尾标签，该对标签规定它们之间的信息以粗体字显示在页面上。

2.标签的属性

HTML 通过标签告诉浏览器如何显示网页内容。另外，对标签元素还附加"控制信息"，进一步"规定"如何在网页上显示内容，这些控制信息称为"属性（Attribute）"。

基本语法：

    <标签名称 属性名 1="属性值" 属性名 2="属性值" ..... 属性名 n="属性值">

语法说明：属性应写在首标签内，并且和标签名之间由一个空格分隔。

例如，标签<hr>的作用是在网页中插入一条水平线，但是，要绘制什么类型（线的粗细、颜色等）的直线呢？对直线的粗细、颜色的限制，就需要使用标签的属性。

    <hr size="5px" align="center" color="blue" width="80%">

其中，align 为属性，center 为属性值（表示居中）；color 为颜色属性，其属性值为 blue（蓝色）；size 为字体大小属性，其属性值为 5px。

该语句的作用是在页面上绘制一条粗细为 5px 的蓝色直线,直线居于页面的中间,宽度占页面的 80%。

注意:属性值一般用""括起来,且必须使用英文双引号。

3.注释标签
注释标签用于在 HTML 源码中插入注释。注释会被浏览器忽略。
基本语法:

```
<!-- 注释内容 -->
```

2.1.2　HTML 的基本标签与使用

在 HTML 中,其常用的标签主要有:网页基本结构、注释标签、文本、图片、超链接、滚动字幕、定时刷新或跳转、表格、框架、层、表单等,下面给出这些基本标签的使用方法和使用格式。

1.网页基本结构控制标签
一个 HTML 文档一般由 3 对标签构成:<html></html>、<head></head>和<body></body>。

(1)<html></html>
这对标签用来标记该文件是 HTML 文档。<html>位于 HTML 文档的最前面,标记 HTML 文档的开始,</html>位于 HTML 文档的最后面,标记 HTML 文档的结束。

(2)<head></head>
这对标签内的"内容"是文档的头部信息,说明文档的基本情况,如文档的标题等,其内容不会显示在网页中。在此标签对之间可使用<title></title>、<script></script>等描述 HTML 文档相关信息的标签对。

(3)<body></body>
这对标签内的"内容"是 HTML 文档的主体部分,可以包含显示信息及其控制信息显示的各种标签,例如,<p></p>、<h1></h1>、
、<hr/>等标签,它们所定义的文本、图像等将会在网页中显示出来。

在设计网页时,通常首先需要设置网页的属性。常用的网页属性就是网页的颜色(bgcolor 属性)和背景图片(background 属性)。例如,利用图片 abc.png 作为网页的背景图片,可以对 body 标签设置的属性如下:

```
<body background="abc.png" >
```

<body>标签中的常用属性如下。
- bgcolor:设置网页背景颜色,例如,<body bgcolor="red">,设置红色背景。
- text:设置文档中文本颜色,例如,<body text="blue">,设置蓝色文本。
- background:设置网页的背景图片,例如,<body background="abc.png" >。

2.文本与段落标签
文本与段落标签是控制在网页上显示的信息的,常用的标签如表 2-1 所示。

表 2-1 文本与段落标签

标签	说 明
\<h#>\</h#>	标题标签，#=1,2,3,4,5,6，定义了 6 级标题，每级标题的字体大小依次递减，属性 align 设定对齐方式：center：居中；left：左对齐（默认）；right：右对齐
\\	黑体标签
\<i>\</i>	斜体标签
\\	加重文本标签（通常是斜体加黑体）
\<font>\</font> 注：该标签在 HTML5 中已不支持	字体标签：size 属性，设置字体大小，取值从 1 到 7；color 属性，设计字体颜色，使用名字常量或 RGB 的十六进制值；face 属性，设计字体字型，例如"宋体""楷体"等
\<p>\</p>	段落标签：align 属性，指定对齐方式
\<hr/>	水平分隔线标签：width 属性，设置线的长度（单位像素），size 属性设置线的粗细（单位像素），color 属性设置线的颜色，align 属性设置对齐方式
\ 	插入一个回车换行符

注意：各种标签可以嵌套，但不允许交叉。例如，

\ \\<font size="3">静夜思\</font>\ \

该语句的功能是显示一个段落，要求居中，同时进一步限制，以黑体字显示，再进一步要求，字体大小是 3 号字。

图 2-2 例 2-2 唐诗欣赏页面

【例 2-2】 如图 2-2 所示为一首唐诗欣赏的页面，根据该页面设计 HTML 文档：ch02_2.html。请仔细分析所使用的标签及其属性，以及它们的作用。

```
<html>
  <head> <title>文字网页</title> </head>
  <body>
    <h2 align=center>唐诗欣赏</h2>
    <hr width="100%" size="1" color="#00ffee">
    <p align="center"> <b><font size="3">静夜思</font></b> </p>
    <p align="center"
      <font size="2">李白</font><br/><br/>
      <b>床前明月光，<br/> 疑是地上霜。<br/>
      举头望明月，<br/> 低头思故乡。<br/>
      </b>
    </p>
    <hr width="100%" size="1" color="#00ffee"/>
    <p>
      <b>【简析】</b>这是写远客思乡之情的诗，诗以明白如画的语言雕琢出明静醉人的秋夜
的意境。
    </p>
    <hr width="400" size="3" color="#00ee99" align="left"/>
    版权&copy;:版权所有，违者必究
    <address>E-mail:abcdef@126.com</address>
  </body>
</html>
```

3. 列表标签

列表标签分为两类：有序标签和无序标签。

（1）有序列表标签：<ol></ol>

```
格式：<ol type="序号类型">
     <li>…</li>
     <li>…</li>
     …
     </ol>
```

其中，属性 type 指定列表项前项目符号的样式，其取值如下。

"1"：编号为阿拉伯数字（默认值）；

"a"：小写英文字母；

"A"：大写英文字母；

"i"：小写罗马数字；

"I"：大写罗马数字。

（2）无序列表标签：<ul></ul>

```
格式：<ul type="类型样式">
     <li>…</li>
     <li>…</li>
     …
     </ul>
```

其中，属性 type 指定列表项前项目符号的样式，其取值为：disc：实心圆点（默认值）；circle：空心圆点；square：实心方块。

（3）元素列表：<li></li>

<li></li>用于形成列表项，若在<ol></ol>之间，则在每个列表项前加上一个编号，若在<ul></ul>之间，则在每个列表项前加上一个规定的符号样式。

【例 2-3】 有序列表与无序列表应用示例，设计如图 2-3 所示的运行界面。

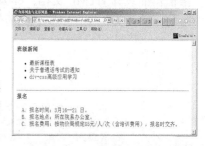

图 2-3　例 2-3 要求的设计界面

```
<!—程序 ch02_3.html -->
<html>
  <head> <title>有序列表与无序列表</title> </head>
  <body>
    <b>班级新闻</b>
    <ul type="disc">
        <li>最新课程表</li>
        <li>关于普通话考试的通知</li>
        <li>div+css 高级应用学习</li>
    </ul>
    <hr width="100%" size="1" color="red">
    <strong>报名</strong>
    <ol type="A">
        <li>报名时间：3 月 16—21 日。</li>
```

```
            <li>报名地点：所在院系办公室。</li>
            <li>报名费用：按物价局规定 85 元/人/次（含培训费用），报名时交齐。</li>
        </ol>
    </body>
</html>
```

4. 超链接标签

超链接是指从一个对象指向另一个对象的指针，它可以是网页中的一段文字，也可以是一张图片，实现从一个页面到另一个页面的跳转。

（1）超链接格式：

格式如下：

```
<a href="转向的网址或文档" target="目标框架值" >超链接名称或图片</a>
```

其中，属性 href 用于指定链接的目标（另一个网页的路径）。

在定义超链接的代码中，除了指定转向的文档外，还可以使用 target 属性来设置单击超链接时打开网页的目标框架，可以选择_blank（新建窗口）、_parent（父框架）、_self（在同一窗口中打开，是默认设置值）和_top（整页）等目标框架。

例如，定义一个超链接，显示文本为"在新窗口中打开百度网站"，代码如下：

```
<a href="http://www.baidu.com"  target="_blank">在新窗口中打开百度网站</a>
```

（2）超链接路径——href 属性取值

HTML 文件提供了 3 种路径：绝对路径、相对路径、根路径。

● 绝对路径：指文件的完整路径，包括文件的传输协议 HTTP、FTP 等。例如，http://www.baidu.com。
● 相对路径：指相对于当前文件的路径，它包含从当前文件指向目标文件的路径。相对路径的使用方法如表 2-2 所示。

表 2-2   相对路径的使用方法

相对路径	输入方法	示例
链接同一目录	直接输入要链接的文档名	index.html
链接上一目录	先输入"../"，再输入"目录名/文档名"	../images/pic1.jpg
链接下一目录	先输入目录名，再输入文档名	videos/v1.mov

● 根路径：根路径的设置以"/"开头，后面紧跟文件路径。例如，若当前路径为："abc/a1/a2/xyz.html"，该文档存放在 d 盘，"d:\"就为该文档的根目录，若要超链接到 d:/xyz/x1/x.html，则输入的超链接地址为："/xyz/x1/x.html"。

5. 图像和动画标签

格式如下：

```
<img src="url" height="" width ="">
```

其中，属性 src：指定图像源的 URL 路径（可以是绝对路径，也可以是相对路径）；alt（或者 title）：替代文本；height：图片的高度；width：图片的宽度；border：设置图像边框；align：设置图像的对齐方式。

【例2-4】 设计如图2-4a所示的页面（ch2_4.html），该页面中有超链接和图片链接，当单击其中之一（单击超链接或图片）时，都会跳转到图 2-4b 所示的页面（"泰山自然网页"，网址为：http://www.mount-tai.com.cn/nature.shtml）。

页面 ch2_4.html 的代码如下：

```
<html>
    <head> <title>超链接页面</title> </head>
    <body>
        <h4>超链接标签的使用</h4>
        <a href="http://www.mount-tai.com.cn/nature.shtml" >泰山风景介绍</a>
        <hr width="100%" size="1" color="red">
        <h4>图片链接标签的使用</h4>
        <a href="http://www.mount-tai.com.cn/nature.shtml" >
            <img src="image/taishan.jpg" width="80px" height="80px" alt="请单击该图片">
        </a>
        <br/> 泰山风景介绍
    </body>
</html>
```

a)

b)

图 2-4　例 2-4 的界面

a) ch2_4.html 的页面　b) 当单击超链接或图片时会跳转到的页面

6. 定时刷新或跳转

（1）定时自刷新

基本语法：

```
<meta http-equiv="refresh" content="1" />
```

该语句表示，页面每隔一秒刷新一次，其中属性 content 的值代表间隔的时间。

（2）定时自动跳转

基本语法：

```
<meta http-equiv="refresh" content="3;url=http://www.sohu.com" />
```

该语句表示，页面 3 秒后自动跳转到搜狐主页。

注意： 上述标签一般放在<head>标签中。

7. 表格

表格由行、列、单元格组成，可以很好地控制页面布局，固定文本或图像的输出，还可以任意进行背景和前景颜色的设置。

一个表格是由<table>、<tr>、<td>或<th>标签来定义的，分别表示表格、表格行、单元格。

（1）基本语法

```
<table>
    <caption>表格标题</caption>
    <tr><th>列名一</th><th>列名二</th>...</tr>
    <tr><td>数据一</td><td>数据二</td>...</tr>
    ...
</table>
```

（2）表格属性（<table>属性）

整个表格始于<table>而终于</table>，是一个容器标签，常用属性如表2-3所示。

表2-3　标签<table>的常用属性

属　　性	用　　途	属　　性	用　　途
width	表格宽度	cellpadding	边距
height	表格高度	cellspacing	间距
align	表格水平对齐方式	bgcolor	表格背景颜色
border	表格边框厚度	background	表格背景图像

（3）表格行的属性（<tr>属性）

<tr>的属性用于设定表格中某一行的属性。常用属性如表2-4所示。

表2-4　标签<tr>的常用属性

属　　性	用　　途
align	单元格水平对齐方式
valign	单元格中内容的垂直对齐方式：top：顶端对齐；middle：中间对齐；bottom：底端对齐
bgcolor	背景颜色

（4）<td>、<th>属性

<td>属性用于设定表格中某一单元格的属性；具体内容的容器，使用时要放在<tr>与</tr>之间。常用属性如表2-5所示。

表2-5　标签<td>、<th>的常用属性

属　　性	用　　途	属　　性	用　　途
align	水平对齐方式	valign	垂直对齐方式
background	背景图像	bgcolor	背景颜色
colspan	跨列数目（横向合并）	rowspan	跨行数目（纵向合并）
height	高度	width	宽度

【例2-5】　设计如图2-5所示的表格，该表格中有跨行、跨列单元格。 

图2-5　例2-5所要求的设计界面

```
<!--  程序 ch02_5.html-->
<html>
    <head> <title>表格标签举例</title> </head>
    <body>
        <table width="70%" border="1" align="center">
            <tr> <th colspan="3">期中成绩表</th></tr>
            <tr> <th>姓名</th><th>语文</th> <th>数学</th></tr>
            <tr> <td>张三</td><td colspan="2">100</td></tr>
            <tr> <td>李四</td><td>98</td><td>43</td></tr>
            <tr> <td>王晓彬</td><td rowspan="2">97</td> <td>78</td></tr>
            <tr> <td>成大才</td> <td>94</td> </tr>
        </table>
    </body>
</html>
```

2.1.3 HTML 表单标签与表单设计

表单是用户与服务器交互的主要方法，用户在表单中填入数据，提交给服务器程序来处理。表单是 Web 程序中使用最多的元素。

如图 2-6 所示就是一个含有表单的页面。表单是由文本框、密码框、多行文本框、单选、复选框、下拉菜单/列表、按钮、文件域、隐藏域等各种表单元素及其标签组成的。下面介绍表单的各种标签及其使用和表单的设计。

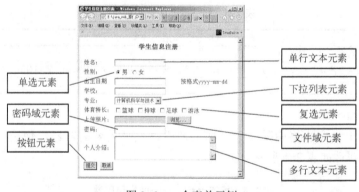

图 2-6　一个表单示例

1. <form>标签及其属性

表单是用<form>和</form>来定义的，<form>标签有 name、method、action、target 等属性。

基本语法：

```
<form name="表单名称" method="提交方法" action="处理程序">
    …
</form>
```

其中：属性 name 是表单对象名称，对于 method 和 action 属性的含义和使用。在本节中 3 个属性都给出"空值"。

2. <input>标签及其属性

<input>是一个单标签，它必须嵌套在表单标签中使用，用于定义一个用户的输入项。

基本语法：

<input name="输入域名称" type="域类型" value="输入域的值">

<input>标签主要有 6 个属性：type、name、size、value、maxlength、check。其中，name 和 type 是必选的两个属性。name 属性的值是响应程序（由 form 标签中的 action 属性指定）中的变量名。type 主要有 9 种类型，其使用格式和含义如表 2-6 所示。

表 2-6　input 输入域的 9 种类型

名　称	格　式	说　明
文本域	<input　type="text" name="文本字段名称" maxlength=" " size=" " value=" ">	size 与 maxlength 属性用来定义此区域显示的尺寸大小与输入的最大字符数
密码域	<input type="password"　name="密码字段名称" size=" "　maxlength=" " value=" " >	当用户输入密码时，区域内将会显示"*"号代替用户输入的内容
单选按钮	<input type="radio" name=" " value=" " checked />	checked 属性用来设置该单选按钮默认状态是否被选中。当有多个互斥的单选按钮时，设置相同的 name 值
复选框	<input type="checkbox" name=" " value=" " checked />	checked 属性用来设置该复选框默认状态是否被选中，当有多个复选框时，可设置相同的 name 值，也可以设置不同的 name 值
提交按钮	<input type="submit" name=" " value=" "/>	将表单内容提交给服务器的按钮
取消按钮	<input type="reset" name=" " value=" "/>	将表单内容全部清除，重新填写的按钮
图像按钮 image	<input type="image" src="图片"/>	使用图像代替 submit 按钮，图像的源文件名由 src 属性指定
文件域	<input type="file" name=" " size=" " maxlength=" ">	上传文件
隐藏域	<input type="hidden" name=" "　value=" " />	用户不能在其中输入信息，用来预设某些要传递的信息

3. 下拉列表框：<select>、<option>

在表单中，通过<select>和<option>标签可设计一个下拉式列表或带有滚动条的列表，用户可以在列表中选择一个或多个选项。

基本语法：

```
<select name="" size="" multiple>
    <option value="" selected>…</option>
    <option value="">…</option>
    ……
</select>
```

语法说明：

1）<select>标签有 name、size、multiple 这 3 个属性。

● name：设定下拉列表的名称。

● size：用于改变下拉列表框的大小，默认值为 1。

● multiple：表示允许用户从列表中选择多项，若缺省，则表示单选。

2）<option>标签有两个属性：value 和 selected，它们都是可选项。

● value：用于设置当该选项被选中并提交后，浏览器传送给服务器的数据。

● selected：用来指定选项的初始状态，表示该选项在初始时被选中。

4. 多行文本框<textarea>标签

基本语法：

```
<textarea   name="" rows="" cols="" wrap="off|virtual|physical">
     初始值
</textarea>
```

其中，rows 用于设置输入域的行数，cols 用于设置输入域的列数，wrap 用于设置是否自动换行。

2.1.4 表单设计案例——学生入校注册页面设计

前几节介绍了 HTML 的基本语法和常用标签，本节设计一个注册网页，以便读者掌握HTML 网页的设计思想和设计方法。

【例 2-6】 设计图 2-6（2.1.3 节中给出的）所示的学生信息注册网页。

【分析】该页面采用表单的方式设计，为了使页面各元素整齐排列，采用表格的方式控制元素的位置。该例中给出了表单常用的各种元素，请注意它们的使用特点。

【实现】

具体实现代码如下：

```
<html>
  <head> <title>学生信息注册页面</title> </head>
  <body>
  <h3 align="center">学生信息注册</h3>
    <form    name="stu" action="">
     <table>
     <tr> <td>姓名：</td> <td><input type="text" name="stuName"></td> </tr>
     <tr> <td>性别：</td>
        <td><input type="radio" name="stuSex" checked="checked">男
           <input type="radio" name="stuSex">女
        </td>
     </tr>
     <tr> <td>出生日期</td>
        <td><input type="text" name="stuBirthday"></td>
        <td>按格式 yyyy-mm-dd</td>
     </tr>
     <tr> <td>学校：</td><td><input type="text" name="stuSchool"></td></tr>
     <tr><td>专业：</td>
        <td><select name ="stuSelect2">
              <option selected>计算机科学与技术</option>
              <option >网络工程</option>
              <option >物联网工程</option>
              <option >应用数学</option>
           </select>
        </td>
     </tr>
     <tr> <td>体育特长：</td>
        <td colspan="2">
              <input type="checkbox" name="stuCheck" >篮球
              <input type="checkbox" name="stuCheck" >排球
              <input type="checkbox" name="stuCheck" >足球
              <input type="checkbox" name="stuCheck" >游泳
        </td>
     </tr>
     <tr><td>上传照片：</td> <td colspan="2"><input type="file"></td></tr>
```

```
            <tr><td>密码: </td><td><input type="password" name="stuPwd"></td> </tr>
            <tr><td>个人介绍: </td>
                <td colspan="2"><textarea name="Letter" rows="4" cols="40"></textarea> </td>
            </tr>
            <tr>
                <td><input type="submit" value="提交"><input type="reset" value="取消"></td>
            </tr>
        </table>
      </form>
    </body>
</html>
```

2.1.5 HTML 框架标签与框架设计

框架将浏览器窗口分割为几个部分,如图 2-7 所示就是一个框架,该框架被分为 4 个部分。

图 2-7　框架的简单结构

如何对页面中的框架进行分割呢?框架是利用<frame>标签与<frameset>标签来定义的。其中,<frame>标签用于定义框架,而<frameset>标签则用于定义框架集。框架标签要在 head 和 body 外部。框架的形成,需要水平分割和垂直分割,下面介绍具体的分割方式。

注意,在 HTML5 中,已经不再支持该类标签了,在使用时要注意。

1.窗口的分割与设置

框架集标签用于窗口的分割,可以水平分割,也可以垂直分割,还可以嵌套分割。分割时,可以指定子窗口的具体大小,也可以采用所占有的比例(百分比)进行分割。

(1)分割框架的语法结构

语法如下:

```
<frameset rows="高度 1,高度 2,..."  或者   cols="宽度 1,宽度 2,...">
    <frame src="网页 1">
    <frame src="网页 2">
            ...
</frameset>
```

语法说明:

① rows 属性表示是水平分割,cols 属性表示是垂直分割。

② rows(或 cols)属性的值代表各子窗口的高度(或宽度)。

- 对于 rows，是从上向下分割，各子窗口的高度依次为：高度 1，高度 2，…，直到最后一个*（代表最后一个子窗口的高度，值为其他子窗口高度分配后所剩余的高度）。
- 对于 cols，是从左到右分割，各子窗口的宽度依次为：宽度 1，宽度 2，…，直到最后一个*。

③ 设置高度（宽度）数值的方式有以下两种：

- 采用整数设置，单位为像素（px），例如，

```
<frameset rows="100,200,*">
```

该语句将窗口水平分为 3 个子窗口，第 1 个高度为 100 单位，第 2 个高度为 200 单位，第 3 个高度是原窗口高度值 300。

- 用百分比设置，例如，

```
<frameset rows="20%,50%,*">
```

该语句将窗口水平分为 3 个子窗口，第 1 个高度占原高度的 20%，第 2 个高度占原高度的 50%，第 3 个高度占原高度的 30%。

（2）窗口的嵌套分割

将水平分割框架与垂直分割框架实现嵌套，可以设计所需的任意框架结构。

注意：在嵌套分割时，每个被分割的窗口都是相对独立的，其分割形成子窗口的大小都是相对于被分割窗口的。

2. 子窗口的设置

基本语法：

```
<frame src="html 文件的位置" name="子窗口名称" scrolling="yes 或 no 或 auto">
```

语法说明：

① name 属性用于指定子窗口的名称，在该子窗口内显示由 src 属性指定的 HTML 文件网页内容。

② scrolling 属性用于控制窗口框架中是否显示滚动条，yes 表示显示滚动条，no 表示不显示滚动条，auto 为自动设置。

例如，框架中定义了一个子窗口 main，在 main 中显示 jc.html 网页，代码为：

```
<frame src="jc.html" name="main" scrolling="auto">
```

3. target 属性

在框架结构子窗口的 HTML 文档中如果含有超链接，当用户单击该超链接时，目标网页显示的位置由 target 属性指定，若没有指定，则在当前子窗口打开。

target 属性使用格式：

```
<a href="目标网页地址" target="显示目标网页的子窗口名字">超链接文字</a>
```

若 jc.html 中有一个超链接，在单击该超链接后，网页 new.html 将要显示在名为 main 的子窗口中，代码为：

```
<a href="new.html" target="main">需要链接的文本</a>。
```

2.1.6 框架设计案例——多媒体播放系统设计

将浏览器画面分割成多个子窗口时，可赋予各子窗口不同的功能。最常见的应用方式，就是以一个子窗口作为网页的主画面，另一个窗口则用于控制该窗口的显示内容。要达到这个目的，需要运用<a>标签的 target 属性，指定显示超链接网页的子窗口。

【例 2-7】 设计如图 2-8 所示的页面，其被划分为 3 个子窗口，上面的窗口为页面功能提示区，下左部分为不同类型播放的功能选项，下右部分为播放系统显示播放信息窗口。图片显示的是，当单击"图像显示"超链接时，所显示的图像（小鸭）。

图 2-8 例 2-7 所要求的设计页面

【分析】该题目首先进行页面框架设计，采用的是"厂"形的结构，整个页面分上、下两部分，而下部分又分为左右两部分。架构结构设计由程序 ch02_7_main.html 实现。上部分显示标题，由程序 ch02_7_top.html 实现，下左部分显示操作菜单，由程序 ch02_7_left.html 实现，下右部分显示运行界面，由程序 ch02_7_right.htm 实现，由 imgTag.html、imgTag.html 和 soundTg.html 实现具体的功能，通过主页面左边的操作选项，实现超链接。

【实现】

1）网页框架结构的设计，其代码如下：

```
<!--程序 ch02_7_main.html-->
<html>
    <head>    <title>多媒体播放系统</title> </head>
    <frameset rows="80,*">
        <frame src="ch02_7_top.html" name="top" scrolling="no">
        <frameset cols="140,*">
            <frame src="ch02_7_left.html" name="left" scrolling="no">
            <frame src="ch02_7_right.htm" name="right" scrolling="auto">
        </frameset>
    </frameset>
</html>
```

2）最上方的显示标题，代码如下：

```
<!--程序 ch02_7_top.html-->
<html>
    <head> <title>页面标题</title>  </head>
    <body> <center> <h1>多媒体播放系统</h1> </center> </body>
</html>
```

3）左边显示操作菜单，代码如下：

```
<!--程序 ch02_7_left.html-->
<html>
    <head> <title>菜单页面</title> </head>
    <body> <br><br><br>
```

```
    <p><a href=" ch02_7_imgTag.html" target="right">图像显示</a></p>
    <p><a href=" ch02_7_viwTag.html" target="right">视频播放</a></p>
    <p><a href=" ch02_7_soundTag.html" target="right">音乐播放</a></p>
  </body>
</html>
```

4）右边显示运行界面，代码如下：

```
<!--程序 ch02_7_right.htm-->
<html>
  <head> <title>信息显示页面</title> </head>
  <body background="image/2.jpg"></body>
</html>
```

5）图像显示页面，代码如下：

```
<!--程序 ch02_7_imgTag.html-->
<html>
  <head> <title>插入图像</title> </head>
  <body>
    小鸭! <img src="image/xy.gif" alt="小鸭" width="200" height="100" align="left">
  </body>
</html>
```

6）音乐播放页面，代码如下：

```
<!--程序 ch02_7_soundTag.html-->
<html>
  <head> <title>音乐无限</title>    </head>
  <body> <br> <br>
    <h2 align="center">笔记</h2>
    <img align="left" src="image/歌手 Z.jpg" width="200" height="200" alt="歌手.歌手 Z">
    <bgsound src="image/笔记.mp3" loop="1">
  </body>
</html>
```

7）视频播放页面，代码如下：

```
<!--程序 ch02-7-viwTag.html-->
<html>
  <head> <title>插入视频</title> </head>
  <body>
    backkom 熊<br><br>
    <img dynsrc="image/Backkom.wmv" loop="3">
  </body>
</html>
```

2.1.7　HTML5 语法与 HTML5 表单新特性

一直以来，HTML 页面的功能都是作为服务器端程序的一个视图来使用的，相对于 Web 程序，HTML 的功能太单薄了，只要涉及数据的处理，都不得不借助于 JavaScript 技术实现。为了弥补这种不足，HTML 规范中提供了许多 API，通过这些 API，HTML5 使 Web 客户端具有处理数据的能力。HTML5 提供了 Web 应用程序的功能。

HTML5 是在 HTML4 的基础上修改语法而形成的，添加了一些新的标签和属性，并且废除了一些标签和属性。本节对 HTML5 的相关语法及使用进行简单的介绍。

1．HTML5 语法的改变

主要有如下几项改变。

（1）HTML5 的 DTD 的声明

在编写 HTML5 文档时，要求指定文档类型，HTML5 中 DTD 声明方法如下：

```
<!DOCTYPE html>
```

在 HTML5 中不区分关键字大小写，引号也不区分是单引号还是双引号。

（2）设置页面字符编码

在 HTML5 中使用<meta>标签元素直接追加 charset 属性的方式指定字符编码，其格式如下：

```
<meta   charset="UTF-8">
```

注意，从 HTML5 开始，对文件的字符编码推荐使用 UTF-8。

（3）可以省略标记的元素

元素的标记分为 3 种情况：不允许写结束标记的元素；可以省略结束标记的元素；开始标记、结束标记都可以省略的元素。注意：被省略的标记还是以隐藏的方式存在的。表 2-7 列出了这 3 种情况的标签元素。

表 2-7　三种情况标签元素列表

不允许写结束标记的元素	可以省略结束标记的元素	开始标记、结束标记都可以省略的元素
br、hr、img、input、link、meta、base、param、area、clo、command、embed、keygen、source、track、wbr	li、dt、dd、option、thead、tbody、tr、td、th、rt、rp、optgroup、colgroup、tfoot	html、head、body、colgroup、tbody

（4）引号的使用

在 HTML 中使用属性时，属性值可以使用双引号、单引号括起来。在 HTML5 中，当属性值不包含空字符串、"<"、">"、"="、单引号、双引号等字符时，属性值两边的引号可以省略。

2．HTML5 的文档结构

为了更好地表达 HTML 的文档结构和语义，HTML5 新增了许多用于表示文档结构的元素，表 2-8 列出了新增的文档结构元素及其使用说明。

表 2-8　新增的结构元素及其说明

标签	说　　明
header	页面或页面中某一个区块的页眉，通常是一些引导和导航信息
nav	可以作为页面导航的链接组
section	页面中的一个内容区块，通常由内容及其标题组成
article	代表一个独立的、完整的相关内容块，可独立于页面中的其他内容使用
aside	非正文的内容，与页面的主要内容是分开的，被删除也不会影响到网页的内容
footer	页面或页面中某一个区块的脚
hgroup	代表网页或 section 的标题，当元素有多个层级时，该元素可以将 h1 到 h6 元素放在其内，如文章的主标题和副标题的组合
figure	表示一段独立的流内容，一般表示文档主体流内容中的一个独立单元。使用 figcaption 元素为 figure 元素组添加标题

3．HTML5 表单增加的新特性

在创建 Web 应用时，会用到大量的表单元素，HTML5 为表单添加了一些属性并改进了 input 元素。新增的属性如表 2-9 所示。

表 2-9　HTML5 中表单新增属性

属性名	说　明
form	对 input、output、select、textarea、button 与 fieldset 指定 form 属性，声明属于哪个表单，然后将其放置在页面的任何位置，而不失表单之内
placeholder	适用于 form 以及 type 为 text、search、url、tel、email、password 类型的 input 元素，对用户的输入进行提示，提示用户可以输入的内容
autofocus	对 input（type=text）、select、textarea 与 button 指定 autofocus 属性，让元素在页面打开时自动获得输入焦点
required	对 input（type=text）、textarea 指定 required 属性，该属性表示用户提交时进行检查，检查该元素内必定要有输入内容
autocomplete	辅助输入所有的自动完成功能，datalist 元素与 autocomplete 属性配合使用
formaction formenctype formmethod formnovalidate formtarget	为 input、button 元素增加新属性。 在每个 input、button 元素中都可以给出这些属性值（用户重载 form 元素的 action、enctype、method、novalidate 与 target 属性）
list	为 input 标签构造选择列表 list，值为 datalist 标签的 id（list 属性与 datalist 元素配合使用）
autocomplete min max multiple pattern step	为 input 标签增加的新属性： 1）multiple 属性允许上传时一次上传多个文件； 2）pattern 属性用于验证输入字段的模式，其实就是正则表达式； 3）step 属性规定输入字段的合法数字间隔（假如 step="3"，则合法数字应该是 −3、0、3、6，以此类推），step 属性可以与 max 以及 min 属性配合使用，以创建合法值的范围
novalidate	为 input、button、form 增加 novalidate 属性，可以取消提交时进行的有关检查，表单可以被无条件地提交
disabled	为 fieldset 元素增加 disabled 属性，可以把它的子元素设为 disabled 状态

HTML5 在对表单增加新属性外，增加和改良了 input 元素的种类，表 2-10 列出了其新增加的 input 种类。

表 2-10　input 元素新增加的种类

type 类型	说明与示例
email	email 地址类型：当格式不符合 email 格式时，提交是不会成功的，会出现提示；只有当格式相符时，提交才会通过。 在移动端获焦的时候会切换到英文键盘
tel	电话类型：在移动端获焦的时候会切换到数字键盘
url	url 类型：当格式不符合 url 格式时，提交是不会成功的，会出现提示；只有当格式相符时，提交才会通过
search	搜索类型，搜索关键字输入的文本框，同时有清空文本的按钮
range	range 类型，以滚动条的形式表示：特定范围内的数值选择器，具有 min、max、step 属性
number color datetime datetime-local time date week month	type:number：只能包含数字的输入框，具有 min、max、step 属性 type:color：颜色选择器 type:datetime：完整日期选择器（移动端浏览器支持） type:datetime-local：完整日期选择器，不含时区 type:time：时间选择器，不含时区 type:date：日期选择器 type:week：周选择器 type:month：月份选择器
file	文件选择输入框，可以指定 multiple 属性，一次可以选择多个文件

4．HTML5 中被废除的属性

HTML4 中的一些属性在 HTML5 中不再被使用，而是采用其他属性或其他方式进行替

代，表 2-11 列出了这些属性及其在 HTML5 中的替代方案。

表 2-11　HTML5 被废除的属性

在 HTML 4 中使用的属性	使用该属性的元素	在 HTML 5 中的替代方案
rev	link、a	rel
charset	link、a	在超链接中使用 HTTP Content-type 头元素
shape、coords	a	使用 area 元素代替 a 元素
longdesc	img、iframe	使用 a 元素链接到较长描述
target	link	多余属性，被省略
nohref	area	多余属性，被省略
profile	head	多余属性，被省略
version	html	多余属性，被省略
name	img	id
scheme	meta	只为某个表单域使用 scheme
archive、chlassid、codebose、codetype、declare、standby	object	使用 data 与 typc 属性类调用插件。需要使用这些属性来设置参数时，使用 param 属性
valuetype、type	param	使用 name 与 value 属性，不声明 MIME 类型
axis、abbr	td、th	使用以明确简洁的文字开头、后跟详述文字的形式。可以对更详细内容使用 title 属性，使单元格的内容变得简短
scope	td	在超链接中使用 HTTP Content-type 头元素
align	caption、input、legend、div、h1、h2、h3、h4、h5、h6、p	使用 CSS 样式表替代
alink、link、text、vlink、background、bgcolor	body	使用 CSS 样式表替代
align、bgcolor、border、cellpadding、cellspacing、frame、rules、width	table	使用 CSS 样式表替代
align、char、charoff、height、nowrap、valign	tbody、thead、tfoot	使用 CSS 样式表替代
align、bgcolor、char、charoff、height、nowrap、valign、width	td、th	使用 CSS 样式表替代
align、bgcolor、char、charoff、valign	tr	使用 CSS 样式表替代
align、char、charoff、valign、width	col、colgroup	使用 CSS 样式表替代
align、border、hspace、vspace	object	使用 CSS 样式表替代
clear	br	使用 CSS 样式表替代
compace、type	ol、ul、li	使用 CSS 样式表替代
compace	dl	使用 CSS 样式表替代
compace	menu	使用 CSS 样式表替代
width	pre	使用 CSS 样式表替代
align、hspace、vspace	img	使用 CSS 样式表替代
align、noshade、size、width	hr	使用 CSS 样式表替代
align、frameborder、scrolling、marginheight、marginwidth	iframe	使用 CSS 样式表替代
autosubmit	menu	

思考：对于 HTML5 的应用本节就不提供应用案例了，请读者对本节的例 2-1 到例 2-7，重新采用 HTML5 给出设计与实现，从而体验 HTML5 的性质和特点。

2.1.8　案例——基于 HTML5 表单新特性实现客户注册输入校验

在 2.1.7 节中，给出了 HTML5 语法及与 HTML5 表单新特性等有关的内容，本节基于 HTML5 表单新特性给出客户注册输入校验案例。对于各表单域所提供的输入值是否合法，以及是否符合所要求的格式，这就是表单的输入校验，通过该案例让读者重点理解表单各输入域采用新属性实现的校验方法。

【例 2-8】 采用 HTML5 有关标签及其属性设计如图 2-9 所示的页面，并根据图 2-9 所示的页面所给出的不同信息的输入要求进行表单数据的有效性验证，当不符合要求时，给出提示，并重新输入。

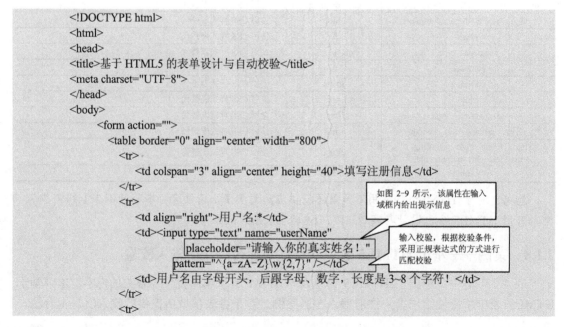

图 2-9　例 2-8 所要求的设计页面

【分析】输入表单的验证就是对表单中输入的数据进行校验，如果在表单中输入的数据不符合要求，则禁止提交，并给用户适当的提示信息，以便用户重新输入。只有当所有输入的数据符合所有要求后，才允许提交。在 HTML5 中新增了自动校验功能，对于输入信息的校验就非常方便了。

为了使页面整齐，采用了表格控制各输入域的位置。

【实现】实现代码如下（注意：在源代码中给出注释说明，进一步理解 HTML5 标签及其属性的应用）：

```html
<!DOCTYPE html>
<html>
<head>
<title>基于 HTML5 的表单设计与自动校验</title>
<meta charset="UTF-8">
</head>
<body>
    <form action="">
      <table border="0" align="center" width="800">
        <tr>
            <td colspan="3" align="center" height="40">填写注册信息</td>
        </tr>
        <tr>
            <td align="right">用户名:*</td>
            <td><input type="text" name="userName"
                placeholder="请输入你的真实姓名！"
                pattern="^{a-zA-Z}\w{2,7}" /></td>
            <td>用户名由字母开头，后跟字母、数字，长度是 3~8 个字符！</td>
        </tr>
        <tr>
```

如图 2-9 所示，该属性在输入域框内给出提示信息

输入校验，根据校验条件，采用正规表达式的方式进行匹配校验

36

```html
        <td align="right">密码:*</td>
        <td><input type="password" name="userPwd" required
            pattern="\d{6}" title="必须输入 6 个数字！"
            autofocus="autofocus" /></td>
        <td>设置登录密码，6 位数字！</td>
    </tr>
    <tr>
        <td align="right">确认密码:*</td>
        <td><input type="password" name="userPwd1" required /></td>
        <td>请再输入一次你的密码！</td>
    </tr>
    <tr>
        <td align="right">性别:*</td>
        <td><input type="radio" name="userSex" value="男" checked />男
            <input type="radio" name="userSex" value="女" />女</td>
        <td>请选择你的性别！</td>
    </tr>
    <tr>
        <td align="right">年龄:*</td>
        <td><input type="number" min="18" max="30"
            name="userAgel" required /></td>
        <td>年龄在 18~30 之间！</td>
    </tr>

    <tr>
        <td align="right">联系电话:*</td>
        <td><input type="tel" name="userTel" required /></td>
        <td>请填写您的常用联系电话，便于联系！</td>
    </tr>
    <tr>
        <td align="right">出生日期:</td>
        <td><input type="date" name="userDate" /></td>
    </tr>
    <tr>
        <td align="right" valign="top">基本情况:</td>
        <td colspan="2">
        <textarea name="userBasicInfo"    rows="5" cols="50"></textarea></td>
    </tr>
    <tr>
        <td colspan="3" align="left" height="40">
        <input type="checkbox" name="accept" value="yes" />
            我已经仔细阅读并同意接受用户使用协议</td>
    </tr>
    <tr>
        <td colspan="3" align="center" height="40">
            <input type="submit" value="确认" /> 
            <input type="reset" value="取消" /></td>
    </tr>
    </table>
    </form>
</body>
</html>
```

> 该属性校验输入域是否为空，这里设置不能为空自动校验

> 该属性设置网页启动后，首先将光标定位于该输入框，一个页面只能有一个输入域设置

> HTML5 新引入的输入域类型，为输入整型数据，并且规定了取值范围

> HTML5 新引入的输入域类型，为电话号码，并自动校验电话号码格式是否正确

> HTML5 新引入的输入域类型，日期类型，自动提供输入对话框以供选择日期

思考：HTML（HTML5）是 Web 程序设计最基础的技术，应该掌握相关标签的使用，以及对于例 2-7 是否可以使用 HTML5 网页的结构标签给出重新设计。另外，对于输入域的校验可以使用 HTML5，也可以使用 2.3 节给出的 JavaScript 技术实现。

2.2 CSS 样式表

在前面的内容中讲解了 HTML，利用 HTML 基本上可以编写出一个网页，但是这是不够的，一个好的网页需要在字体、颜色、布局等方面需要进行设置，需要给用户带来视觉冲击，下面介绍这种美化技术——CSS 技术。

层叠样式表（Cascading Style Sheets，CSS），也就是通常说的样式表。CSS 是一种美化网页的技术，通过使用 CSS，可以方便、灵活地设置网页中不同元素的外观属性，通过这些设置可以使网页在外观上达到一个更好的效果。

2.2.1 CCS 样式表的定义与使用

CSS 的处理思想是首先指定对什么"对象"进行设置，然后指定对该对象的哪方面"属性"进行设置，最后给出该设置的"值"。因此，可以说 CSS 就是由三个基本部分——"对象""属性"和"值"组成的。

在 CSS 的三个组成部分中，"对象"是最重要的，它指定了对哪些网页元素进行设置，因此，它有一个专门的名称——选择器（Selector）。

定义选择器的基本语法：

```
selector{属性:属性值;属性:属性值;…}
```

📖 说明：

1）选择器通常是指希望定义的 HTML 元素或标签。CSS 选择器分为以下三种类型。
● 标签选择器：通过 HTML 标签定义选择器。
● 类别选择器：使用 class 定义选择器。
● ID 选择器：使用 id 定义选择器。
2）属性（Property）是希望要设置的属性，并且每个属性都有一个值。属性和值被冒号分开，属性之间用分号间隔，并由花括号包围。例如，

```
p {background-color:blue;color:red}          //定义标签 p 选择器
.cs1{font-family:华文行楷;font-size:15px}       //定义类别选择器.csl
#cs2{color:yellow}                            //定义 id 选择器#cs2
```

1. CCS 样式表的定义

定义 CCS 样式表实际就是定义 CCS 选择器，由于 CSS 选择器有 3 种类型，所以，其定义方式也有 3 种。

（1）标签选择器——通过 HTML 标签定义样式表

基本语法：

```
引用样式的对象{标签属性:属性值;标签属性:属性值;标签属性:属性值;…}
```

例如，在<h1></h1>标签对和<h2></h2>标签对内的文本居中显示，并采用蓝色字体的样式表为：

```
h1,h2{text-align:center;color:blue;}        //定义标签 h1,h2 的选择器
<h1>中国</h1>                    //使用选择器，在页面中以标题 1 的字体居中，蓝色字显示
<h2>北京天安门</h2>              //使用选择器，在页面中以标题 2 的字体居中，蓝色字显示
```

（2）类别选择器——使用 class 定义样式表

若要为同一元素创建不同的样式或为不同的元素创建相同的样式，可以使用 CSS 类选择器，CSS 类有两种格式，定义时，在各自定义类的名称前面加一个点号。

格式1：

```
标签名.类名{标签属性:属性值;标签属性:属性值;标签属性:属性值;...}
```

注意：这种格式的类指明所定义的样式只能用在类名前所指定的标签上。

例如，若要使两个不同的段落，一个段落向右对齐，一个段落居中对齐，则先定义两个类别选择器：

```
p.center{text-align:center;}
p.right{text-align:right;}
```

然后用在不同的段落里，在 HTML 标签里加入上面定义的"类"即可：

```
<p class="right"> 这个段落向右对齐</p>
<p class="center"> 这个段落居中对齐</p>
```

格式2：

```
.类名{标签属性:属性值;标签属性:属性值;标签属性:属性值;...}
```

注意：该格式的类使所有 class 值为该类名的标签都遵守所定义的样式，例如，

```
.text {font-family: 宋体;color: red;}    //定义类别选择器 text
<p class ="text">段落文本</p>            //p 标签引用类别选择器 text
<h1 class ="text">标题文本</h1>          //h1 标签引用类别选择器 text
```

该定义的功能是：在<p></p>标签对和<h1></h1>标签对上分别使用 text 类，使标签对中的文本字体为宋体、颜色为红色。

（3）ID 选择器——使用 id 定义样式表

在 HTML 页面中，ID 选择符用来对某个单一元素定义单独的样式，定义 ID 选择符要在 ID 名称前加上一个"#"号。

基本语法：

```
#id 名称{标签属性:属性值标签属性:属性值;标签属性:属性值;...}
```

注意：使用该类样式表时，需要在该样式的网页内容前加属性 id="id 名称"，例如，

```
#sample{font-family:宋体;font-size:60pt}  //首先定义 id 选择器
<p id=sample>段落文本</p>   //使用 id 选择器，使标签内的文本以 sample 样式显示
```

2．样式表的使用

在 HTML 中使用 CSS 有 4 种方式：行内式、内嵌式、链接式、导入式。

（1）行内式（不需要定义选择器）

利用 style 属性直接为元素设置样式，只对当前的标签起作用。例如，

```
<p style="color:#FF0000; font-size:20px; text-decoration:underline;">正文内容 1</p>
<p style="color:#000000; font-style:italic;">正文内容 2</p>
```

（2）内嵌式

这种方式需要先定义有关的选择器，然后再使用。利用<style></style>标签对将样式表（选择器）定义在<head></head>标签对之间，内嵌式样式表的作用范围是本 HTML 文档内。例如，

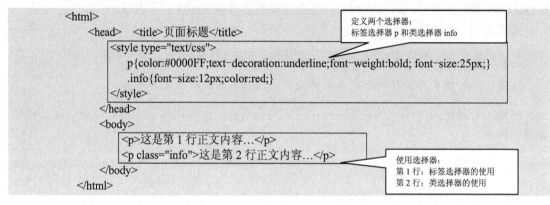

（3）链接式

外联式样式表是将定义好的 CSS 单独放到一个以.css 为扩展名的文件中，再使用<link>标签链接到所需要使用的网页中，在<head>与</head>之间。

<link>标签链接到网页的格式：

```
<link href="*.css 文件路径" type="text/css" rel="stylesheet">
```

例如，首先定义一个 sheet_x.css 文档，其代码如下：

```
h2{ color:#0000FF; }
p{ color:#FF0000; text-decoration:underline;font-weight:bold; font-size:15px;}
```

其次，在 HTML 中使用：

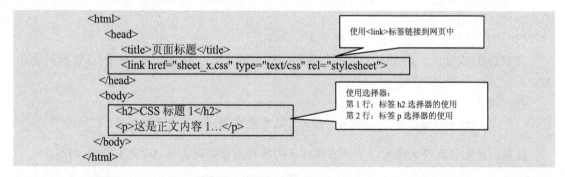

（4）导入式

该方式与链接式方法类似，只是通过 import 导入到页面中。

import 导入格式如下（注意：import 句尾的分号不要省略）：

```
<style type="text/css"> @import url(*.css 文件路径); </style>
```

3．CSS 样式表的继承性

CSS 是级联样式表，级联是指继承性，即在标签中嵌套的标签继承外层标签的样式。级联的优先级顺序是：导入式样式表（优先级最高）、内嵌式样式表、链接式样式表、浏览器默认，行内式样式表（优先级最低）。

注意： 当样式表继承遇到冲突时，总是以最后定义的样式为准，例如，

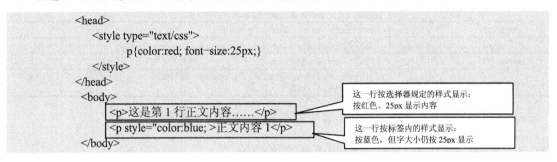

```
<head>
    <style type="text/css">
            p{color:red; font-size:25px;}
    </style>
</head>
 <body>
        <p>这是第 1 行正文内容……</p>            这一行按选择器规定的样式显示：
                                                  按红色、25px 显示内容
        <p style="color:blue; >正文内容 1</p>     这一行按标签内的样式显示：
</body>                                           按蓝色，但字大小仍按 25px 显示
```

2.2.2 CSS 常用属性

从 CSS 选择器的定义可看出，CSS 美化网页是通过设置网页元素的属性来实现的，主要有字体属性、颜色属性、背景属性、文本段落属性等。

1．字体属性

字体属性主要有：font-family、font-size、font，其具体含义与取值如表 2-12 所示。

表 2-12　字体属性的含义与取值

属 性 名	属性含义	属 性 值
font-family	字体	取值（如"宋体"）
font-size:	字字大小（字号）	取值单位：pt（1 磅=1/7 英寸），例"12pt"；px（点数），例：12px
font-style	字体风格	normal（普通，默认值）、italic（斜体）、oblique（中间状态）
font-weight	字体加粗	normal（普通，默认值）、bold（一般加粗）、bolder（重加粗）、lighter（轻加粗），number:100~900 之间的加粗
font	字体复合属性	用来简化 CSS 代码，可以取值以上所有属性值，之间用空格分开

2．颜色和背景属性

颜色和背景属性主要有：color、background-color、background-image、background。其具体含义与取值如表 2-13 所示。

表 2-13　颜色和背景属性的含义与取值

属 性 名	属性含义	属 性 值
color	颜色	（颜色值是英文名称或十六进制 RGB 值）例如 red 为#ff0000）
background-color	背景颜色	同 color 属性
background-image	背景图像	none:不用背景；url：图像地址
background-position	背景图片位置	top、left、right、bottom、center 等
background	背景复合属性	简化 CSS 代码，可以取值以上所有属性值，之间用空格分开

3．文本段落属性

文本段落的属性包括单词间隔、字符间隔、文字修饰、纵向排列、文本转换、文本排列

水平对齐方式、文本缩进、文本行高、处理空白、文本反排。主要属性有：text-align、text-decoration 等，具体含义与取值如表 2-14 所示。

表 2-14　文本段落属性的含义与取值

属 性 名	属 性 含 义	属 性 值
text-decoration	文字修饰	none,underline：下划线，overline：上划线，line-through：删除线，blink：文字闪烁
vertical-align	垂直对齐	Baseline：默认的垂直对齐方式；super：文字的上标；sub：文字的下标；top：垂直靠上；text-top：使元素和上级元素的字体向上对齐；middle：垂直居中对齐；text-bottom：使元素和上级元素的字体向下对齐
text-align	水平对齐	left、right、center、justify：两端对齐
text-indent	文本缩进	缩进值（长度或百分比）
line-height	文本行高	行高值（长度、倍数、百分比）
white-space	处理空白	Normal：将连续的多个空格合并；nowrap：强制在同一行内显示所有文本，直到文本结束或者遇到\<br\>对象

若需要其他的有关属性，可以查看有关的书籍，这里不再介绍。

2.2.3　案例——利用 CCS 对注册页面实现修饰

【例 2-9】　设计如图 2-10 所示的注册网页，该页面没有修饰，不够美观，采用 CCS 修饰页面，重新设计页面，如图 2-11 所示。

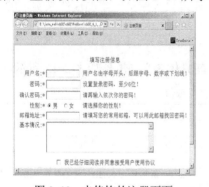

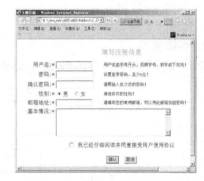

<table>
<tr><td>图 2-10　未修饰的注册页面</td><td>图 2-11　修饰后的注册页面</td></tr>
</table>

【分析】为了便于理解其设计过程，这里采用分 3 步实现，逐渐完善设计。

第 1 步：按所给出的原始界面，设计 HTML 文档：ch02_9_1_register.html。

第 2 步：设计 CCS 文档：ch02_9_Css.css，在该文档中包含所需要的格式控制，从而形成修饰后的页面。

第 3 步：利用 ch02_9_Css.css 中定义的样式，重新设计 ch02_9_1_register.html，形成新网页 ch02_9_2_registerCss.html。

【实现 1】HTML 文档的实现。

由图 2-10 所示的页面可以看出，这实际上就是一个提交表单，即需要设计注册网页（ch02_9_1_register.html）。同时，为了使表单信息整齐，采用表格的形式组织表单元素。其代码如下：

```
<!--程序 ch02_9_1_register.html-->
<html>
    <head> <title>注册页面</title> </head>
```

```html
<body>
  <form action="">
    <table border="0" align="center" width="600">
      <tr> <td colspan="3" align="center" height="40" > 填写注册信息</td></tr>
      <tr> <td align="right">用户名:*</td>
        <td><input type="text" name="userName"/></td>
        <td>用户名由字母开头，后跟字母、数字或下划线！</td>   </tr>
      <tr> <td align="right">密码:*</td>
        <td><input type="password" name="userPwd"/></td>
        <td>设置登录密码，至少6位！</td>   </tr>
      <tr> <td align="right">确认密码:*</td>
        <td><input type="password" name="userPwd1"/></td>
        <td>请再输入一次你的密码！</td>     </tr>
      <tr> <td align="right">性别:*</td>
        <td><input type="radio" name="userSex" value="男" checked/>男
          <input type="radio" name="userSex" value="女"/>女</td>
        <td>请选择你的性别！</td>    </tr>
      <tr> <td align="right">邮箱地址:*</td>
        <td><input type="text" name="userEmail" /></td>
        <td>请填写您的常用邮箱，可以用此邮箱找回密码！</td>    </tr>
      <tr> <td align="right" valign="top">基本情况:*</td>
        <td colspan="2">
          <textarea name="userBasicInfo" rows="5" cols="50"></textarea></td> </tr>
      <tr> <td colspan="3" align="center" height="40">
        <input type="checkbox" name="accept" value="yes"/>
          我已经仔细阅读并同意接受用户使用协议</td>   </tr>
      <tr><td colspan="3" align="center" height="40">
        <input type="submit" value="确认"/> 
        <input type="reset" value="取消"/> </td>   </tr>
    </table>
  </form>
</body>
</html>
```

目前代码的运行界面如图 2-10 所示，页面不够美观，需要改进，为此，需要使用 CSS 样式修饰页面。

【实现2】设计 CCS 样式表文档。

对比图 2-10 和图 2-11 可以看出，在图 2-11 中，改变了页面所有字体的大小，页面最上面的"填写注册信息"也改变了颜色、字体等，每项输入域后面的提示信息也改变了，根据这些变化，编写 CSS 文档：ch02_9_Css.css。在该文档中定义整体样式，例如控制页面的字体大小、内容标题的样式、表格的行高、提示信息的样式，以及定义表单域的样式，例如表单域的宽度和高度等。该文档的代码如下：

```css
<!--程序 ch02_9_Css.css -->
#title{color:#FF7B0B;font-size:20px;font-weight:bod;}
#i{width:350px;height:15px;color:blue;font-size:12px;}
table{text-align:left;}
#t{text-align:right;}
```

【实现 3】利用 CCS 对页面实现修饰。

利用 CSS 样式表中所定义的样式，对程序 ch02_9_1_register.html 进行修改，形成新代码文档 ch02_9_2_registerCss.html。

首先，通过 import 将样式表文档导入到页面 ch02_9_1_register.html 中，修改的这部分代码如下（注意：import 句尾的分号不要省略）：

```
<head>
    <title>注册页面</title>
    <style type="text/css"> @import url(ch02_9_Css.css); </style>
</head>
```

然后，修改页面中<body></body>之间的代码，其部分代码如下：

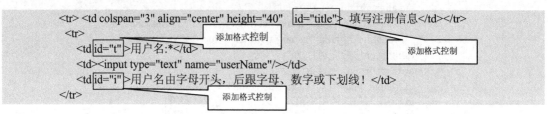

```
<tr> <td colspan="3" align="center" height="40" id="title"> 填写注册信息</td></tr>
    <tr>
        <td id="t">用户名:*</td>
        <td><input type="text" name="userName"/></td>
        <td id="i">用户名由字母开头，后跟字母、数字或下划线！</td>
    </tr>
```

对于其他行，也采用这样的修改。通过这样的修改，运行界面如图 2-11 所示，页面就比较美观了。

2.3　JavaScript 脚本语言

JavaScript 是一种简单的脚本语言，可以在浏览器中直接运行，是一种在浏览器端实现网页与客户交互的技术。

JavaScript 代码可以直接嵌套在 HTML 网页中，它响应一系列事件，当一个 JavaScript 函数响应的动作发生时，浏览器就执行对应的 JavaScript 代码。本节主要介绍 JavaScript 的基本语法、事件和常用对象以及使用方法。

2.3.1　JavaScript 的基本语法

JavaScript 是一种简单的脚本语言，该脚本语言的基本成分有：数据类型、常量、变量、运算符、表达式、控制语句、函数等。

1．数据类型

JavaScript 主要数据类型有：int、float、string（字符串）、boolean、null（空类型）。

2．变量

在 JavaScript 中，使用命令 var 声明变量。在声明变量时，不需要指定变量的类型，而变量的类型将根据其变量赋值来确定。

1）变量声明，格式如下：

```
var 变量名[=值];
```

例如，

```
var i;
```

```
var message="hello";
```

2）数组的声明：数组的声明有3种方式（数组元素类型可以不同），例如，

```
var array1=new Array();              //array1 是一个默认长度的数组
var array2=new Array(10);            //array2 是长度为 10 的数组
var array3=new Array(" aa",12,true);  //array1 是一个长度为 3 的数组，且元素类型不同
```

3．运算符

在 JavaScript 中提供了算术运算符、关系运算符、逻辑运算符、字符串运算符、位操作运算符、赋值运算符和条件运算符等。这些运算符与 Java 语言中支持的运算符及其功能相同。

4．控制语句

JavaScript 中的控制语句有：分支语句（if、switch），循环语句（while 、do…while、for），这些语句的语法规则和使用与 Java 语言中的要求一样。

5．函数的定义和调用

在 JavaScript 中，函数需要先声明定义，然后再调用函数。

在 JavaScript 中定义函数，有两种实现方式：一是在 Web 页面中直接嵌入 JavaScript，另一种是链接外部 JavaScript 文件。

（1）在页面中直接嵌入 JavaScript 代码

使用<script>...</script>标签对封装代码，且必须放在<head>与</head>之间，其语法格式如下：

```
<head>
    <script language="javascript" >
        function functionName([parameter1, parameter2,…]){ //有关的处理语句；}
    </script>
</head>
```

例如，

```
<head>
    <script language="javascript">
        function test(){                                      定义了一个函数，也可以同时定义多个函数
            window.alert("事件引发一操作，并成功执行了这个操作！");
        }
    </script>
</head>
```

（2）链接外部 JavaScript

将脚本代码保存在一个单独的文件中，其扩展名为.js，然后在需要的 Web 页面中链接该 JavaScript 文件。同样，它也必须放在<head>与</head>之间，其链接语法格式如下：

```
<script language="javascript" src="url"></script>
```

其中，url 指明 JavaScript 外部文档的地址（相对路径），其文件扩展名为.js，在外部文档中不需要将脚本代码用<script></script>标签对括起来。

例如，设计脚本文件 test.js，其代码如下（在一个文件中可以设计多个函数）：

```
//脚本文件：test.js
function test1(){
    window.alert("事件引发一操作，并成功执行了这个操作！");
}
```

在 HTML 中，则需要采用如下方式（与要使用它的网页在同一目录下）：

```
</head>
    <script language="javascript" src="test.js"></script>
</head>
```

📖 **提示：** 当 JavaScript 的代码量比较大的时候，或者在多个页面都会用到同样功能的 JavaScript 代码时，通常存放到*.js 文件中。

（3）函数的调用

在 JavaScript 中，函数的调用一般是由事件引起的。调用方法见 2.3.2 节中例子。

2.3.2 JavaScript 的事件

在浏览器中网页与客户的交互都是通过"事件"引发的，当一个事件发生时，例如"用户单击某个按钮"，浏览器认为在这个按钮上发生了一个 click 事件，然后根据该按钮所定义的事件处理函数，执行相应的 JavaScript 脚本。

1. JavaScript 的事件

JavaScript 的事件是指用户对网页的一些特定"操作"，例如，鼠标的单击、键盘键被按下等行为都是事件。而事件会引起要处理的"事务"，例如，单击一个超链接，这里的"单击鼠标"就是一个事件，然后由该事件引发网页的加载处理（一般称为事件处理函数）。

事件处理函数是指用于响应某个事件而执行的处理程序。在 JavaScript 中，规定"on 事件名"是对应事件处理程序柄的名字，例如，当用户单击按钮时，将触发按钮的 onClick 函数。表 2-15 列出了常用的事件、事件处理函数及何时触发事件处理函数。

表 2-15　常用的事件、事件处理函数

事件	事件处理函数名	何 时 触 发
blur	onBlur	元素或窗口本身失去焦点时触发
change	onChange	当表单元素获取焦点且内容值发生改变时触发
click	onClick	单击鼠标左键时触发
focus	onFocus	任何元素或窗口本身获得焦点时触发
keydown	onKeydown	键盘键被按下时触发，如果一直按着某键，则会不断地触发
load	onLoad	载入页面后，在 window 对象上触发；将所有框架都载入后，在框架集上触发；<object>标签指定的对象完全载入后，在其上触发
select	onSelect	选中文本时触发
submit	onSubmit	单击提交按钮时，在<form>上触发
unload	onUnload	页面完全卸载后，在 window 对象上触发；所有框架都卸载后，在框架集上触发

2. 在 HTML 中引用（指定）事件处理函数

在 HTML 中指定事件处理程序，需要在 HTML 标签中添加相应的事件处理程序的属性，并在其中指定作为属性值的代码或者函数名称。使用格式：

```
<标签 各有关属性及其属性值  on事件名称="函数名称(参数)">
```

【例 2-10】 通过 input 输入标签，引发一个单击事件，该事件的处理函数名是 onClick()，其要完成的功能是通过函数 test()实现的，而函数 test()的功能是显示一个提示窗口（由 window 的 alert 方法完成），并提示"事件引发一操作，并成功执行了这个操作！"

这里采用在页面中直接嵌入 JavaScript 代码的方式实现，其代码如下：

```html
<!--程序 ch02_10.html -->
<html>
  <head>
    <title>单击按钮事件示例</title>
    <script language="javascript">
        function test(){ window.alert("事件引发一操作，并成功执行了这个操作！");}
    </script>
  </head>
  <body>
    <form action="">
      <input type="Button" value="警告对话框" onclick="test()"><br/>
    </form>
  </body>
</html>
```

该程序的运行界面如图 2-12 和图 2-13 所示，当浏览器运行程序 ch02_10.html 时，首先显示图 2-12 所示的页面，但单击"警告对话框"按钮时，会出现图 2-13 所示的提示对话框，当单击"确定"按钮后，该提示对话框消失。

图 2-12 例 2-10 运行界面

图 2-13 提示对话框

在 HTML 文档中，需要 JavaScript 对 HTML 文档内的有关信息和数据进行加工处理，如何获取 HTML 文档中的各种信息和数据呢？需要通过 JavaScript 内置对象实现。

2.3.3 JavaScript 的对象

JavaScript 所实现的动态功能，基本上都是对 HTML 文档或者是 HTML 文档运行环境进行的操作，这些操作必须找到相应的对象，通过这些对象，实现对网页信息的操作和处理加工。

JavaScript 中设有内置对象，常用的内置对象有 String、Date 和浏览器的文档对象（window、navigator、screen、history、location、document）等。对于 String 对象和 Date 对象与 Java 语言中的类似。这里重点介绍 window、history、location、document 对象的属性、方法和应用。

1. window 对象

HTML 文档内容在 window 对象中显示。同时，window 对象提供了用于控制浏览器窗口的方法。window 对象属性的常用方法如表 2-16 所示。

表 2-16 window 对象的常用方法

方　　法	描　　述
alert()	弹出一个警告对话框
confirm()	显示一个确认对话框，单击"确认"按钮时返回 true，否则返回 false
prompt()	弹出一个提示对话框，并要求输入一个简单的字符串
setTimeout(timer)	在经过指定的时间后执行代码
clearTimeout()	取消对指定代码的延迟执行
setInterval()	周期性地执行指定的代码
clearInterval()	停止周期性地执行代码

在这些方法中，警告对话框：window.alert()、确认对话框：window.confirm()是使用较多的方法，当某些事件发生时，需要通过对话框给用户显示提示信息，其使用方法参考上一节的例 2-10。

2. location 对象

location 对象实现网页页面的跳转。在 HTML 中使用<a></a>标签对来实现页面的跳转，在 JavaScript 中，利用 location 对象实现页面的自动跳转。格式如下：

```
window.location.href="网页路径";
```

例如，跳转到搜狐网页的代码如下：

```
window.location.href="http://www.sohu.com";
```

3. history 对象

history 对象可以访问浏览器窗口的浏览历史，通过 go、back、forward 等方法控制浏览器的前进和后退。表 2-17 列出了 history 对象的属性和方法。

表 2-17 history 对象的属性和方法

属性、方法	含　　义
length 属性	浏览历史记录的总数
go(index)方法	从浏览历史中加载 URL，index 参数用于加载 URL 的相对路径。index 为负数时，表示当前地址之前的浏览记录；index 为正数时，表示当前地址之后的浏览记录
forward()方法	从浏览历史中加载下一个 URL，相当于 history.go(1)
back()方法	从浏览历史中加载上一个 URL，相当于 history.go(-1)

例如，从当前网页回退到刚访问过的上一个网页页面，需要的语句如下：

```
window. history.back();    或  window. history.go(-1);
```

4. document 对象

每个 HTML 文档被加载后都会在内存中初始化一个 document 对象，该对象存放整个网页 HTML 内容，从该对象中可获取页面表单的各种信息。这里重点介绍获取 HTML 页面中表单内各输入域信息的方法和使用。

（1）获取表单域对象

获得表单域对象的主要方法有如下两种：通过表单访问、直接访问。

假设有如下表单：

```
<form action=""  name="form1"  >
        <input type="text" name="t1"  value="" >
</form>
```

表单的名称为：form1

行文本输入域名称为：t1

则可以通过以下方法获取输入域对象（注意：是获取的对象，不是值）：

① 通过表单访问：

```
var fObj=document.form1.t1;          //form1 为表单的名字，t1 为某表单域的 name 值
var fObj=document.form1.elements["t1"];   //form1 为表单的名字，t1 为某表单域的 name 值
var fObj=document.forms[0].t1; //不使用表单的名字，采用表单集合，[0]表示第一个表单
```

② 直接访问：

```
var fObj=document.getElementsByName("t1")[0];   //通过名字访问，t1 为表单域的 name 值
var fObj=document.getElementsById("t1");         //通过 Id 访问，t1 为某表单域的 Id 值
var fObj=document.all("t1").value ;         //通过名字访问，t1 为某表单域的 name 值
```

（2）获取表单域的值

若表单域对象为 fObj，由于表单域类型不同，其获取表单域值的方法也不同，常用的方法有：

① 获取文本域、文本框、密码框的值，代码如下：

```
var   v=fObj.value;
```

② 获取复选框的值。

例如对于如下一组复选框：

```
<input type="checkbox" name="c1" value="1"/>
<input type="checkbox" name="c1" value="2"/>
<input type="checkbox" name="c1" value="3"/>
```

利用 JavaScript 取值的代码如下：

```
var fObj=document.form1.c1;        //form1 为表单的名字
var s="";
for(var i=0;i<fObj.length;++i){
     if(fObj[i].checked==true)   s=s+fObj[i].value;   //将获得的值连成一个字符串 s
}
widow.alert(s);   //通过警告框，输出 s 的信息值
```

③ 获取单选按钮的值。

例如对于如下一组单选按钮：

```
<input type="radio" name="p" checked/>加
<input type="radio" name="p"/>减
<input type="radio" name="p"/>乘
<input type="radio" name="p"/>除<br/>
```

利用 JavaScript 取值的代码如下：

```
var fObj=document.form1.p;        //form1 为表单的名字
```

```
for(var i=0;i<fObj.length;++i)
    if(fObj[i].checked)    break;
switch(i){
    case 0:...;break;
    case 1: ...;break;
    case 2: ...;break;
    case 3: ...;
}
```

④ 获取列表框的值。

对于单选列表框，可以用如下方法取出值：

```
var index=fObj.selectedIndex;      //fObj 为列表对象，取出所选项的索引，索引从 0 开始
var val=fObj.options[index].value;    // 取出所选项目的值
```

对于多选列表，取值需要循环：

```
var fObj=document.form1.s1;    //form1 为表单的名字，s1 是列表输入域名称(name 属性值)
var s="";
for(var i=0;i<fObj.options.length;++i){
    if(fObj[i].options[i].selected==true) s=s+fObj.options[i].value;
}
window.alert(s);    //通过警告框，输出 s 的信息值
```

2.3.4　案例——JavaScript 实现输入验证

对于一个 HTML 页面中的表单，可以获取其中各项表单域的信息，利用这些信息，可以判定各表单域所提供的输入值是否合法、是否符合所要求的格式，这就是表单的输入验证，也是 JavaScript 最重要的应用。下面通过一个案例给出具体的实现方法。

【例 2-11】　在例 2-10 中，已经设计了一个注册页面，并利用 CSS 样式表进行美化了，在本例中，根据图 2-14 所示的页面所给出的不同信息的输入要求，利用 JavaScript 进行表单数据有效性验证，当不符合要求时，通过警告框给出提示，并重新输入。

【分析】输入表单的验证就是对表单中输入的数据进行校验，如果表单中输入的数据不符合要求，则禁止提交，并给用户适当的提示信息，以便用户重新输入。只有当所有输入的数据符合要求后，才允许提交，并进入表单标签的 action 属性所指定的处理程序，即<form action="提交后，进入的处理页面">。

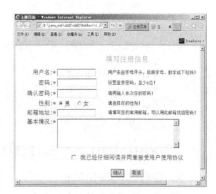

图 2-14　例 2-10 给出的修饰后的页面

1）由图 2-14 可知，该注册页面需要验证的表单输入域和要求如下：

● 用户名：用户名是否为空、是否符合规定的格式（用户名由字母开头，后跟字母、数字或下划线！）。

● 密码：密码长度是否超过 6；两次密码输入是否一致。

● 邮箱地址：邮箱地址必须符合邮箱格式。

2）必须注意提交表单并实现输入验证的方式。

一般使用"button 类型"按钮提交，"提交"时先执行"响应函数"。提交方式为：

```
<input type="button"   value="提交"   onClick="响应函数">
```

另外，在验证函数中，当都满足格式后，采用如下格式，实现提交：

```
document.forms[0].submit();
```

【实现】对于验证输入格式，实际上就是编写有关的 JavaScript 函数，去验证表单中各输入域是否符合规定，若不符合规定，给出提示信息。为此，使用 JavaScript 编写验证函数，并形成文件：ch02_11_JavaScript.js，其代码如下：

```
function validate(){
        var name=document.forms[0].userName.value;
        var pwd=document.forms[0].userPwd.value;
        var pwd1=document.forms[0].userPwd1.value;
        var email=document.forms[0].userEmail.value;
        var accept=document.forms[0].accept.checked;
        var regl=/[a-zA-Z]\w*/;
        var reg2= /\w+([-+.']\w+)*@\w+([-.]\w+)*.\w+([-.]\w+)*/;
        if(name.length<=0) alert("用户名不能为空！");
        else if(!regl.test(name)) alert("用户名格式不正确！");
        else if(pwd.length<6) alert("密码长度必须大于等于6！");
        else if(pwd!=pwd1) alert("两次密码不一致！");
        else if(!reg2.test(email)) alert("邮件格式不正确！");
        else if(accept==false) alert("您需要仔细阅读并同意接受用户使用协议！");
        else document.forms[0].submit();
}
```

然后，在页面的<head></head>标签对之间添加一行：

```
<script language="javascript" src=" ch02_11_JavaScript.js"></script>
```

然后，修改注册页面，修改最后的"提交输入域"，其代码如下：

```
<input type="Button" value="确认" onClick="validate()"/>;
```

2.4 基于 HTML+JavaScript+CSS 的开发案例

前面三节分别介绍了 HTML、JavaScript、CSS 的使用方法，并给出了利用 JavaScript 实现表单输入验证的具体操作，本节再通过两个案例给出它们的应用设计。

2.4.1 JavaScript+CSS+DIV 实现下拉菜单

利用 JavaScript +CSS 可以设计页面的一些特殊功能，例如，页面的下拉菜单和折叠菜单的。本节利用 HTML 的层标签<div>，并与 CSS、JavaScript 结合，实现网页下拉菜单。

1．层标签<div>

<div>（division）是块级元素，可以包含段落、标题、表格，乃至诸如章节、摘要和备

注等。由于是块级元素，在段落开始、结束处会插入一个换行符。

在 HTML 文件内，要定义区域间的不同样式时，使用<div>为文档的任意部分绑定脚本或样式，同时，通过设置<div>的 z-index 属性还可以设置层次的效果。

基本语法：

```
<div id="层编号" style="position:absolute; left:29px;top:12px;
       width:200px;height:100px; background-color:#33CC99;
       float:none; clear:none;z-index:1>
</div>
```

语法说明：

① position 属性主要用来定义层的定位方式。

② left 和 top 用来定位层的位置，表示与其他对象的左部、顶部的相对位置。

③ width 和 height 用来定义层的宽度和高度。

④ float 是层的浮动属性，用来设置层的浮动位置。

⑤ clear 是层的清除属性，表示是否允许在某个元素的周围有浮动元素。它和浮动属性是一对相对立的属性，浮动属性用来设置某个元素的浮动位置，而清除属性则要去掉某个位置的浮动元素。

⑥ z-index 主要用来设置区域的上下层关系，利用此属性设置可以让区域有更多的层次效果，相当于三维空间的 z 坐标，z-index 越大，区域在堆中的位置就越高。

2. 利用 JavaScript+CSS+DIV 实现下拉菜单

在 Web 应用中，下拉菜单的使用很广泛，利用 JavaScript、CSS 和 DIV 可以很容易地实现。其原理就是用 JavaScript 控制不同 DIV 的显示和隐藏，其中所有的 DIV 都是用 CSS 定位方法提前定义好位置和表现形式，下拉的效果只是当鼠标经过的时候触发一个事件。

【例 2-12】 利用 JavaScript+CSS+DIV 实现图 2-15 所示的下拉菜单。在"系列课程"下有 3 项子菜单：C++程序设计、Java 程序设计、C#程序设计；在教学课件下有 3 项子菜单：C++课件、Java 课件、C#课件；在课程大纲下也有 3 项子菜单：C++教学大纲、Java 教学大纲、C#教学大纲。当将鼠标移动到最上行菜单的某项时，就自动显示其下拉子菜单项，如图 2-15 显示的是当将鼠标移到"系列课程"菜单项上时，显示的子菜单项。

【分析】网页下拉菜单的设计实际上就是菜单项的显示与隐藏，当将鼠标移到某菜单上时，其下的菜单项就显示，当鼠标离开该菜单及其子菜单项时，其子菜单项就隐藏。实现菜单项的显示与隐藏，需要使用 JavaScript 设计鼠标事件函数。同时，使用 DIV 标签确定每个菜单的位置。

图 2-15 例 2-12 所要求的设计界面

【设计】

1）首先采用 JavaScript 设计两个鼠标事件函数：

当将鼠标移动到菜单项上的时候显示对应的 DIV：function show(menu)。

当将鼠标移出的时候隐藏所有的 DIV：function hide()。

2）设计 3 个 DIV，每个 DIV 对应一个菜单项及其对应的子菜单项，3 个菜单项对应的

DIV 的 id 分别为 menu1、menu2、menu3。

（3）设计关键：3 个 DIV 的位置确定。

【实现】所编写的代码如下：

```html
<!--程序 ch02_12_Menu.html-->
<html>
    <head>
        <title>下拉菜单示例</title>
        <script language="javaScript">
            //当鼠标移动到菜单选项的时候显示对应的 DIV
            function show(menu)
            { document.getElementById(menu).style.visibility="visible"; }
            //当鼠标移出的时候隐藏所有的 DIV
            function hide() {
                document.getElementById("menu1").style.visibility="hidden";
                document.getElementById("menu2").style.visibility="hidden";
                document.getElementById("menu3").style.visibility="hidden";
            }
        </script>
    </head>
    <body>
    <table>
    <tr bgcolor="#9999FF" align="center">
    <td width="120" onMouseMove="show('menu1')" onMouseOut="hide()">系列课程</td>
    <td width="120" onMouseMove="show('menu2')" onMouseOut="hide()">教学课件</td>
    <td width="120" onMouseMove="show('menu3')" onMouseOut="hide()">课程大纲</td>
    </tr>
    </table>
    <div id="menu1" onMouseMove="show('menu1')"    onMouseOut="hide()"
        style="background:#9999FF;position:absolute;left:12;top:38;width:120;
        visibility:hidden">
        <span>c++程序设计</span><br>
        <span>java 程序设计</span><br>
        <span>c#程序设计</span><br>
    </div>
    <div id="menu2" onMouseMove="show('menu2')"    onMouseOut="hide()"
        style="background:#9999FF;position:absolute;left:137;top:38;width:120;
        visibility:hidden">
        <span>c++课件</span><br>
        <span>java 课件</span><br>
        <span>c#课件</span><br>
    </div>
    <div id="menu3" onMouseMove="show('menu3')"    onMouseOut="hide()"
        style="background:#9999FF;position:absolute;left:260;top:38;width:120;
        visibility:hidden">
        <span>c++教学大纲</span><br>
        <span>java 教学大纲</span><br>
        <span>c#教学大纲</span><br>
    </div>
    </body>
</html>
```

2.4.2 JavaScript +CSS+DIV 实现表格变色

在一些 Web 应用中经常会用表格来展示数据，当表格行数比较多的时候，就容易有看错行的情况发生，所以需要一种方法来解决这个问题。本节采取这样一种措施，当将鼠标移到某一行的时候，这行的背景颜色发生变化，这样当前行就会比较突出，不容易出错。

【例 2-13】利用 JavaScript+CSS 实现表格变色，设计如图 2-16 所示的页面，当将鼠标移到某一行的时候，这行的背景颜色发生变化，图 2-16 所示的就是当将鼠标移到"清华"这一行时的结果。

图 2-16 例 2-13 所要求的设计页面

【分析】对于该题目，实际上就是设计一个表格，但当将鼠标移到某行后，该行的显示颜色发生变化，为此，对每一行需要两个鼠标事件：鼠标覆盖（onMouseOver）、鼠标离开（onMouseOut），同时这两个事件需要调用事件函数，分别完成对该行的颜色设置 resetColor(row)和改变颜色函数 changeColor(row)。

【实现】具体的实现代码如下：

```
<!--程序 ch02_13_ColorTable.html  -->
<html>
    <head>
        <title>变色表格示例</title>
        <script language="javascript">
            function changeColor(row){
                document.getElementById(row).style.backgroundColor='#CCCCFF';
            }
            function resetColor(row){
                document.getElementById(row).style.backgroundColor='';
            }
        </script>
    </head>
    <body>
        <table width="200" border="1" cellspacing="1" cellpadding="1" align="center">
            <tr><th>学校</th><th>专业</th><th>人数</th></tr>
            <tr align="center" id="row1"
                onMouseOver="changeColor('row1')" onMouseOut="resetColor('row1')">
                <th>北大</th><th>法律</th><th>2000</th>
            </tr>
            <tr align="center" id="row2"
                onMouseOver="changeColor('row2')" onMouseOut="resetColor('row2')">
                <th>清华</th><th>计算机</th><th>5000</th>
            </tr>
            <tr align="center" id="row3"
                onMouseOver="changeColor('row3')" onMouseOut="resetColor('row3')">
                <th>人大</th><th>经济</th><th>6000</th>
            </tr>
        </table>
    </body>
</html>
```

本章小结

HTML 是组织展示内容的标签语言。JavaScipt 是客户端的脚本语言，CSS 是美化页面的样式表，这三种技术结合在一起构成了 Web 开发最基础的知识，所有的 Web 应用开发都是在这个基础之上进行的。

本章对这三种技术进行了简单介绍，可以快速对 Web 开发的基础知识有一个宏观的、清楚的认识。从而可以很容易进入后面章节的学习，如果读者对这方面的基础知识有更深一步了解的需要，可以参考相关的专题书籍。

习题

1．设计如图 2-17 所示的页面：ch02_zy_1.html。

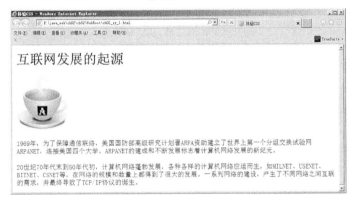

图 2-17　练习 1 所要求的页面

2．利用 CSS 对网页文件 ch02_zy_1.html（练习 1）做如下设置：

1）h1 标题字体颜色为白色、背景颜色为蓝色、居中、4 个方向的填充值为 15px。

2）使文字环绕在图片周围，图片边线：粗细为 1px、颜色为#9999cc、虚线、与周围元素的边界为 5px。

3）段落格式：字体大小为 12px、首行缩进两字符、行高 1.5 倍行距、填充值为 5px。

4）消除网页内容与浏览器窗口边界间的空白，并设置背景色#ccccff。

5）给两个段落加不同颜色的右边线：3px double red 和 3px double orange。

最终显示效果如图 2-18 所示。

图 2-18　练习 2 所要求的设计页面

3．简单设计题

1）在网页上显示当前时间（客户端机器），一秒刷新一次。

2）延迟执行某段代码，如让网页 3 秒钟后转到网页 http://www.163.com。

3）在网页上显示当前日期，星期（客户端机器）。如果时间在 6:00－12:00，输出"早上好"；如果时间在 12:00－18:00，输出"下午好"；如果时间在 18:00－24:00，输出"晚上好"；如果时间在 0:00－6:00，输出"凌晨好"。

4．设计如图 2-19 所示的页面架构。要求分别采用 HTML5 页面结构标签和 HTML4 的框架标签来实现。

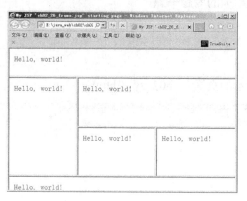

图 2-19　页面结构设计

5．自定义一个信息输入界面，并实现对输入信息格式等进行验证，要求分别采用 HTML5 和 JavaScript 技术实现输入验证。

第3章　JSP 技术

JSP（Java Server Page）是一种运行在服务器端的脚本语言，它是用来开发动态网页的技术，是 Java Web 程序开发的重要技术。本章介绍 JSP 技术的相关概念以及如何开发 JSP 程序，主要内容包括 JSP 技术简介、JSP 的处理过程、JSP 语法、JSP 的内置对象、每种对象的使用方法和使用技巧，以及简单的 Web 应用程序的开发设计。

3.1　JSP 技术概述

在第 2 章中，介绍了静态网页设计技术，静态网页运行时由浏览器直接解释执行，并将运行结果在浏览器中直接显示。而 JSP 是一种动态网页技术，它是在静态网页 HTML 代码中加入 Java 程序片段（Scriptlet）和 JSP 标签（tag），构成 JSP 网页文件，其扩展名为".jsp"。要运行 JSP 必须安装并配置 Web 服务器，具体安装和配置在第 1 章中已经介绍。下面介绍 JSP 技术的有关内容。

3.1.1　JSP 页面的结构

JSP 页面主要由 HTML 和 JSP 代码构成，JSP 代码是通过"<%"和"%>"符号加入到 HTML 代码中间的。例 3-1 的程序代码体现了 JSP 程序的结构。

【例 3-1】　这是一个简单的 JSP 程序（ch03_1_first.jsp）代码，该程序的功能是计算 1～10 的和值，并在页面上输出计算结果。注意代码中标注的各部分的名称。

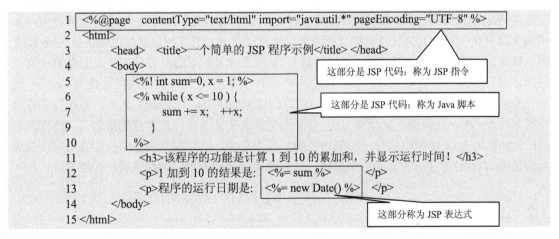

其中，处于"<%"和"%>"中间的代码为 JSP 代码，其余部分为 HTML 标签代码。

第 1 行是 JSP 指令，规定该页面所使用的字符编码、使用的 Jar 包等信息。

第 5 行是 JSP 的变量声明，并提供初始值。

第 6-10 行是 JSP 的 Java 代码段，其功能是累加求和。

第 12、13 行中的"<%= %>"是 JSP 表达式。

它们的具体格式与使用将在 3.1.2 节给出详细介绍。

在 MyEclipse 开发工具下，首先建立工程 ch03，然后建立 JSP 程序 ch03_1_first.jsp，并进行部署，启动 Tomcat 服务器（具体操作步骤，见 1.3 节），然后在 IE 地址栏中输入地址 http://localhost:8080/ch03/ch03_1_first.jsp，则可执行该程序，其运行结果如图 3-1 所示。

图 3-1 例 3-1 的运行界面

3.1.2 JSP 程序的运行机制

JSP 程序是在服务器端（Web 容器）运行的。服务器端的 JSP 引擎解释执行 JSP 代码，然后将结果以 HTML 页面的形式发送到客户端。JSP 程序的运行机制如图 3-2 所示。

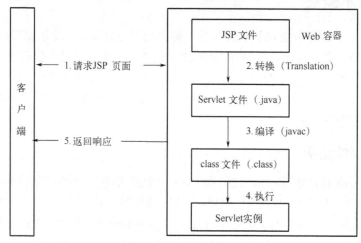

图 3-2 JSP 运行原理

当 Web 客户端发送过来一个页面请求时，Web 服务器先判断是否为 JSP 页面请求。如果该页面只是一般的 HTML/XML 页面请求，则直接将 HTML/XML 页面代码传给 Web 浏览器。如果请求的页面是 JSP 页面，则由 JSP 引擎检查该 JSP 页面，若该 JSP 页面是第一次被请求，或不是第一次被请求但已经被修改，则 JSP 引擎将此 JSP 页面代码转换为 Servlet 代码（Servlet 将在第 6 章中介绍），然后，进行编译生成字节码（.class）文件，再执行并将执行结果传给 Web 浏览器。如果该 JSP 页面不是第一次被请求，且没有被修改过，则直接由 JSP 引擎调用 Java 虚拟机执行已经编译过的字节码文件，然后根据字节码执行的结果，生成对应的纯 HTML 的字符串返回给浏览器，这样就可以把动态程序的结果展示给用户。

3.2 JSP 语法

JSP 页面是将 JSP 代码放在特定的标签中，然后嵌入到 HTML 代码中而形成的。JSP 的绝大多数标签是以"<%"开始、以"%>"结束的，而被标签包围的部分则称为 JSP 元素的内容。开始标签、结束标签和元素内容 3 部分组成的整体，称为 JSP 元素（Elements）。JSP 元素分为 3 种类型：基本元素、指令元素和动作元素。

1）基本元素：规范 JSP 网页所使用的 Java 代码，包括 JSP 注释、声明、表达式和脚本段。

2）指令元素：是针对 JSP 引擎的，包括 include 指令、page 指令和 taglib 指令。

3）动作元素：属于服务器端的 JSP 元素，它用来控制 Servlet 引擎的行为，主要有 include 动作和 forward 动作。

3.2.1　JSP 基本元素

JSP 的基本元素定义并规范了 JSP 网页所使用的 Java 代码段，主要包括注释、声明、表达式和脚本段。

1. JSP 脚本元素

JSP 脚本元素规范 JSP 网页所使用的 Java 代码段，包括 JSP 声明、JSP 表达式、JSP 代码块。

（1）JSP 声明

在 JSP 页面中可以声明变量和方法，声明后的变量和方法可以在本 JSP 页面的任何位置使用，并在 JSP 页面初始化时被初始化。

语法格式：

```
<%! 声明变量、方法和类 %>
```

功能：在"<%! 声明 %>"中声明的变量、方法和类是 JSP 页面的成员变量。

例如，变量声明示例，可以只声明变量名，也可以在声明的同时提供初始值。

```
<%! int a,b,c;                      //声明整型变量 a、b、c
    double d=6.0;                    //声明 double 型变量 d，并初始化为 6.0
    Date e=new Date();              //声明类 Date 的对象 e，并实例化
    String str="中国加油!我爱我的祖国";    //声明字符串变量 str，并初始化
%>
```

例如，声明 long fact(int y)方法，其代码如下：

```
<%! long fact(int y){ //声明 long fact(int y)方法
        if(y==0) {return 1;}
        else{return y*y;}
    }
%>
```

（2）JSP 表达式

JSP 的表达式是由变量、常量组成的算式，它将 JSP 生成的数值转换成字符串嵌入 HTML 页面，并直接输出（显示）其值。

语法格式：

```
<%=表达式%>
```

功能：表达式执行后返回 String 类型的结果值，并将结果值输出到浏览器。

注意：不能用一个分号"；"来作为表达式的结束符；"<%="是一个完整的标签，中间不能有空格；表达式元素包含任何在 Java 语言规范中有效的表达式。

例如，

```
<%! String s=new String("Hello");%>        //声明字符串变量，并初始化
<font color="blue"><%=s%></font>            //以"蓝色"显示输出表达式 s 的值
<b>100,99 中最大的值: </b><%=java.lang.Math.max(100,99) %>   //利用数学函数求值
```

（3）JSP 代码块

JSP 代码段可以包含任意合法的 Java 语句，该代码段在服务器处理请求时被执行。
语法格式：

```
<% 符合 java 语法的代码块 %>
```

例如，JSP 代码段定义示例，注意变量 a 和变量 d 的声明与使用区别。

```
<%!   int d=0; %>               //声明，定义全局变量 d
<%    int a=30; %>              //JSP 代码段，定义局部变量 a
<%    int   b=30;               //定义局部变量 b
      d=d+a+b;                  //a 被定义在单独的 JSP 代码段中，但仍为该程序的局部变量
      d=d+b;                    //计算表达式的值，d 是全局变量
%>
<%                              //JSP 代码段，利用循环输出数据 0～7，且一行一个数
      for(int i=0;i<8;++i){
        out.print(i+"<br>");    //out 是 JSP 内置对象，表示在页面上输出 i 的值并换行
      }
%>
```

【例 3-2】 利用 Java 代码段设计 ch03_2_javalet.jsp 程序，该程序的功能是"以直角三角
形的形式显示数字"，并"根据随机产生的数据的不同，显示不同的问候"，运行界面如图 3-3
所示。

图 3-3 例 3-2 的运行界面

对于该例题要注意 Java 代码段的使用格式，必须要与 HTML 标签内容区分。

```
<!-- ch03_2_javalet.jsp  -->
<%@page contentType="text/html"    pageEncoding="UTF-8"%>
<html>
  <head>   <title>JSP 脚本段应用示例</title>   </head>
  <body>
        <h3>以直角三角形的形式显示数字</h3>
        <%
            for(int i=1;i<10;i++) {
                for(int j=1;j<=i;j++) {
```

```
                    out.print(j+"   ");        //out 是 JSP 的内置对象，在这里用于输出信息
                }
                out.println("<br/>");//实现换行控制
            }
    %>
    <hr>
    <h3>根据随机产生的数据的不同，显示不同的问候</h3>
    <% if (Math.random()<0.5) { %>
            Have a <B>nice</B> day!
        <% }
    else { %>
            Have a <B>lousy</B> day!
    <%}%>
  </body>
</html>
```

2. 注释

在 JSP 程序中，为了增加 JSP 程序的可读性，给出了注释元素。

语法格式：

<%-- 要添加的文本注释 --%>

功能：在 JSP 程序中，当在发布网页时完全被忽略，不以 HTML 格式发给客户。

另外，在 JSP 程序中，也可以使用"HTML 注释"和"Java 注释"。

HTML 注释的语法格式：

<!--要添加的文本注释-->

Java 注释语法格式：

<%//要添加的文本注释   %>   或   <%/*要添加的文本注释*/%>

3.2.2　JSP 指令元素

JSP 指令是被 Web 服务器解释并被执行的。通过指令元素可以使服务器按照指令的设置执行动作或设置在整个 JSP 页面范围内有效的属性。在一条指令中可以设置多个属性，这些属性的设置可以影响到整个页面。

JSP 指令包括：page 指令、include 指令和 taglib 指令。

1）page 指令：定义整个页面的全局属性。

2）include 指令：用于包含一个文本或代码的文件（将 include 指令指定的文件内容插入到当前页面内）。

3）taglib 指令：用来引用自定义的标签或第三方标签库。

JSP 指令的语法格式：

<%@ 指令名称 属性 1="属性值 1" 属性 2="属性值 2" … 属性 n="属性值 n"%>

下面主要介绍 page 指令和 include 指令。

1．page 指令

page 指令用来定义 JSP 页面中的全局属性，它描述了与页面相关的一些信息，其作用域

为它所在的 JSP 文件页面和其包含的文件。其属性如表 3-1 所示。

表 3-1 page 指令的属性

属　性	说　明	设置值示例
language	指定用到的脚本语言，默认是 java	<%@page language="java"%>
import	用于导入 Java 包或 Java 类	<%@page import="Java.util.Date"%>
pageEncoding	指定页面所用编码，默认与 contentType 值相同	UTF-8
extends	JSP 转换成 Servlet 后继承的类	Java.servlet.http.HttpServlet
session	指定该页面是否参与到 HTTP 会话中	true 或 false
buffer	设置 out 对象缓冲区大小	8kb
autoflush	设置是否自动刷新缓冲区	true 或 false
isThreadSafe	设置该页面是否是线程安全	true 或 false
info	设置页面的相关信息	网站主页面
errorPage	设置当页面出错后要跳转到的页面	/error/jsp-error.jsp
contentType	设计响应 JSP 页面的 MIME 类型和字符编码	text/html;charset=gbk
isErrorPage	设置是否是一个错误处理页面	true 或 false
isELIgnord	设置是否忽略正则表达式	true 或 false

page 指令的语法：

```
<%@ page   language="java"
           extends="继承的父类名称"
           import="导入的 Java 包或类的名称"
           session="true/false"
           buffer="none/8kB/自定义缓冲区大小"
           autoflush="true/false"
           isThreadSafe="true/false"
           info="页面信息"
           errorPage="发生错误时所转向的页面相对地址"
           isErrorPage="true/false"
           pageEncoding="pageEncoding"
           contentType="mimeType[;charset=characterSet]"
%>
```

使用注意事项：

1）在一个页面中可以使用多个<%@ page %>指令，分别描述不同的属性。

2）每个属性只能用一次，但是 import 指令可以使用多次。

3）<%@ page%>指令区分大小写。

4）所有属性的设置都是可选的，只有 language 属性采用默认值，其值为 java。

例如，

```
<%@ page contentType="text/html" %>            <!-- 设置页面类型 -->
<%@ page pageEncoding="UTF-8">                  <!-- 设置编码类型 -->
<%@ page import="java.util.Date,java.lang.*" %>  <!-- 导入页面所需使用的包 -->
```

【例 3-3】 设计 JSP 程序（ch03_3_page.jsp），显示（服务器）系统的当前时间。

【分析】由于要使用日期类对象，所以要由 page 指令导入 java.util.Date 类。同时，由于页面中使用了汉字，需要使用支持汉字的编码，这里采用"UTF-8"编码，所以需要 page 指令指定 contentType="text/html" pageEncoding="UTF-8"。其代码如下：

```
<%@ page contentType="text/html" pageEncoding="UTF-8"%>
<%@ page import="java.util.Date"%>
<html>
        <head><title> page 指令 import 属性实例</title></head>
        <body>
            <% Date date = new Date(); %>
            <h1> page 指令的 import 属性实例演示!</h1>
            <p>现在的时间是:<%=date%></p>
        </body>
</html>
```

📖 **提示**：如果需要在一个 JSP 页面中同时导入多个 Java 类，可采用如下示例中的一种。
例如，

```
<%@ page    import="java.util.Date" %>
<%@ page    import="java.io.*" %>
```

也可以写成:

```
<%@ page    import="java.util.Date, java.io.*" %>
```

2．include 指令

include 指令称为文件加载指令，将其他的文件插入 JSP 网页，被插入的文件必须保证插入后形成的新文件符合 JSP 页面的语法规则。

include 指令语法格式:

```
<%@ include file="filename"%>
```

其中：include 指令只有一个 file 属性，"filename"指被包含的文件的名称（相对路径），被插入的文件必须与当前 JSP 页面在同一 Web 服务目录下。

功能：该指令标签的作用是在该标签的位置处，静态插入一个文件。

所谓静态插入是指用被插入的文件内容代替该指令标签，与当前 JSP 文件合并成新的 JSP 页面。使用 JSP 的 include 指令有助于实现 JSP 页面的模块化。一个页面可以包含多个 include 指令。

【例 3-4】 有两个文件，文件 ch03_4_include1.jsp 的功能是显示"Hello World!"，而文件 ch03_4_include2.jsp 首先输出（服务器）系统的日期和时间，然后通过 include 指令将 ch03_4_include1.jsp 文件包含进来。在网页地址中输入 ch03_4_include2.jsp 页面地址，其运行界面如图 3-4 所示。

图 3-4　例 3-4 的运行界面

1）ch03_4_include1.jsp 的代码如下：

```
<%@ page language="java" pageEncoding="UTF-8"%>
 <html>
        <head> <title>被 include 包含的文件</title> </head>
        <body> <h1> Hello World! </h1> </body>
</html>
```

2）ch03_4_include2.jsp 的代码如下：

```
<%@ page language="java" import="java.util.*" pageEncoding="UTF-8"%>
<html>
    <head><title>include 指令实例</title></head>
    <body>
        <center>
                现在的日期和时间是：<%=new Date()%>
                <hr>
                <%@ include    file="ch03_4_include1.jsp" %>
        </center>
    </body>
</html>
```

注意：在运行前（部署时），这两个文件经编译合成一个*.class 文件（这种性质称为静态插入），运行时只执行这个 class 文件。

3.2.3   JSP 动作元素

JSP 动作元素用来控制 JSP 引擎的行为，JSP 标准动作元素均以"jsp"为前缀，主要有如下 6 个动作元素。

- <jsp:include>：在页面得到请求时动态包含另一个网页文件。
- <jsp:forward>：引导请求进入新的页面（转向到新页面）。
- <jsp:plugin>：连接客户端的 Applet 或 Bean 插件。
- <jsp:useBean>：应用 JavaBean 组建。
- <jsp:setProperty>：设置 JavaBean 的属性值。
- <jsp:getProperty>：获取 JavaBean 的属性值并输出。

另外，还有实现参数传递子动作元素：<jsp:params>，该子动作与<jsp:include>或<jsp:forward>配合使用，不能单独使用。

在本节中，重点介绍<jsp:include>、<jsp:forward>、<jsp:param>这 3 种动作元素，对于<jsp:useBean>、<jsp:setProperty>、<jsp:getProperty>将在第 5 章介绍。

1．<jsp:include>动作

语法格式：

```
<jsp:include page="文件的名字"/>
```

功能：当前 JSP 页面动态包含一个文件，即将当前 JSP 页面、被包含的文件各自独立编译为字节码文件。当执行到该动作标签处时，才加载执行被包含文件的字节码。

📖 **提示**：include 动作与 include 指令所实现的两种包含，程序的执行性质是完全不同的，一个是静态包含，一个是动态包含，对于静态包含不能传递参数，但对于动态包含可以在两个文件之间传递参数，在其后的例 3-5 给出了可以传递参数的动态包含。

例如，修改例 3-4 采用动态包含，只是将程序 ch03_4_ include2.jsp 中的如下代码：

```
<%@ include file="ch03_4_include1.jsp" %>
```

修改为如下代码:

```
<jsp:include file="ch03_4_include1.jsp" %>
```

重新运行程序, 其运行界面与图 3-4 一样, 但两者的运行机制不同。

思考: 重新运行修改后的例 3-4, 并在客户端页面查看源程序代码, 对比两种方式所形成的源代码的差异, 从而理解两种包含的不同点。

2. <jsp:forward>

动作<jsp:forward>用于停止当前页面的执行, 转向另一个 HTML 或 JSP 页面。

语法格式:

```
<jsp:forward page="文件的名字"/>
```

功能: 从该指令处停止当前页面的继续执行, 而转向执行 page 属性指定的 HTML 或 JSP 页面, 但浏览器地址栏中的地址不会发生任何变化。应用案例在例 3-5 中给出。

3. <jsp:param>子标签

param 标签不能独立使用, 需作为<jsp:include>、<jsp:forward>标签的子标签来使用, 当与<jsp:include>一起使用的, 将 param 标签中的变量值传递给动态加载的文件; 当与<jsp:forward>一起使用时, 将 param 标签中的变量值传递给要跳转到的文件。然后, 在被传进数据的页面对所传参数进行获取、加工处理。

语法格式:

```
<jsp:include    page="文件的名字">
    <jsp:param name="变量名字 1" value="变量值 1" />
    <jsp:param name="变量名字 2" value="变量值 2" />
    …
</jsp:include>
```

或者:

```
<jsp:forward    page="文件的名字">
    <jsp:param name="变量名字 1" value="变量值 1" />
    <jsp:param name="变量名字 2" value="变量值 2" />
    …
</jsp:forward>
```

【**例 3-5**】 利用 included 动作实现参数传递, 在 ch03_5_string.jsp 中要传递一个字符串 "QQ"给文件 ch03_5_output.jsp, 在 ch03_5_output.jsp 中接受该参数的值并输出, 运行界面如图 3-5 所示。

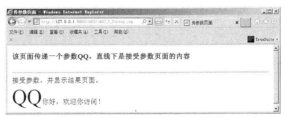

图 3-5　例 3-5 的运行界面

📖 **提示**：参数传递原理：使用 param 标签传递参数，实际上是将数据信息以 name 属性值为变量名，将该变量及其值保存到"请求对象 request（在下一节中介绍）"中，在另一个文件中，再从 request 对象中获取该数据信息，并进行处理。

ch03_5_string.jsp 的代码如下：

```
<%@page contentType="text/html" pageEncoding="UTF-8"%>
<html>
    <head><title>传参数页面</title></head>
    <body>
        <h4> 该页面传递一个参数 QQ，直线下是接受参数页面的内容</h4>
        <hr>
        <jsp:include page="ch03_5_output.jsp">          将数据"QQ"通过变量 userName 传
            <jsp:param name="userName" value="QQ" />    给另一文件
        </jsp:include>
    </body>
</html>
```

ch03_5_output.jsp 的代码如下：

```
<%@page contentType="text/html" pageEncoding="UTF-8"%>
<html>
    <head><title>接受参数页面</title> </head>
    <body>
        接受参数，并显示结果页面。<br>          利用 request 对象获取参数 userName 值
        <% String str=request.getParameter("userName");%>
        <font color="blue" size="12"><%=str%></font>你好，欢迎你访问！
    </body>
</html>
```

思考：

1）将例 3-5 中的<jsp:param name= "userName" value="QQ" />改为

<jsp:param name="userName" value="中国"/>

在显示页面会出现乱码，具体处理方案将在 3.4 节给出。

2）将例 3-5 中程序 ch03_5_string.jsp 的 include 动作，修改为 forward 动作后，其运行结果如图 3-6 所示，与图 3-5 有较大的差异，从而也体现了 include 动作和 forward 动作的特点。

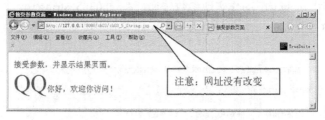

图 3-6 修改例 3-5 为 forward 动作后的运行界面

注意：从图 3-6 的运行界面可以看到，显示的信息是第二个 JSP 页面信息，而地址栏仍是第一个页面的 JSP 网址。

在例 3-5 的 ch03_5_output.jsp 页面中，为了从传递参数页面获取数据，使用了
request.getParameter("userName")语句，这里的 request 是 JSP 的内置对象，将在下一节给出
介绍。

3.3 JSP 内置对象概述

在 JSP 中为了便于数据信息的保存、传递、获取等操作，专门设置了 9 个内置对象，如
表 3-2 所示。JSP 内置对象是预先设置定义的，不需要再创建，在编写 JSP 代码时可直接使
用。每个对象都有自己的属性和方法，是学习 JSP 内置对象的重点内容。

表 3-2　JSP 内置对象

对象名称	所属类型	有效范围	说　　明
application	javax.servlet.ServletContext	application	代表应用程序上下文（只要 Web 服务器运行着，该对象就存在），允许 JSP 页面与包括在同一应用程序中的任何 Web 组件共享信息
config	javax.servlet.ServletConfig	page	允许将初始化数据传递给一个 JSP 页面
exception	java.lang.Throwable	page	该对象含有只能由指定的 JSP "错误处理页面" 访问的异常数据
out	javax.servlet.jsp.JspWriter	page	提供对输出流的访问
page	javax.servlet.jsp.HttpJspPage	page	代表 JSP 页面对应的 Servlet 类实例
pageContext	javax.servlet.jsp.PageContext	page	是 JSP 页面本身的上下文，提供了唯一一组方法来管理具有不同作用域的属性
request	javax.servlet.http.HttpServletRequest	request	提供对请求数据的访问，同时还提供用于加入特定请求数据的上下文
response	javax.servlet.http.HttpServletResponse	page	该对象用来向客户端输入数据
session	javax.servlet.http.HttpSession	session	用来保存在服务器端与一个客户端之间需要保存的数据，当客户端关闭网站的所有网页时，session 变量会自动消失

其中，对象的有效作用范围是层层包含的，最大的是 application，其次依次是 session、
request 和 page。具体的作用范围如表 3-3 所示。

表 3-3　内置对象的作用域

作　用　域	说　　明
page	对象只能在创建它的 JSP 页面中被访问
request	对象可以在与创建它的 JSP 页面监听的 HTTP 请求相同的任意一个 JSP 中被访问
session	对象可以在与创建它的 JSP 页面共享相同的 HTTP 会话的任意一个 JSP 中被访问
application	对象可以在与创建它的 JSP 页面属于相同的 Web 应用程序的任意一个 JSP 中被访问

在下面几节中将详细介绍 out、request、response、session 和 application 对象，对于
pageContext、config、page 及 exception 这些不经常使用的对象，在这里就不介绍了，若需
要这部分内容，可以查看有关的材料。

📖 提示：在学习 Java 语言时，都知道一个对象有属性和方法，所以，在介绍这些对象时，
主要介绍各对象的属性和方法的使用。

3.4 request 对象

request 对象是从客户端向服务器端发出请求的，包括用户提交的信息及客户端的一些信息。从这个对象中可以取出客户端用户提交的数据或参数。这个对象只有接受客户端请求后才可以进行访问。

当客户端通过 HTTP 协议请求一个 JSP 页面时，Web 服务器会自动创建 request 对象并将请求信息包装到 request 对象中，当 Web 服务器处理完请求后，request 对象就会被销毁。

3.4.1 request 对象的常用方法

request 对象的各种方法主要用来处理客户端浏览器提交的请求信息，以便做出相应的处理。主要的方法如表 3-4 所示，在后面几节中会给出这些方法的使用案例。

表 3-4 request 对象的主要方法

方　法	说　明
setAttribute(String name, Object obj)	用于设置 request 中的属性及其属性值
getAttribute(String name)	用于返回 name 指定的属性值，若不存在指定的属性，就返回 null
removeAttribute(String name)	用于删除请求中的一个属性
getParameter(String name)	用于获得客户端传送给服务器端的参数值
getParameterNames()	用于获得客户端传送给服务器端的所有参数名字（Enumeration 类的实例）
getParameterValues(String name)	用于获得指定参数的所有值
getCookies()	用于返回客户端的所有 Cookie 对象，结果是一个 Cookie 数组
getCharacterEncoding()	返回请求中的字符编码方式
getRequestURI()	用于获取发出请求字符串的客户端地址
getRemoteAddr()	用于获取客户端 IP 地址
getRemoteHost()	用于获取客户端名字
getSession([Boolean create])	用于返回和请求相关的 session。create 参数是可选的。当为 true 时，若客户端没有创建 session，就创建新的 session
getServerName()	用于获取服务器的名字
getServletPath()	用于获取客户端所请求的脚本文件的文件路径
getServerPort()	用于获取服务器的端口号

3.4.2 访问（获取）请求参数

在 Web 应用程序中，经常需要完成客户端与服务器端之间的信息交互。例如，当用户填写表单后，需要把数据提交给服务器处理，服务器获取到这些信息并进行处理。request 对象的 getParameter()方法用来获取用户（客户端）提交的数据。

1. 访问请求参数的方法

访问请求参数采用 request 对象的 getParameter()方法，其访问格式如下：

String 字符串变量 = request.getParameter("客户端提供参数的 name 属性名");

其中，参数 name 与客户端提供参数的 name 属性名对应，该方法的返回值为 String 类型，如果参数 name 属性不存在，则返回一个 null 值。

2．传递参数的 3 种形式

request 对象的 getParameter()方法可以接受来自不同的 JSP 页面或 JSP 动作传递给 request 对象的参数信息。

1）使用 JSP 的 forward 或 include 动作，利用传递参数子动作实现传递参数，在 3.2.3 节中已经介绍。

2）在 JSP 页面或 HTML 页面中，利用表单传递参数。

3）追加在网址后的参数传递或追加在超链接后面的参数。

注意：在上述 3 种参数提交方式中，方式 1）和 3）属于 get 提交方式，方式 2）通过 form 的 method 属性设置提交方式为 get 或 post。

【例 3-6】 利用表单传递参数。提交页面上有两个文本框，在文本框中输入姓名和电话号码，单击"提交"按钮后，由服务器端应用程序接受提交的表单信息并显示出来。

【分析】假设该题目的工程为 ch03，则需要设计两个程序：输入页面程序（ch03_6_infoInput.jsp，接受信息并处理程序（ch03_6_infoReceive.jsp），其传递过程如图 3-7 所示。

图 3-7　利用表单传递参数

ch03_6_infoInput.jsp 页面关键代码如下：

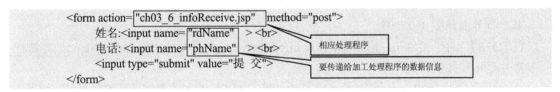

注意：提交以后，所输入的两个数据信息，以参数 rdName、phName 自动存放到 request 对象中。

ch03_6_infoReceive.jsp 页面的关键代码如下：

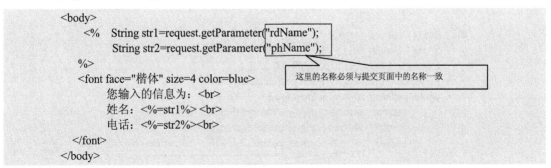

当运行程序时，提交页面如图 3-8 所示，接受信息并显示信息页面如图 3-9 所示。

图 3-8　例 3-6 的提交信息页面　　　　　图 3-9　接受信息并显示信息页面

注意：在提交页面中若输入汉字名字，在接受页面会出现乱码，其解决方法如下：

1）修改 ch03_6_infoReceive.jsp 页面，在方法 getParameter()前添加一行：

```
request.setCharacterEncoding("UTF-8");
```

2）在页面 ch03_6_infoInput.jsp 中的表单属性 method 必须是"post"方法。

【**例 3-7**】　采用"追加在网址后实现参数传递"示例，对于例 3-6 设计的 JSP 网页 ch03_6_infoReceive.jsp，采用"追加在网址后实现参数传递"。假设要传递的参数是：姓名为 "abcdef"，电话为"123456789"，则在网址处输入如下信息：

```
http://127.0.0.1:8080//ch03/ch03_6_infoReceive.jsp?rdName=abcdef&phName=123456789
```

注意：所输入的信息之间不能有空格，参数名称 rdName 和 phName 必须与 ch03_6_info Receive.jsp 中接受参数的属性名相同。

同样，可以采用超链接的方式传递参数，修改例 3-6 中的 ch03_6_infoInput.jsp，将其中的表单替换为超链接：

```
<a href="ch03_6_infoReceive.jsp?rdName=abcdef&phName=123456789">传递参数</a>
```

其运行界面同图 3-9 一样。

【**例 3-8**】　对于例 3-6，修改 ch03_6_infoReceive.jsp，采用 getParameterNames()方法获得参数并显示参数值。

request 对象的 getParameterNames()方法返回客户端传送给服务器端所有的参数名，结果集是一个 Enumeration（枚举）类的实例。当传递给此方法的参数名没有实际参数与之对应时，返回 null。然后再利用 getParameter()方法，获得相应的参数值。修改 ch03_6_infoReceive.jsp 后的主要代码如下：

```
<body>
    <%  String   current_param= "";
        String   current_vaul = "";
        request.setCharacterEncoding("UTF-8");
        Enumeration params = request.getParameterNames();
        while( params.hasMoreElements() ) {
            current_param = (String)params.nextElement();
            current_vaul=request.getParameter(current_param);
        %>参数名称: <%=current_param%>参数值:<%=current_vaul%><br>;
        <% }%>
</body>
```

注意该例题中<%与%>的匹配

3.4.3　新属性的设置和获取

对于 getParameter 方法是通过参数传递获得数据，那么用户自己是否可以根据需要在 request 对象中添加属性，然后在另一个 JSP 程序中获取添加的数据呢？

在页面使用 request 对象的 setAttribute("name",obj)方法，可以把数据 obj 设定在 request 范围内，请求转发后的页面使用 getAttribute("name")就可以取得数据 obj 的值。

设置数据的方法格式：

```
void request.setAttribute("key",Object);
```

其中，参数 key 是键，为 String 类型，属性名称；参数 object 是键值，为 Object 类型，它代表需要保存在 request 范围内的数据。

获取数据的方法格式：

```
Object request.getAttribute(String name);
```

其中，参数 name 表示键名，所获取的数据类型是由 setAttribute("name",obj)中的 obj 类型决定的。

【例 3-9】　设计一个 Web 程序，实现由提交页面提交的任意两个实数的和，并显示出结果。

【分析】该题目需要 3 个程序：ch03_9_input.jsp，提交 2 个参数的页面；ch03_9_sum.jsp 获取表单提交的参数，转换为实数数据 s1 和 s2，并求和给属性 s3，再将 3 个新属性保存到 request 对象中（自己定义保存），然后转到显示页面；ch03_9_output.jsp，从 request 对象中获取 3 个属性值，并显示数据。三者的关系如图 3-10 所示。

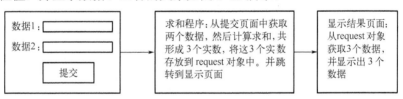

图 3-10　例 3-9 中数据信息的传递过程

【实现】

1）ch03_9_input.jsp 的关键代码如下：

```
<body>
    <form action="ch03_9_sum.jsp" method="post">
        数据 1: <input type="text" name="shuju1" ><br>
        数据 2: <input type="text" name="shuju2" ><br>
        <input type="submit" value="提交" >
    </form>
</body>
```

2）ch03_9_sum.jsp 的关键代码如下：

```
<body>
    <%    String str1=request.getParameter("shuju1");
          String str2=request.getParameter("shuju2");
```

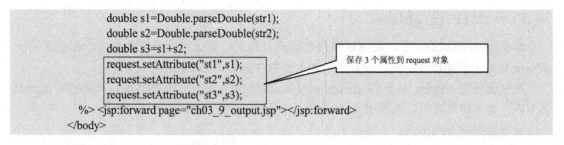

```
        double s1=Double.parseDouble(str1);
        double s2=Double.parseDouble(str2);
        double s3=s1+s2;
        request.setAttribute("st1",s1);          保存 3 个属性到 request 对象
        request.setAttribute("st2",s2);
        request.setAttribute("st3",s3);
    %> <jsp:forward page="ch03_9_output.jsp"></jsp:forward>
    </body>
```

3）ch03_9_output.jsp 的关键代码如下：

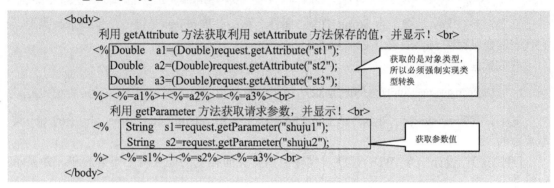

```
    <body>
        利用 getAttribute 方法获取利用 setAttribute 方法保存的值，并显示！<br>
        <% Double    a1=(Double)request.getAttribute("st1");
        Double    a2=(Double)request.getAttribute("st2");     获取的是对象类型，
        Double    a3=(Double)request.getAttribute("st3");     所以必须强制实现类
    %> <%=a1%>+<%=a2%>=<%=a3%><br>                              型转换
        利用 getParameter 方法获取请求参数，并显示！<br>
        <% String    s1=request.getParameter("shuju1");
        String    s2=request.getParameter("shuju2");          获取参数值
    %>    <%=s1%>+<%=s2%>=<%=a3%><br>
    </body>
```

该例题的运行界面如图 3-11 和图 3-12 所示。

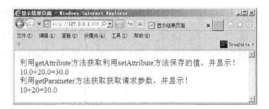

图 3-11　提交页面　　　　　　　　　图 3-12　显示运行结果页面

思考：参数 shuju1、shuju2 是如何在 3 个程序中传递的？

3.4.4　获取客户端信息

request 对象提供了一些用来获取客户信息的方法，利用这些方法，可以获取客户端的 IP 地址、协议等有关信息。

【例 3-10】 使用 request 对象获取客户端的有关信息，运行界面如图 3-13 所示。首先由用户通过 ch03_9_input.jsp（例 3-9 中设计的程序）输入两个数据，再由 ch03_10_showInfo.jsp 程序获取客户端的信息并显示。

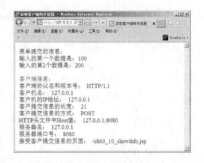

1）首先修改 ch03_9_input.jsp 中表单的 Action 属性值：

```
    <form action="ch03_10_showInfo.jsp" method="post">
```

2）使用 request 对象的相关方法获取客户信息，设计程序 ch03_10_showInfo.jsp，其关键代码如下：

图 3-13　获取客户端信息的显示页面

```
<body>
    <font color="blue">表单提交的信息: </font><br>
    输入的第 1 个数据是: <%=request.getParameter("shuju1") %><br>
    输入的第 2 个数据是: <%=request.getParameter("shuju2") %><br><br>
    <font color="red">客户端信息: </font><br>
     客户端协议名和版本号: <%=request.getProtocol() %><br>
    客户机名: <%=request.getRemoteHost() %><br>
    客户机的 IP 地址: <%= request.getRemoteAddr() %><br>
    客户提交信息的长度: <%= request.getContentLength() %><br>
    客户提交信息的方式: <%= request.getMethod() %><br>
    HTTP 头文件中 Host 值: <%= request.getHeader("Host") %><br>
    服务器名: <%= request.getServerName() %><br>
    服务器端口号: <%= request.getServerPort() %><br>
    接受客户提交信息的页面: <%= request.getServletPath() %><br>
</body>
```

3.5 response 对象

response 对象和 request 对象相对应, 用于响应客户请求, 由服务器向客户端输出信息。当服务器向客户端传送数据时, Web 服务器会自动创建 response 对象并将信息封装到 response 对象中, 当 Web 服务器处理完请求后, response 对象会被销毁。response 和 request 结合起来可以完成动态网页的交互功能。

3.5.1 response 对象的常用方法

response 对象提供了页面重定向 (sendRedirect) 方法、设置状态行 (setStatus) 方法和设置文本类型 (setContentType) 方法等。主要方法如表 3-5 所示。

表 3-5 response 对象的常用方法

方 法	说 明
SendRedirect(String url)	使用指定的重定向位置 url 向客户端发送重定向响应
setDateHeader(String name,long date)	使用给定的名称和日期值设置一个响应报头, 如果已经设置指定的名称, 则新值会覆盖旧值
setHeader(String name,String value)	使用给定的名称和值设置一个响应报头, 如果已经设置指定的名称, 则新值会覆盖旧值
setHeader(String name,int value)	使用给定的名称和整数值设置一个响应报头, 如果已经设置指定的名称, 则新值会覆盖旧值
setContentType(String type)	为响应设置内容类型, 其参数值可以为 text/html、text/plain、application/x_msexcel 或 application/msword
setContentLength(int len)	为响应设置内容长度
setLocale(java.util.Locale loc)	为响应设置地区信息

3.5.2 重定向网页

使用 response 对象中的 sendRedirect()方法实现重定向到另一个页面。

例如, 将客户请求重定位到 login_ok.jsp 页面的代码如下:

```
response.sendRedirect("login_ok.jsp");
```

注意: 重定向 sendRedirect(String url)和转发<jsp:forward page="url"/>的区别:

1) 只能使用<jsp:forward>在本网站内跳转, 而使用 response.sendRedirect 跳转到任何一个地址的页面。

2）<jsp:forward>带 request 中的信息跳转；sendRedirect 不带 request 中的信息跳转。

【例 3-11】 用户在登录界面（ch03_11_userLogin.jsp）输入用户名和密码，提交后验证（ch03_11_userReceive.jsp）登录者输入的用户名和密码是否正确，根据判断结果转向不同的页面，当输入的用户名是"abcdef"、密码为"123456"时，转发到 ch03_11_loginCorrect.jsp 页面，并显示"用户：abcdef 成功登入！"信息，当输入信息不正确时，重定位到搜狐网站（http://www.sohu.com）。

【分析】根据题目所给出的处理要求，其业务流程如图 3-14 所示。

图 3-14 例 3-11 的业务流程图

【实现】1）提交页面 ch03_11_userLogin.jsp，主要代码如下：

```
<form action="ch03_11_userReceive.jsp" method="post">
    姓 名: <input type="text" name="RdName"> <br>
    密 码: <input type="password" name="RdPasswd" > <br><br>
    <input type="submit" value="确 定" >
</form>
```

2）接受信息并验证程序 ch03_11_userReceive.jsp，其关键代码如下：

```
<body>
    <%String xm = request.getParameter("RdName");
    String mm = request.getParameter("RdPasswd");
    if (xm.equals("abcdef") && mm.equals("123456")) {%>
        <jsp:forward page="ch03_11_loginCorrect.jsp"/>
    <% }else{
        response.sendRedirect("http://sohu.com");
    }%>
</body>
```

注意两者功能的差异

3）登入成功页面 ch03_11_loginCorrect.jsp，其关键代码如下：

```
<body>
    <% String name = request.getParameter("RdName"); %>
    欢迎，<%=name%>成功登录！
</body>
```

3.5.3 页面定时刷新或自动跳转

采用 response 对象的 setHeader 方法，实现页面的定时跳转或定时自刷新。例如，

（1）response.setHeader(" refresh","5");   //每隔 5 秒，页面自刷新一次
（2）response.setHeader("refresh","10;url=http://www.sohu.com");
    //延迟 10 秒后，自动重定向到网页 http://www.sohu.com

注意：与（1）（2）等价的 HTML 代码分别如下：

　　（3）`<meta http-equiv="refresh" content="5" />`
　　（4）`<meta http-equiv="refresh" content="10;url=http://www.sohu.com" />`

【例 3-12】 设计一个 JSP 程序（ch03_12_time.jsp），每间隔 1 秒，页面自动刷新，并在页面上显示当前时间。

【实现】其关键代码如下：

```
<body>
    当前时间是：<%=new Date().toLocaleString()%><br>
    <hr>
    <%response.setHeader("refresh","1");%>
</body>
```

3.6　session 对象

会话（session）的含义：用户在浏览某个网站时，从进入网站到浏览器关闭所经过的这段时间称为一次会话。每个用户在刚进入网站时，服务器会生成一个独一无二的 session ID 来区别每个用户的身份。服务器可以通过不同的 ID 号识别不同的客户。一个客户对同一网站不同网页的访问属于同一会话。当客户关闭浏览器后，一个会话结束，服务器将该客户的 session 对象自动销毁。

当客户重新打开浏览器建立到该网站的连接时，JSP 引擎为该客户再创建一个新的 session 对象，属于一次新的会话。

📖 提示：session 对象可以在一个网站（一个应用程序）任意的 JSP 页面中使用。但若在 JSP 页面中，page 指令的 session 属性被设置成 false 时，即`<%@page session="false">`，在这个页面就不能使用 session 对象。

3.6.1　session 对象的主要方法

session 对象的其主要作用是存储、获取用户会话信息。其主要方法如表 3-6 所示。

表 3-6　session 对象的主要方法

方　　法	说　　明
Object getAttribute(String attriname)	用于获取与指定名字相联系的属性，如果属性不存在，将会返回 null
void setAttribute(String name,Object value)	用于设定指定名字的属性值，并且把它存储在 session 对象中
void removeAttribute(String attriname)	用于删除指定的属性（包含属性名、属性值）
Enumeration getAttributeNames()	用于返回 session 对象中存储的每一个属性对象，结果集是一个 Enumeration 类的实例
long getCreationTime()	用于返回 session 对象的被创建时间，单位为毫秒
long getLastAccessedTime()	用于返回 session 最后发送请求的时间，单位为毫秒
String getId()	用于返回 session 对象在服务器端的编号
long setMaxInactiveInterval()	用于返回 session 对象的生存时间，单位为秒
boolean isNew()	用于判断目前 session 是否为新的 session，若是则返回 ture，否则返回 false
void invalidate()	用于销毁 session 对象，使得与其绑定的对象都无效

3.6.2 创建及获取客户的会话信息

内置对象 session 用来保持服务器与用户（客户端）之间的会话状态，利用该对象可以获取会话状态，也可以设置属性信息的存取。

对于 session 对象中的 setAttribute() 和 getAttribute() 方法，与 request 对象中的 setAttribute() 和 getAttribute() 方法具有一样的功能和使用方法，只是使用范围不同（request 范围、session 范围）。request 对象的具体使用方法参看例 3-9。

通过例 3-13 演示 session 对象的创建及其生命周期，进一步理解 session 对象。

【例 3-13】 利用 session 对象获取会话信息并显示（ch03_13_session.jsp），其代码如下：

```jsp
<%@page contentType="text/html" pageEncoding="UTF-8" import="java.util.*"%>
<html>
    <head><title>利用 session 对象获取会话信息并显示</title> </head>
    <body>
        <hr>
        session 的创建时间是:<%=new Date(session.getCreationTime())%> <br>
        session 的 ID 号:<%=session.getId()%><br>
        客户最近一次访问时间是:
        <%=new java.sql. Time(session.getLastAccessedTime())%> <br>
        两次请求间隔多长时间 session 将被取消(ms):
        <%=session.getMaxInactiveInterval()%> <br>
        是否是新创建的 session:<%=session.isNew()?"是":"否"%>
        <hr>
    </body>
</html>
```

该程序的运行界面如图 3-15 所示，图 3-15a 所示是第一次进入页面的情况，图 3-15b 所示是过几秒后刷新页面的情况，图 3-15c 所示是在不关闭第一次进入的情况下，再一次进入页面的显示结果。特别要注意它们输出结果的差异。

a)   b)   c)

图 3-15 例 3-13 的运行界面

a) 第一次进入页面的情况　b) 过几秒后，刷新页面的情况　c) 再一次进入的情况

3.7　application 对象

application 对象用于保存应用程序中的公有数据，在服务器启动时对每个 Web 程序都自动创建一个 application 对象，只要不关闭服务器，application 对象将一直存在，所有访问同一工程的用户可以共享 application 对象。

3.7.1　application 对象的主要方法

与 session 对象相似，在 application 对象中也可以实现属性的设置、获取，application 对象的属性操作有以下 4 个。

1）Object getAttribute(String attriname)：获取指定属性的值。

2）void setAttribute(String attriname,Object attrivalue)：设置一个新属性并保存值。

3）void removeAttribute(String attriname)：从 application 对象中删除指定的属性。

4）Enumeration getAttributeNames()：获取 application 对象中所有属性的形成。

3.7.2　案例——统计网站访问人数

网站访问人数是评价一个网站访问情况的重要指标，在很多网站上都会显示，那么如何设计呢？下面通过例 3-14 给出。

【例 3-14】　利用 application 对象的属性存储统计网站访问人数。

【分析】对于统计网站访问人数，需要判断是否是一个新的会话，从而判断是否是一个新访问网站的用户，然后才能统计人数。

【实现】设计程序 ch03_14_applicatin.jsp，其代码如下：

```
<%@ page language="java" import="java.util.*" pageEncoding="UTF-8"%>
<html>
   <head>   <title>统计网站访问人数及当前在线人数</title> </head>
   <body>
   <%!   Integer yourNumber=new Integer(0);%>
   <%    if (session.isNew()){   //如果是一个新的会话
             Integer number = (Integer) application.getAttribute("Count");
             if (number == null) //如果是第一个访问本站
                { number = new Integer(1); }
             else
                { number = new Integer(number.intValue() + 1); }
             application.setAttribute("Count", number);
             yourNumber = (Integer) application.getAttribute("Count");
        }
   %>
        欢迎访问本站，您是第   <%=yourNumber%>个访问用户。
   </body>
</html>
```

注意：application 对象、request 对象、session 对象的区别如下：

1）session 对象与用户会话相关，不同用户的 session 是完全不同的对象，在 session 中设置的属性只是在当前客户的会话范围内有效，客户超过保存时间不发送请求时，session 对象将被回收。

2）所有访问同一网站的用户都有一个相同的 application 对象，只有关闭服务器后，application 对象中设置的属性才被收回。

3）当客户端提交请求时，才创建 request 对象，当返回响应处理后，request 对象自动销毁。

思考：设计下面的问题，并注意它们之间的差异：

1）如何设计客户访问某指定网页次数的 JSP 程序？

2）如何设计客户访问某应用程序（网站）次数的 JSP 程序？

3）如何设计客户访问某服务器次数的 JSP 程序？

4）如何设计统计一个网站（应用程序）客户在线人数的 JSP 程序？

3.8 out 对象

out 对象的主要功能是向客户输出响应信息。其主要方法为 print()，可以输出任意类型的数据，HTML 标签可以作为 out 输出的内容。

【例 3-15】 分析下面程序的运行情况，并给出运行界面。

```
<%@ page language="java" pageEncoding="UTF-8"%>
<html>
    <head><title>out 的使用</title></head>
    <body>
        利用 out 对象输出的页面信息：<br>
        <hr>
        <% out.print("aaa<br/>bbb");
            out.print("<br/>用户名或密码不正确，请重新
                <a href='http://www.sohu.com'><font size='15' color='red'>登录</font></a>");
            out.print("<br><a href='javascript:history.back()'>后退</a>…");
        %>
    </body>
</html>
```

其运行界面如图 3-16 所示。

3.9 JSP 应用程序设计综合案例

本节通过两个案例，进一步理解和掌握 JSP 应用程序设计。

3.9.1 网上答题及其自动评测系统

图 3-16 例 3-15 的运行界面

目前，采用网上考试并实现自动评阅已经成为一种趋势，通过本案例的学习，读者可以理解和掌握在一个提交信息页面中，一个表单可能存在多种不同的输入域，例如，文本框、复选框、单选框、列表框等，那么在其响应处理页面时如何获取这些参数呢？

【例 3-16】 设计一个网上答题及其自动评测系统。本案例设计一个简单的网上答题与评测系统，其运行界面如图 3-17 所示。该程序包括两部分，首先是试题页面的设计及其解答的提交，其次是当提交解答后，系统自动评阅并给出评阅结果。如图 3-17a 所示是试题页面，如图 3-17b 所示是评阅后给出的解答页面。

【分析】 该案例需要设计两个 JSP 页面：一个是提交信息页面，另一个是获取提交信息并进行处理显示结果页面。其设计关键是如下两点：

1）对于互斥的单选按钮、只允许单选的列表框，只传递一个参数。

2）对于复选框、可多选列表框，需要传递多个参数，通过数组保存并获取参数值。

 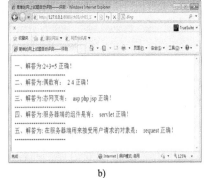

a) b)

图 3-17 例 3-16 的运行界面

a) 试题页面 b) 评阅后给出的解答页面

【实现】

提交信息页面程序：ch03_16_input.jsp，其代码如下：

```jsp
<%@ page language="java" import="java.util.*" pageEncoding="UTF-8"%>
<html>
    <head><title>简单的网上试题自动评测——试题</title></head>
    <body>
        <form action="ch03_16_show.jsp" method="post">
            一、 2+3=? <br>
            <input type="radio" name="r1" value="2" checked="checked">2 
            <input type="radio" name="r1" value="3">3  
            <input type="radio" name="r1" value="4">4  
            <input type="radio" name="r1" value="5">5<br>
            二、下列哪些是偶数？<br>  
            <input type="checkbox" name="c1" value="2">2  
            <input type="checkbox" name="c1" value="3">3  
            <input type="checkbox" name="c1" value="4">4  
            <input type="checkbox" name="c1" value="5">5<br>
            三、下列哪些是动态网页？<br>   
            <select size="4" name="list1" multiple="multiple">
                <option value="asp">ASP</option>
                <option value="php">PHP</option>
                <option value="htm">HTML</option>
                <option value="jsp">JSP</option>
                <option value="xyz" selected="selected">xyz</option>
            </select><br>
            四、下列组件哪个是服务器端的？<br>   
            <select size="1" name="list5">
                <option value="jsp">JSP</option>
                <option value="servlet">SERVLET</option>
                <option value="java">JAVA</option>
                <option value="jdbc">JDBC</option>
            </select><br>
            五、在服务器端用来接受用户请求的对象是：
            <input type="text" size="20" name="text1"><br>
            <div align="left">
                <blockquote>
```

```
                    <input type="submit" value="提交" name="button1">
                    <input type="reset" value="重置" name="button2">
                </blockquote>
            </div>
        </form>
    </body>
</html>
```

获取提交信息并进行处理页面：ch03_16_show.jsp，代码如下：

```jsp
<%@ page language="java" import="java.util.*" pageEncoding="UTF-8"%>
<html>
    <head><title>简单的网上试题自动评测——评测</title></head>
    <body>
        <% String s1 = request.getParameter("r1");
        if (s1 != null) {
            out.println("一、解答为：2+3=" + s1 + "    ");
            if (s1.equals("5")) out.println("正确！" + "<br>");
            else out.println("错误！" + "<br>");
        } else out.println("一、没有解答！");
        out.println("----------------------------<br>");
        String[] s21 = request.getParameterValues("c1");
        if (s21 != null) {
            out.println("二、解答为：偶数有：");
            for (int i = 0; i < s21.length; ++i) {
                out.println(s21[i] + "    ");
            }
            if (s21.length == 2 && s21[0].equals("2") && s21[1].equals("4"))
                out.println("正确！" + "<br>");
            else
                out.println("错误！" + "<br>");
        } else out.println("二、没有解答！");
        out.println("----------------------------<br>");
        String[] s31 = request.getParameterValues("list1");
        if (s31 != null) {
            out.println("三、解答为：动态网页有：");
            for (int i = 0; i < s31.length; ++i) {
                out.println(s31[i] + "    ");
            }
            if (s31.length == 3 && s31[0].equals("asp") && s31[1].equals("php")
                && s31[2].equals("jsp"))   out.println("正确！" + "<br>");
            else out.println("错误！" + "<br>");
        } else out.println("三、没有解答！");
        out.println("----------------------------<br>");
        String s4 = request.getParameter("list5");
        if (s4 != null) {
            out.println("四、解答为：服务器端的组件是有：");
            out.println(s4 + "    ");
            if (s4 != null && s4.equals("servlet"))   out.println("正确！" + "<br>");
            else   out.println("错误！" + "<br>");
        } else   ut.println("四、没有解答！");
        out.println("----------------------------<br>");
        String s5 = request.getParameter("text1");
```

```
                    if (s5 != null) {
                        out.println("五、解答为：");
                        out.println(s5 + "    ");
                        if (s5 != null && s5.equals("request")) out.println("正确！" + "<br>");
                        else out.println("错误！" + "<br>");
                    } else out.println("五、没有解答！");
                    out.println("——————————————————<br>");
                %>
            </body>
        </html>
```

思考：基于该题目的设计思想，设计 5 套真实的网上考试试题，并都给出评测及其评判结果。

3.9.2 设计简单的购物车应用案例

网上购物是目前非常流行的购物方式，并且人们大多熟悉其购物流程。购物车是网上购物系统所必需的构件，本案例设计一个简单的购物车来模拟网上购物中购物车。

【例 3-17】 设计一个简单的购物车程序。该案例提供了两类不同的商品，不同类型的商品需要在不同的网页上浏览，并添加到购物车中，最后显示购物车中所选购的商品。其运行界面如图 3-18 所示，图 3-18a 所示是购买"肉类"商品的页面，图 3-18b 所示是购买"球类"商品的页面，两个页面可以互相跳转，并可以再向购物车中添加商品，图 3-18c 所示是购物车中已经购买的商品显示页面。

图 3-18 购物车页面
a) 肉类页面 b) 球类页面 c) 购物车结果页面

【分析】从所给出的需求来看，该系统需要 3 个页面，且 3 个页面共享购物信息，直到购物结束。显然，该购物过程是在 ssesion 范围内完成的，需要使用 ssesion 对象实现信息的共享。

【实现】

1）购买"肉类"商品的页面（ch03_17_buy1.jsp），其代码如下：

```
<%@ page language="java" import="java.util.*" pageEncoding="UTF-8"%>
<html>
    <head><title>购物肉类商品页面</title></head>
    <body>
        <% request.setCharacterEncoding("UTF-8");
            if (request.getParameter("c1") != null)
                session.setAttribute("s1", request.getParameter("c1"));
            if (request.getParameter("c2") != null)
```

```
            session.setAttribute("s2", request.getParameter(".c2"));
        if (request.getParameter("c3") != null)
            session.setAttribute("s3", request.getParameter("c3"));
    %>
    各种肉大甩卖,一律十块:<br>
    <form method="post" action="ch03_17_buy1.jsp">
        <p> <input type="checkbox" name="c1" value="猪肉">猪肉 
            <input type="checkbox" name="c2" value="牛肉">牛肉 
            <input type="checkbox" name="c3" value="羊肉">羊肉
        </p>
        <p> <input type="submit" value="提交" name="B1">
            <a href="ch03_17_buy2.jsp">买点别的</a>  
            <a href="ch03_17_display.jsp">查看购物车</a>
        </p>
    </form>
</body>
</html>
```

2）购买"球类"商品的页面（ch03_17_buy2.jsp），其代码如下：

```
<%@ page language="java" import="java.util.*" pageEncoding="UTF-8"%>
<html><head><title>购买球类页面</title></head>
    <body>
        <% request.setCharacterEncoding("UTF-8");
            if (request.getParameter("b1") != null)
                session.setAttribute("s4", request.getParameter("b1"));
            if (request.getParameter("b2") != null)
                session.setAttribute("s5", request.getParameter("b2"));
            if (request.getParameter("b3") != null)
                session.setAttribute("s6", request.getParameter("b3"));
        %>
        各种球大甩卖,一律八块:
        <form method="post" action="ch03_17_buy2.jsp">
            <p> <input type="checkbox" name="b1" value="篮球">篮球 
                <input type="checkbox" name="b2" value="足球">足球 
                <input type="checkbox" name="b3" value="排球">排球
            </p>
            <p> <input type="submit" value="提交" name="x1">
                <a href="ch03_17_buy1.jsp">买点别的</a> 
                <a href="ch03_17_display.jsp">查看购物车</a>
            </P>
        </form>
    </body>
</html>
```

3）显示购物车信息的页面（ch03_17_display.jsp），其代码如下：

```
<%@ page language="java" import="java.util.*" pageEncoding="UTF-8"%>
<html>
<head><title>显示购物车购物信息</title></head>
    <body>
        你选择的结果是:<br>
        <% request.setCharacterEncoding("UTF-8");
            String str = "";
```

```
if (session.getAttribute("s1") != null) {
    str = (String) session.getAttribute("s1");
    out.print(str + "<br>");
}
if (session.getAttribute("s2") != null) {
    str = (String) session.getAttribute("s2");
    out.print(str + "<br>");
}
if (session.getAttribute("s3") != null) {
    str = (String) session.getAttribute("s3");
    out.print(str + "<br>");
}
if (session.getAttribute("s4") != null) {
    str = (String) session.getAttribute("s4");
    out.print(str + "<br>");
}
if (session.getAttribute("s5") != null) {
    str = (String) session.getAttribute("s5");
    out.print(str + "<br>");
}
if (session.getAttribute("s6") != null) {
    str = (String) session.getAttribute("s6");
    out.print(str + "<br>");
}
%>
</body>
</html>
```

思考：该案例只是对购物车的简单模拟，请读者思考是否根据其设计思想，设计一个较为实用的购物车，并可以对购物车进行管理（比如：修改购物车，删除购物车中的某些商品）。

本章小结

本章介绍了 JSP 的基本语法、JSP 指令和 JSP 动作，并通过案例介绍其使用方法。

1）JSP 脚本：变量、方法的声明，表达式，脚本段。

2）JSP 注释：HTML 注释、JSP 注释、Java 语言注释。

3）JSP 指令：page 指令定义整个页面的全局属性；include 指令用于包含一个文本或代码的文件。

4）JSP 动作：jsp:include 动作在页面得到请求时包含一个文件；jsp:forward 动作引导请求者进入新的页面。

5）JSP 内置对象：out、request、response、session、pageContext、application、config、page、exception，主要介绍了 request、response 、session、application 对象的常用方法和常用属性。

习题

1. 应用 Date 类读取系统的当前时间，根据不同的时间段，在浏览器中输出不同的问候语，例如 0:00-12:00 输出"早上好"，同时把系统的年、月、日、小时、分、秒和星期输出到用户的浏览器。

2．设计一个 JSP 文件，实现计算一个数的平方，然后再设计一个 JSP 文件，在客户端显示该数的平方值。要求：应用<jsp:include>动作加载上述 JSP 文件并在客户端的"查看源文件"中观察源文件。思考该题目是否可以采用 include 指令实现加载？为什么？

3．设计表单，制作读者选购图书的界面，当读者选中一本图书后，单击"确定"按钮，用"jsp:forward page="语句将页面跳转到介绍该图书的信息页面。

4．设计求任意两个整数和的 Web 程序。要求：用户通过提交页面（input.jsp）输入两个整数，并提交给一个 sum.jsp 程序，在 sum.jsp 中计算这两个数的代数和。如果代数和为非负，则跳转到 positive.jsp 页面，给出"结果为正！"提示信息并显示计算结果；否则，跳转到 negative.jsp 页面，给出"结果为负！"提示信息并显示计算结果。

5．设计一个用户注册表单，其提交页面和信息获取后显示页面，如图 3-19 所示，用户填写完并提交后输出用户填写的信息。

图 3-19　习题 5 的提交页面和获取信息后的显示页面

6．设计两个页面：6_1.jsp 和 6_2.jsp，理解 JSP 中 4 种作用范围的区别：page、request、session、application。

6_1.jsp 中分别在 4 个范围内存储 4 个字符串，其主要代码如下：

```
pageContext.setAttribute("p","pagestr");
request.setAttribute("r","requeststr");
session.setAttribute("s","sessionstr");
application.setAttribute("a","applicationstr");
```

6_2.jsp 中分别输出 4 个范围内的指定属性值，其主要代码如下：

```
out.print(pageContext.getAttribute("p")+"<br/>");
out.print(request.getAttribute("r")+"<br/>");
out.print(session.getAttribute("s")+"<br/>");
out.print(application.getAttribute("a"));
```

要求：两个页面分别用链接（重定向）、转发两种方式进行跳转，观察 6_2.jsp 的结果。

7．分别设计网页访问计数器、会话计数器、访问网站计数器。

第4章 JDBC 数据库访问技术

数据库是 Web 应用程序的重要组成部分，在 Java Web 应用程序中，数据库访问是通过 Java 数据库连接（Java DataBase Connectivity，JDBC）实现的，为开发人员提供了标准的 API。在 Java Web 应用中，数据库的连接一般使用两种方法：一种是通过 JDBC 驱动程序直接连接数据库，另一种是通过连接池技术连接数据库。

本章介绍使用 JDBC 驱动程序连接数据库以及设计应用程序的方法、步骤和实例。

4.1 JDBC 技术概述

JDBC 是一种用于执行 SQL 语句的 Java API，由一组类与接口组成，通过调用这些类和接口所提供的方法，可以使用标准的 SQL 语言来存取数据库中的数据。JDBC 的体系结构如图 4-1 所示。

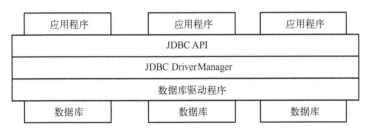

图 4-1 JDBC 的体系结构

1）数据库驱动程序：实现了应用程序和某个数据库产品之间的接口，用于向数据库提交 SQL 请求。

2）驱动程序管理器（DriverManager）：为应用程序装载数据库驱动程序。

3）JDBC API：提供了一系列抽象的接口，主要用来连接数据库和直接调用 SQL 命令，执行各种 SQL 语句。

JDBC 重要的类和接口如表 4-1 所示。

表 4-1 与数据库有关的重要类和接口

类或接口	作　　用
java.sql.DriverManager	该类处理驱动程序的加载和建立新数据库连接
java.sql.Connection	该接口实现对特定数据库的连接
java.sql.Satement	该接口表示用于执行静态 SQL 语句并返回它所生成结果的对象
java.sql.PreparedStatement	该接口表示预编译的 SQL 语句的对象，派生自 Satement，支持带参数的 SQL 语句并预编译
java.sql.CallableStatement	该接口用于执行 SQL 语句存储过程的对象，派生自 PreparedStatement
java.sql.ResultSet	该接口表示数据库结果集的数据表，统称通过执行查询数据库的语句生成

4.1.1　驱动程序接口 Driver

每种数据库都提供了数据库驱动程序，并且都提供了一个实现 java.sql.Driver 接口的类，简称 Driver 类。

在应用程序开发中，需要通过 java.lang.Class 类的静态方法 forName(String className)加载该 Driver 类。在加载时，创建自己的实例并向 java.sql.DriverManager 类注册该实例。

例如，对于 MySQL 数据库，其 Driver 类为 com.mysql.jdbc.Driver，则加载该类的语句如下：

```
Class.forName("com.mysql.jdbc.Driver");
```

4.1.2　驱动程序管理器 DriverManager

java.sql.DriverManager 类负责管理 JDBC 驱动程序的基本服务，负责跟踪可用的驱动程序，并在数据库和驱动程序之间建立连接。

成功加载 Driver 类并在 DriverManager 类中注册后，DriverManager 类即可用来建立数据库连接。

DriverManager 类提供的最常用的方法如下：

```
Connection getConnection(String url,String user,String password)
```

该方法为静态方法，用来获得数据库连接，有三个入口参数，依次为要连接数据库的 URL、用户名和密码，返回值类型为 java.sql.Connection，是创建的数据库与 Java 之间的连接的桥梁，一般称为"连接对象"。

URL 的语法格式如下：

```
jdbc:子协议:数据源
```

例如，对于 MySQL 数据库，其连接数据库的 URL 格式如下：

```
String url="jdbc:mysql://数据库服务器 IP:3306/数据库名";
```

假设要访问的数据库服务器的 IP 为 127.0.0.1（本机服务器），数据库为 user，访问数据库的用户名为 root，访问密码为 123456，则得到数据库连接对象 con 的语句如下：

```
String url="jdbc:mysql://127.0.0.1:3306/user";
Connection con= DriverManager.getConnection (url, "root","123456")
```

4.1.3　数据库连接接口 Connection

java.sql.Connection 接口用来创建数据库连接对象，Java 程序对数据库的操作都在该对象上进行，利用该接口提供的方法 createStatement()或者 prepareStatement()创建执行 SQL 语句的"执行对象"。Connection 接口提供的常用方法如表 4-2 所示。

表 4-2　Connection 接口的常用方法

方法名称	功 能 描 述
createStatement()	创建并返回一个 Statement 实例，通常在执行无参数的 SQL 语句时创建该实例
prepareStatement()	创建并返回 PreparedStatement 实例，通常在执行包含参数的 SQL 语句时使用，并对 SQL 语句预编译处理
close()	立即释放 Connection 实例占用的数据库和 JDBC 资源，即关闭数据库连接

例如，假设 con 为已经创建的数据库连接对象，则利用 con 对象创建 SQL 执行语句对象。

（1）创建 Statement 的执行对象

语句格式：

>   Statement　stmt=con.createStatement();

注意：该语句不需要 SQL 语句，在执行时才提供 SQL 语句。

（2）创建 PreparedStatement 的执行对象

语句格式：

>   PreparedStatement　pst= con.prepareStatement(SQL 语句);

注意：该语句需要提供 SQL 语句作为参数，并且可以使用具有占位符的 SQL 语句。SQL 语句中的"？"是占位符，代表某个类型的数据。

例如，

>   PreparedStatement　pst= con.prepareStatement("Select * From 学生表　where　学号=?")

4.1.4　执行 SQL 语句接口 Statement

java.sql.Statement 接口用来执行静态的 SQL 语句，并返回执行结果。Statement 接口提供的常用方法如表 4-3 所示。

表 4-3　Statement 接口常用方法

方法名称	功能描述
executeQuery(String sql)	执行指定的静态 SELECT 语句，并返回一个永远不能为 null 的 ResultSet 实例
executeUpdate(String sql)	执行指定的静态 INSERT、UPDATE 或 DELETE 语句，并返回 int 型数值，为同步更新记录的条数
close()	立即释放 Statement 实例占用的数据库和 JDBC 资源，即关闭 Statement 实例

例如，假设 stmt 为创建的 Statement 接口的执行语句。

1）执行查询 SQL 语句，并返回结果集的语句如下：

>   ResultSet rs = stmt.executeQuery("Select * From 学生表");

2）执行删除 SQL 语句，并返回删除记录个数值，语句如下：

>   int n =stmt.executeUpdate("delete From 学生表");

4.1.5　执行动态 SQL 语句接口 PreparedStatement

java.sql.PreparedStatement 接口继承于 Statement 接口，是 Statement 接口的扩展，用来执

行动态的 SQL 语句，即包含参数的 SQL 语句。通过 PreparedStatement 实例执行的动态 SQL 语句，将被预编译并保存到 PreparedStatement 实例中，从而可以反复并且高效地执行该 SQL 语句。PreparedStatement 接口提供的常用方法如表 4-4 所示。

表 4-4　PreparedStatement 接口的常用方法

方法名称	功能描述
executeQuery()	执行前面包含参数的动态 SELECT 语句，并返回一个永远不能为 null 的 ResultSet 实例
executeUpdate()	执行前面包含参数的动态 INSERT、UPDATE 或 DELETE 语句，并返回 int 型数值，为同步更新记录的条数
setXxx()	为指定参数设置 Xxx 型值
close()	立即释放 PreparedStatement 实例占用的数据库和 JDBC 资源，即关闭 PreparedStatement 实例

例如，

1）利用 PreparedStatement 接口执行查询语句。

```
PreparedStatement pst= con.prepareStatement("Select * From 学生表 where 学号=?")
pst.setInt(1,100);        //对占位符设置具体的值，这里设置要查询的学号为 100 的学生
ResultSet rs =pst. executeQuery();
```

2）利用 PreparedStatement 接口执行删除语句。

```
PreparedStatement pst= con.prepareStatement("Delete From 学生表 where 学号=?")
pst.setInt(1,100);        //设置要删除的学号为 100 的学生记录
int n=pst.executeUpdate();
```

4.1.6　访问结果集接口 ResultSet

java.sql.ResultSet 接口类似于一个数据表，通过该接口的实例可以获得检索结果集，以及对应数据表的相关信息。ResultSet 实例是通过执行查询数据库的语句生成的。

ResultSet 实例具有指向其当前数据行的指针。最初，指针指向第一行记录的前方，通过 next() 方法可以将指针移动到下一行，当没有下一行时将返回 false。

ResultSet 接口提供的常用方法如表 4-5 所示。

表 4-5　ResultSet 接口的常用方法

方法名称	功能描述
first()	指针移到第一行；若结果集为空则返回 false，否则返回 true
last()	指针移到最后一行；若结果集为空则返回 false，否则返回 true
previous()	指针移到上一行；若存在上一行则返回 true，否则返回 false
next()	指针移到下一行；指针最初位于第一行之前，第一次调用将移到第一行；若存在下一行则返回 true，否则返回 false
getRow()	查看当前行的索引编号；索引编号从 1 开始，若位于有效记录行上，则返回一个 int 型索引编号，否则返回 0
findColumn()	按指定列名（String 型入口参数）查看列名的索引编号，若包含指定列，则返回 int 型索引编号，否则将抛出异常
close()	释放 ResultSet 实例占用的数据库和 JDBC 资源，当关闭所属的 Statement 实例时也将执行此操作

4.2　JDBC 访问数据库

使用 JDBC 访问数据库，首先需要加载数据库的驱动程序，然后利用连接符号串实现连

接，创建连接对象，再创建执行 SQL 的执行语句并实现数据库的操作。即使用 JDBC 访问数据库，其访问流程如下：

1）注册驱动。

2）建立连接（Connection）。

3）创建数据库操作对象用于执行 SQL 的语句。

4）执行语句。

5）处理执行结果（ResultSet）。

6）释放资源。

📖 **提示**：目前在应用系统开发中，可能会使用到不同的数据库系统。不同的数据库系统提供商都有自己各自独立开发的驱动程序。在使用时，要加载相应的数据库驱动程序。本书以目前高校使用较多的 MySQL 数据库作为应用示例。

本节就按其访问流程，给出利用 JDBC 实现数据库访问的操作。假设 MySQL 数据库的用户密码为 123456，并以 students 数据库为例。

4.2.1 注册驱动 MySQL 的驱动程序

在 Java Web 应用程序开发中，如果要访问数据库，必须先加载数据库厂商提供的数据库驱动程序。

首先需要下载 MySQL 数据库的驱动程序，然后在应用程序中加载该驱动程序。下载地址为：http://dev.mysql.com/downloads/connector。

下载文件为压缩文件 mysql-connector-java-5.1.6.zip，双击解压该文件。解压后就可以得到 MySQL 数据库的驱动程序文件 mysql-connector-java-5.1.6-bin。

1. 将驱动程序文件添加到应用项目

将驱动程序 mysql-connector-java-5.1.6-bin，复制到 Web 应用程序的 WEB-INF\lib 目录下，Web 应用程序就可以通过 JDBC 接口访问 MySQL 数据库了。

2. 加载注册指定的数据库驱动程序

对于 MySQL 数据库，其驱动程序加载格式如下：

```
Class.forName("com.mysql.jdbc.Driver");
```

其中，com.mysql.jdbc.Driver 为 MySQL 数据库驱动程序类名。

📖 **提示**：若使用其他类型的数据库，则加载该数据库对应的驱动程序，例如，若使用 Oracle 数据库，则其加载格式为：Class.forName("oracle.jdbc.driver.OracleDriver ");不同类型数据库的驱动加载是不同的。

4.2.2 JDBC 连接数据库创建连接对象

加载注册 MySQL 数据库的驱动程序后，需要创建数据库连接对象。创建数据库连接对象，首先需要形成"连接符号字（URL）"，然后利用"连接符号字"实现连接并创建连接对象。

1. 数据库连接的 URL

要建立与数据库的连接，首先要创建指定数据库的 URL（称为数据库连接字）。一个数据库连接字一般包括：数据库服务器的 IP 地址及其访问数据库的端口号、数据库名称、访问数据库的用户名称及其访问密码，有时需要指定对数据库访问所采用的编码方式。

对于 MySQL 数据库的连接符号字，可采用如下方式创建：

```
String url1="jdbc:mysql://数据库服务器 IP:3306/数据库名";
String url2="?user=root&password=密码";
String url3="&useUnicode=true&characterEncoding=UTF-8";
String url=url1+url2+ url3;
```

📖 **提示：** 由于串较长，分为三个子串，然后连接形成连接串 URL。

注意：

● 本地机器的 IP 为 127.0.0.1 或 localhost。

● 在安装时，系统默认的管理员账号为 root，密码自己设置。

● 在连接符号字中，可以指定数据库数据的编码格式，在这里指定为 UTF-8。也可以不指定，采用 MySQL 数据库安装时指定的编码。

2. 利用连接符号字实现连接，获取连接对象

DriverManager 类提供了 getConnection 方法，用来建立与数据库的连接。调用 getConnection() 方法可返回一个数据库连接对象。

getConnection 方法有三种不同的重载形式。

第一种通过 URL 指定的数据库建立连接，其语法原型为：

```
static Connection getConnection(String url)
```

第二种通过 URL 指定的数据库建立连接，info 提供了一些属性，这些属性里包括 user 和 password 等属性，其语法原型为：

```
static Connection getConnection(String url,Properties info);
```

第三种传入参数的用户名为 user，密码为 password，通过 URL 指定的数据库建立连接，其语法原型为：

```
static Connection getConnection(String url,String user,String password):
```

📖 **提示：** 在实际操作中，一般采用第一种格式，将所需要的连接信息形成一个 URL。

例如，假设使用 MySQL 数据库，该数据库的用户名为 root，密码为 123456，数据库名为 students，则：

```
String url="jdbc:mysql://localhost:3306/students?user=root&password=123456";
Connection conn=DriverManager.getConnection(url);
```

也可以采用带数据库数据的编码格式：

```
String url1="jdbc:mysql://localhost:3306/students";
```

```
String url2="?user=root&password=123456";
String url3="&useUnicode=true&characterEncoding=UTF-8";
String url=url1+url2+url3;
Connection conn=DriverManager.getConnection(url);
```

3. 利用 JDBC 连接 MySQL 数据库，获取连接对象的通用格式

利用 JDBC 连接 MySQL 数据库，其实现步骤是固定的，在这里给出通用的实现格式，供设计实际应用程序使用。

假设使用的 MySQL 数据库为 students，数据库操作的用户名为 root，密码为 123456，数据库读写的编码采用 UTF-8，连接格式如下：

```
String driverName = "com.mysql.jdbc.Driver";        //驱动程序名
String userName = "root";                           //数据库用户名
String userPwd = "123456";                          //密码
String dbName = "students";                         //数据库名
String   url1="jdbc:mysql://localhost:3306/"+dbName;
String url2="?user="+userName+"&password="+userPwd;
String   url3="&useUnicode=true&characterEncoding=UTF-8";
String url =url1+url2+url3;                          //形成带数据库读写编码的数据库连接字
Class.forName(driverName);                          //加载并注册驱动程序
Connection conn=DriverManager.getConnection(url);   //获取数据库连接对象
```

4.2.3 创建数据库的操作对象

在 Java Web 应用程序中，需要由数据库连接对象创建数据库的操作对象，然后执行 SQL 语句。

数据库的操作对象是指能执行 SQL 语句的对象，需要在 Connection 类中创建数据库的操作对象的方法来实现创建。可创建两种不同的数据库操作对象：Statement 对象和 PrepareStatement 对象。两种对象的创建方法和执行 SQL 是不同的。

1. 创建 Statement 对象

利用 Connection 类的方法 createStatement()可以创建一个 Statement 类实例，用来执行 SQL 操作。

例如，假设通过数据库连接，已得到连接对象为 conn，那么创建 Statement 的一个实例 stmt 的代码如下：

```
Statement stmt = conn.createStatement();    //conn 为连接数据库对象
```

📖 提示：createStatement()方法是无参方法。

2. 创建 PrepareStatement 对象

利用 Connection 类的方法 prepareStatement(String sql)，可以创建一个 PreparedStatement 类的实例。

1）PreparedStatement 对象使用 PreparedStatement()方法创建，并且在创建时直接指定 SQL 语句。

例如，假设已有连接对象 conn，那么创建 PreparedStatement 的实例 pstmt：

```
String sql="……";                          //SQL 语句形成的字符串
PreparedStatement  pstmt= conn.preparedStatement(sql);    //conn 为连接数据库对象
```

2）使用带参数的 SQL 语句（"？"是占位符，表示参数值），创建 PreparedStatement
对象。

例如，假设已得到连接对象为 conn，创建一个查询年龄和性别的操作对象：

```
String ss="select * from stu_info where age>=? and sex=?";
PreparedStatement pstmt= conn.preparedStatement(ss);
```

但在 SQL 语句中，没有指定具体的年龄和性别，在实际执行该 SQL 前，需要向
PreparedStatement 对象传递参数值。

设置参数值的格式为：

```
PreparedStatement 对象.setXxx(position,value);
```

其中：position 代表参数的位置号，是第一个出现的，其位置号为 1，依次增 1；
value 代表要传给参数的值；setXxx()中的 Xxx 代表不同的数据类型，常见的 set 方法有如
下几种：

- void setInt(int parameterIndex,int x);
- void setFloat(int parameterIndex,float x);
- void setNull(int parameterIndex,int sqlType);
- void setString(int parameterIndex,String x);
- void setDate(int parameterIndex,Date x);
- void setTime(int parameterIndex,Time x);

例如，对于如下语句：

```
String ss="select * from stu_info where age>=? and sex=?";
PreparedStatement pstmt= conn.preparedStatement(ss);
```

需要设置参数值，假设 age 字段的值为 20，sex 字段的值为"男"，则需要设置：

```
pstmt.setInt(1,20);
pstmt.setSting(2, "男");
```

📖 提示：PreparedStatement 是 SQL 预处理类接口，使用其实现类来处理 SQL 能大大提高
系统的执行效率，所以在以后的设计中，一般都采用创建 PreparedStatement 操作对象。

注意：SQL 语句是用 SQL 语言形成的字符串，且语句中的双引号要写成单引号。例如，

```
String sql="select * from stu_info where age>=20 and sex='男'";
//sex 字段是字符串类型，应该采用 sex='男'的格式
```

4.2.4 执行 SQL

创建操作对象后，就可以利用该对象实现对数据库的具体操作，即执行 SQL 语句。对
数据库的基本操作主要包括查询、添加、修改、删除等，这 4 类操作可分为 2 类：查询数据
库记录操作和更新数据库记录操作。由于创建操作对象有 Statement 对象和 PrepareStatement
对象，所以分别介绍其执行方法。

1．Statement 对象执行 SQL 语句

Statement 主要提供了两种执行 SQL 语句的方法。

1）ResultSet executeQuery(String sql)：执行 select 语句，返回一个结果集。

2）int executeUpdate(String sql)：执行 update、insert、delete，返回一个整数，表示执行 SQL 语句影响的数据行数。

例如，假设 stmt 是创建的 Statement 实例，下面的代码是删除 stu_info 表中 id 为 3 的记录：

```
String sql="delete from stu_info where id=3";
int n=stmt.executeUpdate(sql);
```

再如，下面的代码是查询 stu_info 表中的所有记录并形成查询结果集 RrsultSet rs：

```
String sql="select * from stu_info";
RrsultSet rs=stmt.executeQuery(sql);
```

2．PreparedStatemen 对象执行 SQL 语句

PreparedStatement 也有 ResultSet executeQuery()和 int executeUpdate()两个方法，但都不带参数，因为在建立 PreparedStatement 对象时已经指定 SQL 语句。

PreparedStatement 两种执行 SQL 语句的方法如下。

1）ResultSet executeQuery()：执行 select 语句，返回一个结果集。

2）int executeUpdate()：执行 update、insert、delete 的 SQL 语句。它返回一个整数，表示执行 SQL 语句影响的数据行数。

例如，下面的代码是删除学生编号为 3 的记录：

```
String sql="delete from stu_info where id=?"
PreparedStatement pstmt= con.preparedStatement(sql);
Pstmt.setInt(1,3);
int n=stmt.executeUpdate();
```

或采用不带参数的方式删除学生编号为 3 的记录：

```
String sql="delete from stu_info where id=3"
PreparedStatement pstmt= con.preparedStatement(sql);
int n=stmt.executeUpdate();
```

📖 **提示**：注意 Statement 对象和 PrepareStatement 对象对执行 SQL 语句的差异，特别要注意不带参数的 PrepareStatement 对象与 Statement 对象对执行 SQL 语句的差异。

4.2.5 获得查询结果并进行处理

如果 SQL 语句是查询语句，执行 executeQuery()方法返回的是 ResultSet 对象。ResultSet 对象是一个由查询结果构成的数据表。对查询结果的处理，一般需要首先定位记录位置，然后对确定记录的字段项实现操作。

1．记录定位操作

在 ResultSet 结果记录集中隐含着一个数据行指针，可使用 4.1 节表 4-5 中的方法将指针移动到指定的数据行。

2. 读取指定字段的数据操作

移到指定的数据行后，再使用一组 getXxx()方法读取各字段的数据。其中 Xxx 指的是 Java 的数据类型。

这些 getXxx()方法的参数有两种格式，一是用整数指定字段的索引（索引从 1 开始），二是用字段名来指定字段。表 4-6 列出了采用"指定字段的索引号"获取各种类型的字段值的方法。同样，将表中的各方法的参数可改为"用字段名来指定字段"获取字段的值的方法。

表 4-6　采用"指定字段的索引号"获取各种类型的字段值的方法

方法名称	方法说明
boolean getBoolean(int ColumnIndex)	返回指定字段的以 Java 的 booelan 类型表示的字段值
String getString(int ColumnIndex)	返回指定字段的以 Java 的 String 类型表示的字段值
byte getByte(int ColumnIndex)	返回指定字段的以 Java 的 byte 类型表示的字段值
short getShort(int ColumnIndex)	返回指定字段的以 Java 的 short 类型表示的字段值
int getInt(int ColumnIndex)	返回指定字段的以 Java 的 int 类型表示的字段值
long getLong(int ColumnIndex)	返回指定字段的以 Java 的 long 类型表示的字段值
float getFloat(int ColumnIndex)	返回指定字段的以 Java 的 float 类型表示的字段值
double getDouble(int ColumnIndex)	返回指定字段的以 Java 的 double 类型表示的字段值
byte[ ] getBytes(int ColumnIndex)	返回指定字段的以 Java 的字节数组类型表示的字段值
Date getDate(int ColumnIndex)	返回指定字段的以 Java.sql.Date 的 Date 类型表示的字段值

例如，假设数据表为 stu，其中的字段是 xh（学号，字符串）、name（姓名，字符串）、cj（成绩，整型），并且查询结果集为 rs，则获取当前记录的各字段的值：

```
String sql="select xh,name,cj from stu";
RrsultSet rs=stmt.executeQuery(sql);    //这里假设采用 Statement 对象执行 SQL 语句
String student_xh=rs.getString(1);      //或 String student_xh=rs.getString("xh");
int student_cj=rs.getInt(3);            //或 int student_cj=rs.getInt("cj");
String student_name=rs. getString(2);   //或 String student_name=rs. getString("name");
```

3. 修改指定字段的数据操作

移到指定的数据行后，可以使用一组 updateXxx()方法设置字段新的数值，其中 Xxx 指的是 Java 的数据类型。这些 updateXxx()方法的参数也有两种格式：一是用整数指定字段的索引（索引从 1 开始），二是用字段名来指定字段。

其格式为：

```
updateXxx(字段名或字段序号，新数值)
```

例如，对数据表 stu，其中的字段是 xh（学号，字符串）、name（姓名，字符串）、cj（成绩，整型），并且查询结果集为 rs，要将数据表 stu 当前记录中成绩改为 90，则需要执行：

```
String sql="select xh,name,cj from stu";
RrsultSet rs=stmt.executeQuery(sql);    //这里假设采用 Statement 对象执行 SQL 语句
rs.updateInt(3,90);    //或 rs.updateInt("cj",90);
```

4.2.6　释放资源

为了实现对数据库的操作，建立了数据库连接对象（Connection con），然后又创建了操作对象（PreparedStatement pstmt 或 Statement stmt），对于查询操作，又得到了查询结果集对象（RrsultSet rs）。当完成对数据库记录的一次操作后，应及时关闭这些对象并释放资源。

假设建立的对象依次为：连接对象为 conn（Connection con），操作对象为 pstmt（PreparedStatement pstmt），得到的查询结果集对象为 rs（RrsultSet rs），则需要依次关闭的对象如下：

```
rs.close();
stmt.close();
con.close();
```

📖 **提示：**（1）关闭对象的次序与创建对象的次序相反。（2）上述步骤中用到的方法一般要抛出检验异常，把调用它们的语句放在 try 块中，具体实现将在后面内容详细介绍。

4.2.7　数据库乱码解决方案

在实现对数据库操作时，对于汉字信息，有时不能正确处理，主要是由于汉字编码的不同所造成的。为了正确处理汉字信息，必须使汉字编码使用统一的编码格式。目前，汉字编码主要使用 UTF-8 和 GB2312。本书中统一使用 UTF-8 编码。

在设计 Web 应用程序时，涉及汉字信息编码的组件主要有：

1）数据库和数据表建立时，所建立的数据库和数据表及其各字段的编码格式。

2）对数据库中记录的读写访问所采用的编码格式。

3）在 JSP 页面之间传递参数（request 对象）时，所采用的汉字编码格式。

4）在 JSP 页面（HTML 页面）本身中的汉字编码格式。

5）由服务器响应（response），返回到客户端的信息编码格式。

在设计应用程序时，需要将这几部分的编码格式统一为一种汉字编码方式，就可以解决汉字乱码问题。为此，可以采用以下解决方案来处理汉字乱码问题。

第一，建立数据库、数据表时指定数据编码。

1）建立数据库的时候要用 UTF-8 编码：

```
CREATE DATABASE 数据库名字  default charset=utf8
```

2）建立数据表的时候也要用 UTF-8 编码：

```
CREATE TABLE 数据表名字  (各字段及其类型定义)default charset=utf8;
```

第二，在连接数据库时，指定数据库读写的编码。

例如，连接 MySQL 数据库时，声明采用 UTF-8 编码：

```
Class.forName("com.mysql.jdbc.Driver");
String url="jdbc:mysql://localhost/demo?user=用户名&password=密码
&useUnicode=true&characterEncoding=UTF-8";
```

其中，useUnicode=true&characterEncoding=UTF-8 即声明采用 UTF-8 编码。

第三，在含有 JSP 提交表单的页面，设置 method="post"，并在接受所提交信息的页面或 Servlet 程序中，通过 request 请求对象的 request.setCharacterEncoding("UTF-8")方法设置编码格式。例如，

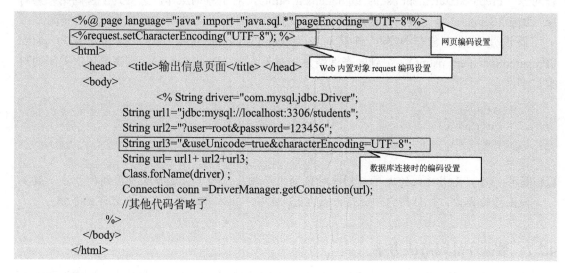

4.3 综合案例——学生身体体质信息管理系统的开发

对数据库的操作主要有查询、添加、修改、删除等操作。下面通过一个具体案例给出 JDBC 访问数据库的具体开发过程。

【案例说明】描述一个学生身体体质的信息有：id（序号，整型）、name（姓名，字符串）、sex（性别，字符串）、age（年龄，整型）、weight（体重，实型）、hight（身高，实型）。存放学生身体体质信息的数据库为 students，数据表为 stu_info。要求：利用 JDBC 技术实现对学生身体体质信息的管理。

该问题是一个简单的数据库信息管理系统，基本操作有：数据库和数据表的建立；数据库记录信息的添加（插入）；数据库记录信息的查询；数据库记录信息的删除；数据库记录信息的修改。

1. 功能划分

整个系统的业务逻辑可以分为 4 个功能模块。

1）添加记录模块：完成向数据库添加新记录。

2）查询记录模块：完成将数据库的记录以网页的方式显示出来，一般需要采用有条件的查询。

3）修改记录模块：完成对指定条件的数据库记录实现修改。

4）删除记录模块：完成从数据库中对指定条件记录的删除。

2. 每个模块的操作流程

对数据库记录的每种操作需要的操作步骤是：

1）注册驱动，并建立数据库的连接。

2）创建执行 SQL 的语句。

3）执行语句。

4）处理执行结果。

5）释放资源。

下面按各功能模块和实现操作步骤，分别给出其设计思想和设计过程。

📖 提示：为了便于读者对数据库操作的掌握，对于该案例，采用由底向上的设计方式逐步构造系统，并且在构造系统的每步中，对出现的各种问题进行分析并给出不同的解决方案，目的是让读者逐步理解和掌握设计思想与设计过程。

4.3.1 数据库和数据表的建立

学生身体体质信息管理系统要创建一个数据库以及该库中的数据表，在 MySQL 中创建一个数据库 students，并创建数据表 stu_info。数据表的结构如表 4-7 所示。

表 4-7 数据表 stu_info 的字段描述

字段	中文描述	数据类型	是否可为空
id	学生学号	int	否
name	学生名字	Varchar(20)	是
sex	性别	Varchar(4)	是
age	年龄	int	是
weight	体重	double	是
hight	身高	double	是

利用 MySQL 数据库命令创建数据库和数据表，在创建数据库时最好指定读取数据库信息所采用的编码（这里使用 UTF-8 编码）。

1）建立数据库，代码如下：

```
CREATE DATABASE students default charset=utf-8;
```

2）建立数据表，代码如下：

```
Use students;
CREATE TABLE stu_info(id int,name varchar(20),sex varchar(5),age int,weight float,hight float)default charset=utf-8;
```

4.3.2 注册驱动并建立数据库的连接

对数据库进行查询、添加、删除、修改等操作时，都必须通过 JDBC 建立应用程序与数据库的连接，在本小节中给出实现"注册驱动并建立数据库的连接"的公共代码。

在连接数据库时，一般需要指定数据库读写的编码，这里采用 UTF-8 编码。实现注册驱动并建立数据库的连接的关键代码段如下：

```
String driverName = "com.mysql.jdbc.Driver";          //MySQL 数据库驱动程序名
String userName = "root";                              //数据库用户名
String userPwd = "123456";                             //密码
String dbName = "students";                            //数据库名
String  url1="jdbc:mysql://localhost:3306/"+dbName;
String url2 ="?user="+userName+"&password="+userPwd;
```

```
String   url3="&useUnicode=true&characterEncoding=UTF-8";
String url =url1+url2+url3;                              //形成带数据库读写编码的数据库连接字
Class.forName(driverName);                              //加载并注册驱动程序
Connection conn=DriverManager.getConnection(url);       //创建连接对象
```

📖 提示：该段代码是实现数据库操作的关键代码，在其后的数据库操作中都包含该段代码。

4.3.3 添加记录模块的设计与实现

在 MySQL 数据库中，添加记录的 SQL 语句格式如下：

insert into 表名(字段名列表) values(值列表)

假设，在表 stu_info 中添加一个学生，其相应的序号、姓名、性别、年龄、体重、身高分别为：16、"张三"、"男"、20、70.0、175，则添加记录的 SQL 语句为：

Insert into stu_info(id,name,sex,age,weight,hight) values(16,'张三','男',20,70,175)

JDBC 中提供了两种执行 SQL 语句的对象，一种是通过 Statement 对象执行静态的 SQL 语句实现；另一种是通过 PreparedStatement 对象执行动态的 SQL 语句实现。在本小节及后面的章节中，都使用 PreparedStatement 对象执行 SQL 语句。

【例 4-1】 利用 PreparedStatement 对象实现在数据库中插入一条记录。其相应的记录信息是：序号、姓名、性别、年龄、体重、身高，分别为：16、"张三"、"男"、20、70.0、175。

【分析】使用 PreparedStatement 对象向数据库中插入（添加）记录，其处理步骤如下：

1）建立数据库的连接。

2）形成 SQL 语句（可以带参数，也可以不带参数）。

3）利用连接对象建立 PreparedStatement 对象。

4）若是带参数的 SQL 执行语句，则需要对各参数设置相应的参数值。

5）调用 PreparedStatement 对象，执行 executeUpdate()方法。

6）根据 executeUpdate()方法返回的整数，判定是否执行成功，如果大于 0 表示成功，否则执行失败。

7）关闭所有资源。

【设计关键】

1）采用带参数的 SQL 语句，该题的关键是如何形成 SQL 语句，以及参数值的设置方法。即：

String sql="Insert into stu_info(id,name,sex,age,weight,hight) values(?,?,?,?,?,?)";

2）设置 SQL 语句参数值时，必须注意各字段的数据类型，不同的类型采用不同的设置方法。

【实现】根据该处理步骤，设计 insert_stu_1.jsp 程序，其关键代码如下：

```
<%@ page language="java" import="java.sql.*" pageEncoding="UTF-8"%>
<html>
```

```
<head> <title>利用 PreparedStatement 对象添加一条记录页面</title> </head>
<body>
 <% ............//这里省略了实现"注册驱动并建立数据库的连接"的公共代码
    String sql="Insert into stu_info(id,name,sex,age,weight,hight) values(?,?,?,?,?,?)";
    PreparedStatement pstmt= conn.prepareStatement(sql);
    pstmt.setInt(1,16);
    pstmt.setString(2,"张三");
    pstmt.setString(3,"男");
    pstmt.setInt(4,20);
    pstmt.setFloat(5,70);
    pstmt.setFloat(6,175);
    int n=pstmt.executeUpdate();
    if(n==1){%> 数据插入操作成功！<br> <%}
    else{%> 数据插入操作失败！<br> <%}
    if(pstmt!=null){pstmt.close();}
    if(conn!=null){ conn.close();} %>
</body>
</html>
```

对于例 4-1，若采用不带参数的 SQL 语句，则可以修改 insert_stu_1.jsp 中的创建执行对象的语句，并删除所有的 set 方法：

```
String sql="Insert into stu_info(id,name,sex,age,weight,hight) values(16,'张三','男',20,70,175)";
PreparedStatement   pstmt= conn.prepareStatement(sql);
```

例 4-1 给出的是插入一条固定信息的记录，那么如何实现插入任意一条记录呢？

> 📖 **提示**：设计一个提交页面，将要插入的记录信息通过该页面提交给插入处理页面，在插入处理页面中获取所提交的信息，并将这些信息作为 SQL 语句的插入信息，实现插入。

【例 4-2】 设计程序，实现利用提交页面提交要添加的学生信息，然后进入添加处理程序实现将信息添加到数据库。

【分析】该问题需要两个 JSP 程序，其处理过程如图 4-2 所示。程序 insert_stu_2_tijiao.jsp 将提交信息存放到 request 对象中，而程序 insert_stu_2.jsp 从 request 对象中获取数据，形成插入记录的 SQL 语句，并实现插入。

图 4-2 例 4-2 的工作流程

【设计关键】

1）该例题有两个组件，其关键是实现这两个组件之间的数据共享，即使用 request 对象实现两个页面信息的共享，分别使用了 id、name、sex、age、weight、hight 等变量。

2）在添加处理页面，设置参数值时，必须注意各字段的数据类型，不同的类型采用不同的设置方法。

【实现】1）提交页面程序 insert_stu_2_tijiao.jsp，其界面如图 4-3 所示。

图 4-3 利用提交页面提供要添加的信息

程序 insert_stu_2_tijiao.jsp 的代码：

```
<%@page contentType="text/html" pageEncoding="UTF-8"%>
<html>
    <head>   <title>添加任意学生的提交页面</title>   </head>
    <body>
        <form action= "insert_stu_2.jsp"   method="post">
            <table border="0" width="238" height="252">
                <tr> <td>学号</td> <td><input type="text" name="id"></td> </tr>
                <tr> <td>姓名</td> <td><input type="text" name="name"></td> </tr>
                <tr> <td>性别</td> <td><input type="text" name="sex" ></td> </tr>
                <tr> <td>年龄</td> <td><input type="text" name="age"></td> </tr>
                <tr> <td>体重</td> <td><input type="text" name="weight"></td> </tr>
                <tr> <td>身高</td> <td><input type="text" name="hight"></td> </tr>
                <tr align="center">
                    <td colspan="2">
                        <input   type="submit" value="提   交">    
                        <input   type="reset" value="取   消">
                    </td>
                </tr>
            </table>
        </form>
    </body>
</html>
```

2）程序 insert_stu_2.jsp，代码如下：

```
<%@ page language="java" import="java.sql.*" pageEncoding="UTF-8"%>
<html>   <head>   <title>利用 PreparedStatement 对象添加一条记录页面</title>   </head>
  <body>
    <%  ............//这里省略了实现"注册驱动并建立数据库的连接"的公共代码
        String sql="Insert into stu_info(id,name,sex,age,weight,hight) values(?,?,?,?,?,?)";
        PreparedStatement   pstmt= conn.prepareStatement(sql);
        request.setCharacterEncoding("UTF-8");   //设置字符编码，避免出现乱码
        int id=Integer.parseInt(request.getParameter("id"));
        String name=request.getParameter("name");
        String sex=request.getParameter("sex");
        int age=Integer.parseInt(request.getParameter("age"));
        float weight=Float.parseFloat(request.getParameter("weight"));
        float hight=Float.parseFloat(request.getParameter("hight"));
        pstmt.setInt(1,id);
        pstmt.setString(2,name);
        pstmt.setString(3,sex);
        pstmt.setInt(4,age);
        pstmt.setFloat(5,weight);
        pstmt.setFloat(6,hight);                              该例题的关键代码
        int n=pstmt.executeUpdate();
        if(n==1){%>数据插入操作成功！ <br> <%}
        else{%> 数据插入操作失败！ <br> <%}
        if(pstmt!=null){ pstmt.close(); }
        if(conn!=null){ conn.close(); } %>
    </body>
</html>
```

注意：对比例 4-1 和例 4-2 的差异，且 insert_stu_2.jsp 可由 insert_stu_1.jsp 修改得到。

4.3.4　查询记录模块的设计与实现

MySQL 数据库查询记录的 SQL 语句格式如下：

select 要列出的字段名 from 表名 where 特定条件

假设在表 stu_info 中，查询并列出体重介于 60～80 的所有同学，则其 SQL 语言的查询语句为：

select * from stu_info where weight>=60 and weight<=80

【例 4-3】　采用 PreparedStatement 的对象实现记录的查询操作，查询表 stu_info 中的所有学生信息并显示在网页上。

【分析】使用 PreparedStatement 对象实现数据库查询，其处理步骤如下：

1）建立数据库的连接。

2）形成查询 SQL 语句（可以带参数，也可以不带参数。）

3）利用连接对象建立 PreparedStatement 对象。

4）若是带参数的 SQL 执行语句，则需要对各参数设置相应的参数值（若 SQL 语句不带参数，该步可以省略）。

5）调用 PreparedStatement 对象的 executeQuery()方法，并返回 ResultSet 对象。

6）对所得到的 ResultSet 对象中的各记录依次进行处理。

7）关闭所有资源。

【设计关键】该题目要求显示出所有的记录，对于查询 SQL 语句不需要参数，其查询语句为：

String sql="select * from stu_info "

另外，对于获得的查询结果集 ResultSet 中每条记录的处理方式，在本例中采用 HTML 的表格标签实现数据的显示。

【实现】根据查询处理步骤，设计 find_stu_1.jsp 程序，其代码如下：

```
<%@page contentType="text/html" pageEncoding="UTF-8" import="java.sql.*"%>
<html>
    <head> <title>显示所有学生的页面</title> </head>
    <body>
        <center>
        <% ............//这里省略了实现"注册驱动并建立数据库的连接"的公共代码
        String sql="select * from stu_info ";
        PreparedStatement    pstmt= conn.prepareStatement(sql);
        ResultSet rs=pstmt.executeQuery();                          例 4-3 查询的关键代码
        rs.last(); //移至最后一条记录
        %>你要查询的学生数据表中共有
        <font size="5" color="red"> <%=rs.getRow()%></font>人
        <table border="2" bgcolor= "ccceee" width="650">
            <tr bgcolor="CCCCCC" align="center">
                <td>记录条数</td> <td>学号</td> <td>姓名</td>
```

```
                    <td>性别</td> <td>年龄</td><td>体重</td><td>身高</td>
                </tr>
            <% rs.beforeFirst(); //移至第一条记录之前
                while(rs.next()){
            %>      <tr align="center">
                    <td><%= rs.getRow()%></td>
                    <td><%= rs.getString("id") %></td>
                    <td><%= rs.getString("name") %></td>
                    <td><%= rs.getString("sex") %></td>
                    <td><%= rs.getString("age") %></td>
                    <td><%= rs.getString("weight") %></td>
                    <td><%= rs.getString("hight") %></td>
                </tr>
            <% }%>
            </table>
        </center>
        <%if(rs!=null){ rs.close(); }
            if(pstmt!=null){ pstmt.close(); }
            if(conn!=null){ conn.close(); }
        %>
    </body>
</html>
```

思考：设计的例 4-3 是显示所有学生信息的程序，若查询满足某种条件的记录，应该如何设计呢？

【例 4-4】 采用 PreparedStatement 的对象实现有条件的查询操作，要求在表 stu_info 中，查询出体重介于 60～80 的所有同学并在网页上显示。

【分析】其处理步骤与例 4-3 的处理步骤一样，这里采用带参数的查询 SQL 语句。

【设计关键】该例题的设计关键是查询 SQL 语句的形成，即：

```
String sql="select * from stu_info where weight>=? and weight<=?";
```

另外，对于该题目，其查询条件是固定的，其参数值的设置是：

```
pstmt.setInt(1,60);
pstmt.setInt(2,80);
```

【实现】该例题的实现，与例 4-3 几乎一样。设计 find_stu_2.jsp 程序实现记录的查询与显示，将例 4-3 中已经标出的关键代码（见前面的代码标注）修改为如下代码即可：

```
String sql="select * from stu_info where weight>=? and weight<=?";
PreparedStatement pstmt= conn.prepareStatement(sql);
pstmt.setInt(1,60);
pstmt.setInt(2,80);
ResultSet rs=pstmt.executeQuery();
```

对于例 4-4 也可以采用不带参数的 SQL 语句，将例 4-3 中已经标出的关键代码修改为如下代码：

```
String sql="select * from stu_info where weight>=60 and weight<=80";
PreparedStatement pstmt= conn.prepareStatement(sql);
ResultSet rs=pstmt.executeQuery();
```

思考：在例 4-3、例 4-4 以及其修改程序中，所给出是无条件的查询或有条件的查询，那么，对于任意条件的查询如何实现呢？

📖 **提示**：设计提交查询条件的页面，再将查询条件信息传给查询程序实现查询处理并显示。

【例 4-5】 设计一个提交页面（find_stu_3_tijiao.jsp），将要查询的条件通过该页面提交给查询处理页面（find_stu_3.jsp），在该页面中获取所提交的信息，并将这些信息作为 SQL 语句的参数信息，查询结束后，显示出所有满足条件的记录。

【分析】该例题需要设计两个 JSP 程序，提交页面（find_stu_3_tijiao.jsp）和查询处理程序（find_stu_3.jsp）。

该例题的两个组件之间的处理流程如图 4-4 所示。

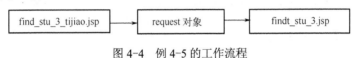

图 4-4　例 4-5 的工作流程

为了简化编码，在本例中所需要的查询条件是性别和体重的范围段，其提交页面如图 4-5 所示。

【设计关键】

1）该例题有两个组件，其关键是实现这两个组件之间的数据共享，即使用 request 对象实现两个页面信息的共享，分别使用了 sex、w1、w2。

2）在提交页面中性别的默认值为"男"，体重的默认值分别为 0 和 150。

3）在查询处理页面，设置查询参数值时，必须注意名字段的数据类型，性别为字符串类型，体重为 float 类型。

图 4-5　提交查询条件页面

【实现】1）提交页面（find_stu_3_tijiao.jsp）的代码如下：

```
<%@ page language="java"   pageEncoding="UTF-8"%>
<html>  <head>  <title>查询条件提交页面</title>  </head>
  <body>
          请选择查询条件<hr width="100%" size="3">
          <form action= "find_stu_3.jsp" method="post">
              性别：男<input type="radio" value="男" name="sex" checked="checked">
              女<input type="radio" value="女" name="sex"><br><br>
              体重范围:<p>
              最小<input type="text" name="w1" value="0"><br><br>
              最大<input type="text" name="w2" value="150"> </p>
              <input type="submit" value="提　交">
              <input type="reset" value="取　消">
          </form>
      </body>
</html>
```

提示: 对于该提交页面,每项信息都必须填写,否则,在进入查询处理程序 find_stu_3.jsp 时会产生异常,因为在 find_stu_3.jsp 程序中,没有对空值进行判断与处理。

2) 获取提交页面的信息,并实现查询和信息显示的程序 find_stu_3.jsp,代码如下:

```jsp
<%@page contentType="text/html" pageEncoding="UTF-8" import="java.sql.*"%>
<html>
    <head> <title>由提交页面获取查询条件并实现查询的页面</title> </head>
    <body> <center>
        <%    ............//这里省略了实现"注册驱动并建立数据库的连接"的公共代码
        request.setCharacterEncoding("UTF-8");//设置字符编码,避免出现乱码
        String sex=request.getParameter("sex");
        float weight1=Float.parseFloat(request.getParameter("w1"));
        float weight2=Float.parseFloat(request.getParameter("w2"));
        String sql="select * from stu_info where sex=? and weight>=? and weight<=?";
        PreparedStatement pstmt= conn.prepareStatement(sql);
        pstmt.setString(1,sex);
        pstmt.setFloat(2,weight1);
        pstmt.setFloat(3,weight2);                         该例题的关键代码
        ResultSet rs=pstmt.executeQuery();
        rs.last(); //移至最后一条记录
        %>你要查询的学生数据表中共有
        <font size="5" color="red"> <%=rs.getRow()%></font>人
        <table border="2" bgcolor= "ccceee" width="650">
            <tr bgcolor="CCCCCC" align="center">
                <td>记录条数</td> <td>学号</td> <td>姓名</td><td>性别</td>
                <td>年龄</td><td>体重</td><td>身高</td>
            </tr>
        <% rs.beforeFirst(); //移至第一条记录之前
            while(rs.next()){
        %>    <tr align="center">
                <td><%= rs.getRow()%></td>
                <td><%= rs.getString("id") %></td>
                <td><%= rs.getString("name") %></td>
                <td><%= rs.getString("sex") %></td>
                <td><%= rs.getString("age") %></td>
                <td><%= rs.getString("weight") %></td>
                <td><%= rs.getString("hight") %></td>
            </tr>
        <% }%>
        </table>
    </center>
    <%if(rs!=null){rs.close(); }
        if(pstmt!=null){pstmt.close(); }
        if(conn!=null){ conn.close(); }
    %>
    </body>
</html>
```

思考:

1) 如何修改程序 find_stu_3.jsp,使之可以接受"空值"并进行判定处理。

2) 如何修改程序实现满足所输入任意条件的查询记录呢?请读者自己完成。

4.3.5 修改记录模块的设计与实现

在 MySQL 数据库中修改记录的 SQL 语句格式：

> update 表名 set 字段 1 = 字段值 1,字段 2 = 字段值 2 … where 特定条件

假设在表 stu_info 中，将姓名为"张三"的同学的体重改为 80.0，则其 SQL 语句为：

> update stu_info set weight=80 where name="张三"

【例 4-6】 更新数据库记录。设计一个 JSP 程序（update_stu_1.jsp），实现将数据库 students 的数据表 stu_info 中的学生记录，姓名为"张三"的同学的体重改为 80.0。

【分析】使用 PreparedStatement 对象实现数据库记录的修改，其处理步骤如下：

1）建立数据库的连接。

2）形成 SQL 语句（可以带参数，也可以不带参数）。

3）利用连接对象建立 PreparedStatement 对象。

4）若是带参数的 SQL 执行语句，则需要对各参数设置相应的参数值。

5）调用 PreparedStatement 对象，执行 executeUpdate()方法。

6）根据 executeUpdate()方法返回的整数，判定是否执行成功，如果大于 0 表示成功，否则执行失败。

7）关闭所有资源。

【设计关键】该例题的设计与实现记录的添加操作一样，所不同的是该例题需要用修改记录的 SQL 语句，即：

> String sql="update stu_info set weight=? where name=?";

另外，对于该题目，其条件是固定的，其参数值的设置如下：

> pstmt.setFloat(1,80);
> pstmt.setInt(2, "张三");

【实现】按更新记录的操作步骤设计 update_stu_1.jsp 程序，其代码如下：

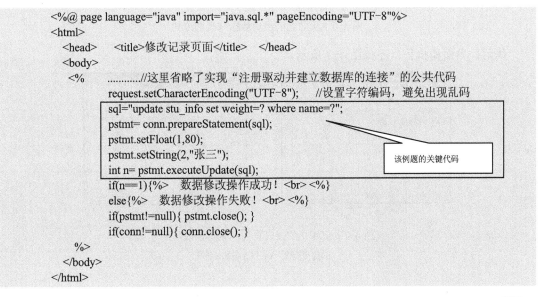

```
<%@ page language="java" import="java.sql.*" pageEncoding="UTF-8"%>
<html>
    <head>    <title>修改记录页面</title>    </head>
    <body>
    <%        …………//这里省略了实现"注册驱动并建立数据库的连接"的公共代码
            request.setCharacterEncoding("UTF-8");    //设置字符编码，避免出现乱码
            sql="update stu_info set weight=? where name=?";
            pstmt= conn.prepareStatement(sql);
            pstmt.setFloat(1,80);
            pstmt.setString(2,"张三");
            int n= pstmt.executeUpdate(sql);
            if(n==1){%>  数据修改操作成功！<br><%}
            else{%>  数据修改操作失败！<br><%}
            if(pstmt!=null){ pstmt.close(); }
            if(conn!=null){ conn.close(); }
    %>
    </body>
</html>
```

该例题的关键代码

对于例 4-6 也可以采用不带参数的 SQL 语句，例 4-6 中已经标记出的关键代码，也可以修改为如下代码：

```
sql="update stu_info set weight=80 where name='张三'";
pstmt= conn.prepareStatement(sql);
int n= pstmt.executeUpdate(sql);
```

思考： 对于例 4-6 给出修改记录的条件是不变的（将姓名为"张三"的同学的体重改为 80.0），那么如何修改程序，按提供的查询条件对满足条件的记录进行修改呢？

📖 **提示：** 在实际应用中，修改数据库记录一般需要 3 步：首先通过提交页面提交修改记录要满足的条件；第二步，按条件查找记录，并将找到的记录信息返回到修改页面，对记录信息进行修改；第三步，修改后，提交修改后的信息，重新写入数据库。

【例 4-7】 将数据库 students 的数据表 stu_info 中，对满足条件的记录进行修改（为了简化设计，假设满足条件的记录只有一条）。

【分析】 该例题需要三个组件，第一个组件是 update_stu_2_tijiao.jsp，实现查询条件的提交；第二个组件是 update_stu_2_edit.jsp，实现对满足条件的记录信息返回编辑页面并修改，待编辑修改完成后提交；第三个组件是 update_stu_2.jsp，实现将修改后的信息重新写入数据库中。

【设计关键】 该例题需要在三个页面之间共享信息，需要使用 JSP 内置对象 request 和 session。实现共享的过程可以采用如图 4-6 所示的方式。

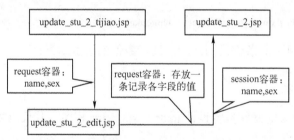

图 4-6　页面之间实现数据共享的方式

其运行界面和执行次序如图 4-7 所示。

a)　　　　　　　　　　　b)

图 4-7　例 4-7 的提交页面和编辑修改页面

a) 提交页面　b) 修改编辑页面

【实现】

1）查询条件提交页面为 update_stu_2_tijiao.jsp，该程序比较简单，其代码如下：

```
<%@ page language="java"   pageEncoding="UTF-8"%>
<html>
    <head>   <title>修改记录的条件提交页面</title>   </head>
    <body>
                请选择修改记录所满足的条件<hr width="100%" size="3">
                <form action= "update_stu_2_edit.jsp" method="post"><br>
            姓名：<input type="text" name="name"><br><br>
            性别：男  <input type="radio" value="男" name="sex">
                女<input type="radio"   value="女" name="sex"><br><br>
            <input type="submit" value="提    交">
                 
            <input type="reset" value="取    消">
        </form>
    </body>
</html>
```

2）从提交页面获取查询信息，在数据库表中查询满足该条件的记录，若找到，则将该记录各字段的值返回编辑页面并修改，待编辑修改完成后提交，再进入修改数据库记录处理程序；若找不到满足条件的记录，则给出提示信息。程序 update_stu_2_edit.jsp 的代码如下：

```
<%@page contentType="text/html" import="java.sql.*" pageEncoding="UTF-8"%>
<html>
    <head>   <title>修改编辑页面</title>   </head>
    <body>
    <% ............//这里省略了实现"注册驱动并建立数据库的连接"的公共代码
    request.setCharacterEncoding("UTF-8");    //设置字符编码，避免出现乱码
    String sex=request.getParameter("sex");
    String name=request.getParameter("name");
    session.setAttribute("sex",sex);
    session.setAttribute("name",name);
    String sql="select * from stu_info where sex=? and name=?";
    PreparedStatement pstmt= conn.prepareStatement(sql);
    pstmt.setString(1,sex);
    pstmt.setString(2,name);
    ResultSet rs=pstmt.executeQuery();
    if(rs.next()){
        int id=rs.getInt("id");
        String name2=rs.getString("name");
        String sex2=rs.getString("sex");
        int age=rs.getInt("age");
        float weight=rs.getFloat("weight");
        float hight=rs.getFloat("hight");
        if(rs!=null){ rs.close(); }
        if(pstmt!=null){ pstmt.close(); }
        if(conn!=null){ conn.close(); }
    %>
    <form action= "update_stu_2.jsp"   method="post">
      <table border="0" width="238" height="252">
        <tr><td>学号</td><td><input name="id" value=<%=id%>></td></tr>
```

```
            <tr><td>姓名</td><td><input name="name2" value=<%=name2%>></td></tr>
            <tr><td>性别</td><td><input name="sex2" value=<%=sex2%>></td></tr>
            <tr><td>年龄</td><td><input name="age"value=<%=age%>></td></tr>
            <tr><td>体重</td><td><input name="weight"value=<%=weight%>></td></tr>
            <tr><td>身高</td><td><input name="hight"value=<%=hight%>></td></tr>
            <tr align="center">
                <td colspan="2">
                    <input type="submit" value="提　交">    
                    <input type="reset" value="取　消"> </td>   </tr>
        </table>
    </form>
<%}
    else{%>
        没有找到合适条件的记录！！<%
        if(rs!=null){ rs.close(); }
        if(pstmt!=null){ pstmt.close(); }
        if(conn!=null){ conn.close(); }
        }%>
    </body>
</html>
```

📖 **提示：**（1）注意程序 update_stu_2_edit.jsp 中各变量的作用，以及所存放的数据是从哪里来的。（2）所设计的程序没有对提交数据是否为"空值"进行判定和处理，若在提交页面填写信息不全，则会出现异常。

3）重写数据库记录程序 update_stu_2.jsp。从 update_stu_2_edit.jsp 程序中，获取修改后的记录信息，重新写入数据库，程序 update_stu_2.jsp 的代码如下：

```
<%@ page language="java" import="java.sql.*" pageEncoding="UTF-8"%>
<html>
    <head>   <title>修改后重写记录页面</title> </head>
    <body>
        <% ............//这里省略了实现"注册驱动并建立数据库的连接"的公共代码
        String sql="update stu_info set id=?,name=?,sex=?,age=?,weight=?,hight=?
                where name=? and sex=?";
        PreparedStatement pstmt= conn.prepareStatement(sql);
        request.setCharacterEncoding("UTF-8");      //设置字符编码，避免出现乱码
        int id=Integer.parseInt(request.getParameter("id"));
        String name2=request.getParameter("name2");
        String sex2=request.getParameter("sex2");
        int age=Integer.parseInt(request.getParameter("age"));
        float weight=Float.parseFloat(request.getParameter("weight"));
        float hight=Float.parseFloat(request.getParameter("hight"));
        String name=(String) session.getAttribute("name");
        String sex=(String) session.getAttribute("sex");
        pstmt.setInt(1,id);              pstmt.setString(2,name2);
        pstmt.setString(3,sex2);        pstmt.setInt(4,age);
        pstmt.setFloat(5,weight);       pstmt.setFloat(6,hight);
        pstmt.setString(7,name);        pstmt.setString(8,sex);
        int n=pstmt.executeUpdate();
        if(n>=1){%>重写数据操作成功！ <br> <%}
```

```
        else{%> 重写数据操作失败！<%=n%><br><%}
        if(pstmt!=null){ pstmt.close(); }
        if(conn!=null){ conn.close(); }
    %>
  </body>
</html>
```

📖 **问题**：在 update_stu_2_edit.jsp 中为什么要使用 session 对象呢？

思考：在例 4-7 中，采用了三个页面，较好地实现了数据库记录的修改，但每次只能查询一条记录，修改一条记录，那么是否可以查询多条满足条件的记录，并依次进行修改呢？具体如何实现呢？

4.3.6 删除记录模块的设计与实现

在 MySQL 数据库中删除记录的 SQL 语句格式：

delete from 表名 where 特定条件

假设在表 stu_info 中，将体重大于等于 80 的所有同学删除，则其 SQL 语句为：

delete from stu_info where weight>=80

通过 PreparedStatement 对象实现数据删除操作的方法与添加记录或修改记录的操作方法基本相同，所不同的就是执行的 SQL 语句不同。

【例 4-8】 采用 PreparedStatement 对象，实现将数据表 stu_info 中体重大于等于 80 的所有同学删除。

【分析】 删除记录的操作步骤与添加记录（修改记录）的操作步骤一样（参考例 4-1 或例 4-6）。

【设计关键】 该例题需要用删除记录的 SQL 语句，即：

String sql="delete from stu_info where weight>=?";

另外，对于该题目，其条件是固定的，参数值的设置是：

pstmt.setFloat(1,80);

【实现】 设计程序 delete_stu_1.jsp，其代码如下：

```
<%@ page language="java" import="java.sql.*" pageEncoding="UTF-8"%>
<html>
  <head>  <title>删除一条记录页面</title>  </head>
  <body>
    <% ...........//这里省略了实现"注册驱动并建立数据库的连接"的公共代码
      request.setCharacterEncoding("UTF-8");   //设置字符编码，避免出现乱码
      sql="delete from stu_info where weight>=?";
      pstmt=conn.prepareStatement(sql);
      pstmt.setFloat(1,80);                        实现删除的关键代码
      int n= pstmt.executeUpdate(sql);
      if(n>=1){%> 数据删除操作成功！<br><%}
      else{%> 数据删除操作失败！<br><%}
```

109

```
                if(pstmt!=null){ pstmt.close(); }
                if(conn!=null){ conn.close(); }
        %>
        </body>
        </html>
```

对于例 4-8 也可以采用不带参数的 SQL 语句，例 4-8 中已经标记出的关键代码，也可以修改为如下代码：

```
        sql="delete from stu_info where weight>=80";
        pstmt=conn.prepareStatement(sql);
        int n= pstmt.executeUpdate(sql);
```

思考：例 4-8 给出的删除记录的条件是不变的（删除体重大于等于 80 的所有同学），那么是否可以删除满足任意指定条件的记录呢？即按所提供的查询条件，删除满足条件的所有记录，应该如何设计程序呢？

📖 **提示**：在实际应用中，删除数据库记录一般需要两步：首先，通过提交页面提交要删除记录所满足的条件；其次，按条件删除记录。

【例 4-9】 删除数据库 students 的数据表 stu_info 中，满足条件（由提交页面提供）的所有记录。

【分析】 该例题要两个组件，第一个组件是 delete_stu_2_tijiao.jsp，实现条件的提交；第二个组件是 delete_stu_2.jsp，删除满足条件的所有记录。提交页面的运行效果如图 4-8 所示。

图 4-8　删除条件提交页面

该例题的两个组件之间的处理流程如图 4-9 所示。

图 4-9　例 4-9 的工作流程

【设计关键】

1）该例题需要在两个页面之间共享信息，需要使用 JSP 内置对象 request 实现共享。为了简化设计，按"姓名""性别"和"体重范围段"设置查询条件。

2）在提交页面，提交信息可以是"空值"，表示该字段不受限制。

3）在删除处理页面，设置参数值时，必须注意各字段的数据类型。

【实现】

1）删除条件提交页面为 delete_stu_2_tijiao.jsp，该程序比较简单，其代码如下：

```
        <%@ page language="java"   pageEncoding="UTF-8"%>
        <html>
          <head>   <title>删除条件提交页面</title>   </head>
          <body>
                  请选择删除记录条件<hr width="100%" size="3">
                  <form action= "delete_stu_2.jsp" method="post">
```

```
                姓名：<input type="text" name="name"><br><br>
                性别：男 <input type="radio" value="男" name="sex">
                        女<input type="radio"   value="女" name="sex"><br><br>
          体重范围：<p>
                最小<input type="text" name="w1"><br><br>
                最大<input type="text" name="w2"> <p>;
                <input type="submit" value="提  交">   
                <input type="reset" value="取  消">
            </form>
        </body>
    </html>
```

2）从提交页面获取查询信息，在数据库表中查询满足该条件的记录，若找到则删除查询到的所有记录，若找不到记录，则给出提示信息。程序 delete_stu_2.jsp 的代码如下：

```
<%@ page language="java" import="java.sql.*" pageEncoding="UTF-8"%>
<html>
    <head>    <title>利用提交条件删除记录页面</title>   </head>
    <body>
        <% ............//这里省略了实现"注册驱动并建立数据库的连接"的公共代码
        request.setCharacterEncoding("UTF-8");//设置字符编码，避免出现乱码
        String name=request.getParameter("name");
        String sex=request.getParameter("sex");
        String ww1=request.getParameter("w1");
        String ww2=request.getParameter("w2");
        String s="1=1 ";
        if(!name.equals("")) s=s+" and name='"+name+"'";
        if(sex!=null) s=s+" and sex='"+sex+"'";
        float w1,w2;
        if(!ww1.equals("")) { w1=Float.parseFloat(ww1); s=s+"and weight>="+w1; }
        if(!ww2.equals("")) { w2=Float.parseFloat(ww2); s=s+"and weight<="+w2; }
        String sql="delete from stu_info where "+s;
        PreparedStatement    stmt= conn.prepareStatement(sql);
        int n=pstmt.executeUpdate();
        if(n==1){%> 数据删除操作成功！ <br> <%}
        else{%> 数据删除操作失败！ <br> <%}
        if(stmt!=null){ stmt.close(); }
        if(conn!=null){ conn.close(); }
    %>
    </body>
</html>
```

> （1）该题的关键是 SQL 语句的形成。（2）该程序对提交页面提交的空值进行了判定与处理

4.3.7 数据库操作的模板

在前面介绍的数据库操作中可看出，程序的基本结构类似，所以可以给出"数据库操作的模板"代码，实现数据库的添加、查询、修改、删除操作。由于实现数据库操作，存在数据库连接等各种异常，通常需要处理异常，其数据库操作的通用结构如下：

```
Connection conn=null;              //声明数据库连接对象
PreparedStatement pstmt=null;      //声明数据库操作对象
ResultSet rs=null;                 //声明查询结果集对象，对于更新操作，可不声明
String driverName = "com.mysql.jdbc.Driver";          //驱动程序名
```

```
String userName = "root";                       //数据库用户名
String userPwd = "用户密码";                      //指定用户密码
String dbName = "数据库名字";                     //指定数据库名字
String  url1="jdbc:mysql://localhost:3306/"+dbName;
String url2 ="?user="+userName+"&password="+userPwd;
String  url3="&useUnicode=true&characterEncoding=UTF-8";
String url =url1+url2+url3;                      //形成带数据库读写编码的数据库连接字
// request.setCharacterEncoding(UTF-8");        //设置字符编码，避免出现乱码
try {
    Class.forName(driverName);
    conn=DriverManager.getConnection(url);
    String sql= "SQL 语句字符串";                //构造完成所需功能的 SQL 语句（可带参数）
    pstmt= conn.prepareStatement(sql);
    设置 SQL 语句中的各参数值;                     //若 SQL 语句带参数，需要设置各参数值
    rs=pstmt.executeQuery();
    //int n=pstmt.executeUpdate();
    处理查询结果 ResultSet
}catch(Exception e){
    输出异常信息;
} finally {
    if(rs!=null){ rs.close(); }
    if(pstmt!=null){ pstmt.close(); }
    if(conn!=null){ conn.close(); }
}
```

4.3.8 整合各设计模块形成完整的应用系统

本节对前面介绍以及设计的各有关模块，选择必要的模块，构造形成一个完整的"学生身体体质信息管理系统"，从而理解和掌握如何分析、设计一个应用系统。

对于学生身体体质信息管理系统，主要的功能就是要完成：学生信息的添加、学生信息的查询、学生信息的修改、学生信息的删除。

这些功能"模块"已经在前面几节中给出，利用这些模块，再添加一个主页面模块，可以构成便于操作和使用的一个简单的应用系统。

系统的应用界面如图 4-10 所示。页面的左部分是操作功能菜单选项，当单击某选项时，会相应地执行该选项的功能，如图 4-10 所示是选择"按条件修改学生"后所显示的网页界面。

图 4-10 学生身体体质管理系统的页面结构图

1．列出全部学生模块

该功能模块在【例 4-3】中已实现，其程序为find_stu_1.jsp。

2．按条件查询学生模块

该功能模块在【例 4-5】中已实现，其程序为 find_stu_3_tijiao.jsp 和 find_stu_3.jsp。

3．新添加学生模块

该功能模块在【例 4-2】中已实现，其程序为 insert_stu_2_tijiao.jsp 和 insert_stu_2.jsp。

4．按条件删除学生模块

该功能模块在【例 4-9】中已实现，其程序为 delete_stu_2_tijiao.jsp 和 delete_stu_2.jsp。

5．按条件修改学生模块

该功能模块在【例 4-7】中已实现，其程序分别为 update_stu_2_tijiao.jsp、update_stu_2_edit.jsp、update_stu_2.jsp。

6．主页面框架的设计

该应用系统的主页面框架如图 4-10 所示，由 3 部分组成：最上方显示标题部分（index_title.jap）、左边显示操作菜单部分（index_stu_left.jsp）、右边显示运行界面部分（index_stu_right.jsp）。另外，由这 3 部分组合形成主页面的程序（index_stu.jsp）。

1）主页面框架：index_stu.jsp，代码如下：

```
<%@ page language="java" pageEncoding="UTF-8"%>
<html>
    <head>    <title>学生身体体质信息管理系统</title> </head>
    <frameset rows="80,*">
        <frame src="index_stu_title.jsp" scrolling="no">
        <frameset cols="140,*">
            <frame src="index_stu_left.jsp" scrolling="no">
            <frame src="index_stu_right.jsp" name="right" scrolling="no">
        </frameset>
    </frameset>
</html>
```

2）最上方的显示标题：index_title.jap，代码如下：

```
<%@ page language="java" pageEncoding="UTF-8"%>
<html>
    <head> <title>页面标题</title>    </head>
    <body> <center> <h1>学生身体体质信息管理系统</h1> </center> </body>
</html>
```

3）左边显示操作菜单：index_stu_left.jsp，代码如下：

```
<%@ page language="java" pageEncoding="UTF-8"%>
<html>
    <head> <title>菜单页面</title> </head>
    <body>
        <br><br><br> <br><br><br>
        <p><a href="find_stu_1.jsp" target="right">列出全部学生</a></p>
        <p><a href="find_stu_3_tijiao.jsp" target="right">按条件查询学生</a></p>
        <p><a href="insert_stu_2_tijiao.jsp" target="right">新添加学生</a></p>
        <p><a href="delete_stu_2_tijiao.jsp" target="right">按条件删除学生</a></p>
        <p> <a href="update_stu_2_tijiao.jsp" target="right">按条件修改学生</a> </p>
    </body>
</html>
```

4）右边显示运行界面：index_stu_right.jsp，代码如下：

```
<%@ page language="java" pageEncoding="UTF-8"%>
<html>
    <head> <title>信息显示页面</title> </head>
```

```
        <body background="image/2.jpg"></body>
    </html>
```

4.3.9 问题与思考

该系统设计只是给出了利用 JDBC 技术实现数据库访问的应考虑的问题和设计方法，与实际应用系统有一定的差距，随着读者对本书知识理解的逐渐加深，并深入地学习后面的知识，会设计出可实际应用的系统。

本章小结

数据库是所有 Web 应用程序必不可少的部分，本章首先介绍了 JDBC 技术中常用的接口，然后介绍了 MySQL 数据库的连接方法及其访问数据库的方法，然后介绍了数据库的查询、添加、修改、删除等操作方法和处理步骤，通过较多的实例演示了设计思想和设计方法。

习题

1. 建立数据库 lianxi，在该数据库下建立一个图书表 book，图书包含信息：图书号、图书名、作者、价格、备注字段。

设计一应用程序，完成图书信息的管理。主要完成图书信息的添加、查询、删除、修改等操作。

2. 设计一个简单的网上名片管理系统，实现名片的增、删、改、查等操作。该名片管理系统包括如下功能。

（1）用户登录与注册

用户登录：在登录时，如果用户名和密码正确，进入系统页面。

用户注册：新用户应该先注册，然后再登录该系统。

（2）名片管理

增加名片：以仿真形式（按常用的名片格式）增加名片信息。

修改名片：以仿真形式（按常用的名片格式）修改名片信息。

查询名片：以模糊查询的方式查询名片。

删除名片：名片的删除有两种方式，即把名片移到回收站，把名片彻底删除。

（3）回收站管理

还原：把回收站中的名片还原回收。

彻底删除：把名片彻底从回收站删除。

浏览/查询：可以模糊查询、浏览回收站中的名片。

第 5 章　JavaBean 技术

JavaBean 是 Java Web 程序的重要组件，它是一些封装了数据和操作的功能类，供 JSP 或 Servlet 调用，完成数据封装和数据处理等功能。本章重点讲解 JavaBean 的设计、部署及在 JSP 中的使用。

5.1　JavaBean 技术

JavaBean 是一个可重复使用的软件组件，是用 Java 语言编写的、遵循一定标准的类，它封装了数据和业务逻辑，供 JSP 或 Servlet（下一章介绍）调用，完成数据封装和数据处理等功能。

5.1.1　JavaBean 的设计

设计 JavaBean 就是编写 Java 类，但与普通类不同，有其特殊的设计规则和要求。

1．JavaBean 的设计规则

设计一个标准的 JavaBean 通常遵守以下规则：

1）JavaBean 是一个公共类。

2）JavaBean 类具有一个公共的无参的构造方法。

3）JavaBean 所有的属性定义为私有的。

4）在 JavaBean 中，需要对每个属性提供两个公共方法。假设属性名字是 xxx，要提供的两个方法如下：

● setXxx()：用来设置属性 xxx 的值。

● getXxx()：用来获取属性 xxx 的值（若属性类型是 boolean，则方法名为 isXxx()）。

5）定义 JavaBean 时，通常放在一个命名的包下。

2．JavaBean 设计案例

【例 5-1】　设计一个表示圆的 JavaBean 类 Circle.java，并且该 JavaBean 中具有计算圆的周长和面积的方法。

【分析】描述一个圆，需要圆心、半径、绘制圆的颜色，以及是否填充圆。另外，需要知道这是绘制的第几个圆，所以，该圆需要 6 个属性：圆的编号（整型）、圆心的 x 坐标、圆心的 y 坐标、半径、绘制颜色（字符串类型）、是否填充（布尔型）。

另外，该类必须具有其业务处理功能：计算圆的面积和圆的周长。

【设计】根据 JavaBean 的设计原则，定义有关的属性，并给出其对应的 get/set 方法，并且一定要包含一个不带参数的构造方法。

【实现】编写圆的 JavaBean 类 Circle.java。

📖 提示：在创建 JavaBean 时，使用 MyEclipse 开发工具时，需要建立在 Web 工程的 "源

包"（src）下。其建立过程是：选中工程的"src"包并右击，选择"new"命令，再选择"class"命令，再根据对话框中的提示输入包名和类名，然后编写代码。

其代码如下：

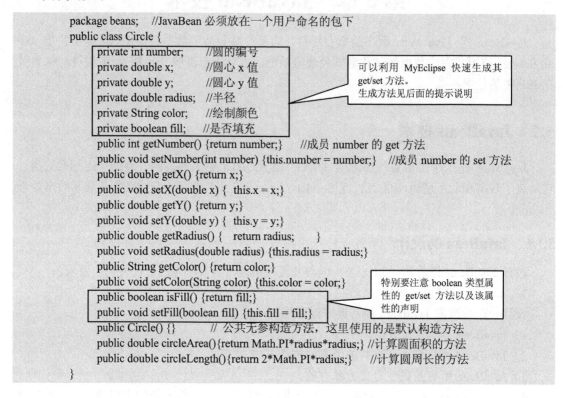

```
package beans;    //JavaBean 必须放在一个用户命名的包下
public class Circle {
    private int number;        //圆的编号
    private double x;          //圆心 x 值
    private double y;          //圆心 y 值
    private double radius;     //半径
    private String color;      //绘制颜色
    private boolean fill;      //是否填充
    public int getNumber() {return number;}    //成员 number 的 get 方法
    public void setNumber(int number) {this.number = number;}  //成员 number 的 set 方法
    public double getX() {return x;}
    public void setX(double x) {  this.x = x;}
    public double getY() {return y;}
    public void setY(double y) {  this.y = y;}
    public double getRadius() {  return radius;    }
    public void setRadius(double radius) {this.radius = radius;}
    public String getColor() {return color;}
    public void setColor(String color) {this.color = color;}
    public boolean isFill() {return fill;}
    public void setFill(boolean fill) {this.fill = fill;}
    public Circle() {}        // 公共无参构造方法，这里使用的是默认构造方法
    public double circleArea(){return Math.PI*radius*radius;} //计算圆面积的方法
    public double circleLength(){return 2*Math.PI*radius;}    //计算圆周长的方法
}
```

可以利用 MyEclipse 快速生成其 get/set 方法。
生成方法见后面的提示说明

特别要注意 boolean 类型属性的 get/set 方法以及该属性的声明

📖 提示：在 MyEclipse 环境中通过下列步骤可快速生成各属性的 set/get 方法：首先声明各属性，然后右击代码窗口的空白处，依次选择"Source"→"Generate Getters and Setters"命令，选中"全选"属性，单击"Finish"按钮。

5.1.2 JavaBean 的安装和部署

设计的 JavaBean 类，经编译后，必须部署到 Web 应用程序中才能被 JSP 或 Servlet 调用。将单个 JavaBean 类部署到"工程名称/WEB-INF/classes/"下；将 JavaBean 的打包类 JAR 部署到/WEB-INF/lib 下。

在 MyEclipse 开发环境中，当部署 Web 工程时，JavaBean 会自动部署到正确的位置。一定要注意，若设计的 JavaBean 被修改，需要重新部署，工程才能生效。

5.2 基于 JSP 脚本代码访问 JavaBean

在 JSP 页面中，既可以通过脚本代码直接访问 JavaBean，也可以通过 JSP 动作标签来访问 JavaBean。在本节介绍通过 JSP 脚本代码直接访问 JavaBean。

【例 5-2】 设计 Web 程序，计算任意两个整数的和值，并在网页上显示结果。要求：在 JavaBean 中实现数据的求和功能。

【分析】该问题需要两个网页 input.jsp 和 show.jsp，以及一个实现数据计算的 JavaBean 类（Add.java）。

其处理流程是：网页 input.jsp 提交任意两个整数，而网页 show.jsp 获取两个数值后创建 JavaBean 对象，并调用求和方法获得和值，然后显示计算结果。

【设计关键】在两页面间利用 request 对象实现数据共享（利用请求参数 shuju1、shuju2）。它们之间的关系如图 5-1 所示。

图 5-1 例 5-2 的处理流程

【实现】1）首先设计实现数据求和的 JavaBean 类 Add.java，其代码如下：

```java
package beans;
public class Add{
    private int shuju1;
    private int shuju2;
    public Add(){}                          //默认构造方法
    public Add(int shuju1, int shuju2){     //带参数的构造方法
        this. shuju1=shuju1;    this. Shuju2=shuju2;
    }
    public int getShuju1(){ return shuju1;}
    public void setShuju1(int shuju1){this.shuju1 = shuju1;}
    public int getShuju2(){return shuju2;}
    public void setShuju2(int shuju2){this.shuju2 =shuju2;}
    public int sum(){ return shuju1+shuju2;}
}
```

2）设计提交任意两个整数的 JSP 页面（input.jsp），其代码如下：

```jsp
<!-- 程序 input.jsp -->
<%@ page language="java" pageEncoding="UTF-8"%>
<html>
  <head> <title>提交任意两个整数的页面</title> </head>
  <body>
  <h3> 按下列格式要求，输入两个整数： </h3><br>
   <form action="show.jsp" method="post">
        加数： <input name="shuju1"><br><br>
        被加数： <input name="shuju2"><br><br>
        <input type=submit value="提交">
   </form>
  </body>
</html>
```

3）设计 show.jsp，并在 show.jsp 中利用 JSP 脚本创建 JavaBean——Add 类的一个对象，然后利用所创建的对象调用相关的方法完成计算求和功能，最后显示计算结果。其实现代码如下：

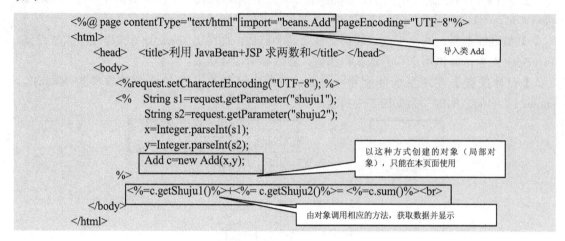

```
<%@ page contentType="text/html" import="beans.Add" pageEncoding="UTF-8"%>
<html>
    <head>    <title>利用 JavaBean+JSP 求两数和</title> </head>                    导入类 Add
    <body>
        <%request.setCharacterEncoding("UTF-8"); %>
        <%    String s1=request.getParameter("shuju1");
              String s2=request.getParameter("shuju2");
              x=Integer.parseInt(s1);
              y=Integer.parseInt(s2);
              Add c=new Add(x,y);                            以这种方式创建的对象（局部对
        %>                                                   象），只能在本页面使用
        <%=c.getShuju1()%>+<%= c.getShuju2()%>= <%=c.sum()%><br>
    </body>                                          由对象调用相应的方法，获取数据并显示
</html>
```

5.3 基于 JSP 动作标签访问 JavaBean

上一节介绍了在 JSP 页面中通过 JSP 脚本代码直接创建 JavaBean 类的对象，并调用相关的方法完成功能，本节介绍利用 JSP 动作标签访问 JavaBean 的方法，该方法可以减少 JSP 网页中的程序代码，使它更接近于 HTML 页面。

本节仍以例 5-2 的功能需求，给出基于 JSP 动作标签访问 JavaBean 的设计过程。该方式的业务流程与图 5-1 是完全一样的，这里假设提交数据页面为 input2.jsp，接受数据并显示数据的页面为 show2.jsp，JavaBean 类仍为 Add.java。

访问 JavaBean 的 JSP 动作标签有：

- <jsp:useBean>：声明并创建 JavaBean 对象实例。
- <jsp:setProperty>：对 JavaBean 对象的指定属性设置值。
- <jsp:getProperty>：获取 JavaBean 对象指定属性的值，并显示在网页上。

5.3.1 声明 JavaBean 对象

声明 JavaBean 对象，需要使用<jsp:useBean>动作标签。

声明格式：

<jsp:useBean id="对象名" class= "类名" scope= "有效范围"/>

功能：在指定的作用范围内，调用由 class 所指定类的无参构造方法创建对象实例。若该对象在该作用范围内已存在，则不生成新对象，而是直接使用。

使用说明：

1）class 属性：用来指定 JavaBean 的类名，注意必须使用完全限定类名。

2）id 属性：指定所要创建的对象名称。

3）scope 属性：指定所创建对象的作用范围，其取值有 4 个：page、request、session、

application，默认值是 page。分别表示页面、请求、会话、应用 4 种范围，它们的含义在第 3 章中已介绍。

例如，对于例 5-2 所设计的 JavaBean，要在 show.jsp 页面中创建一个 Add 类对象 c，且其作用范围是 session，则需要使用语句：

```
<jsp:useBean id="c" class="beans.Add" scope="session"/>
```

若采用如下语句，则其作用范围是 page（声明 JavaBean 对象默认作用域为 page）。

```
<jsp:useBean   id="c" class= "beans.Add" />
```

5.3.2　访问 JavaBean 属性——设置 JavaBean 属性值

设置 JavaBean 属性值，要使用<jsp:setProperty>动作标签。而<jsp:setProperty>动作标签是通过 JavaBean 中的 set 方法给相应的属性设置属性值。该动作标签有 4 种设置方式，下面分别给出使用方法。

1．简单 JavaBean 属性设置

在获得 Javabean 实例后，就可以对其属性值进行重新设置，设置属性值的格式：

```
<jsp:setProperty name="beanname" property="propertyname" value="beanvalue"/>
```

其中，beanname 代表 JavaBean 对象名，对应<jsp:useBean>标签的 id 属性；propertyname 代表 JavaBean 的属性名；beanvalue 是要设置的值。在设置值时，自动实现类型转换（将字符串自动转换为 JavaBean 中属性所声明的类型）。

功能：为 beanname 对象的指定属性 propertyname 设置指定值 beanvalue。

📖 提示：在 jsp:useBean 中，bean 名称由 id 属性给出，而在 jsp:getProperty 和 jsp:setProperty 中由 name 属性给出。

例如，对于例 5-2，给 c 对象的两个属性设置值分别为 10 和 20，则需要的语句为：

```
<jsp:useBean id="c" class= "beans.Add" scope= "session"/>
<jsp:setProperty name="c" property="shuju1" value="10"/>
<jsp:setProperty name="c" property="shuju2" value="20"/>
```

另外，在 JSP 中，可以使用 JSP 脚本代码，对 JavaBean 实例设置属性值，例如，

```
<jsp:useBean id="c" class="beans.Add" scope= "session"/>
<% c.setShuju1(10);
    c.setShuju2(20);%>
```

2．将单个属性与输入参数直接关联

对于客户端所提交的请求参数，可以直接给 JavaBean 实例中的同名属性赋值。其设置格式为：

```
<jsp:setProperty name="beanname" property="propertyname"/>
```

功能：将参数名称为 propertyname 的值提交给与 JavaBean 属性名称同名的属性，并自动实现数据类型转换。

例如，对于例 5-2，可以采用如下语句：

```
<jsp:setProperty name="c" property="shuju1" />    //在提交页面中存在输入域参数 shuju1
<jsp:setProperty name="c" property="shuju2" />    //在提交页面中存在输入域参数 shuju2
```

3．将单个属性与输入参数间接关联

若 JavaBean 的属性与请求参数的名称不同，则可以通过 JavaBean 属性与请求参数之间的间接关联实现赋值，其格式为：

```
<jsp:setProperty name="beanname" property="propertyname" param="paramname"/>
```

功能：将请求参数名称为 paramname 的值给 JavaBean 的 propertyname 属性设置属性值。

假设所设计的提交页面 input2.jsp，其代码如下：

```
<form action=show.jsp" method="post">
    加数：<input name="number1"><br><br>
    被加数：<input name="number2"><br><br>
    <input type=submit value="提交">
</form>
```

而设计的 Add.java 类中，两个属性名为：

```
private int shuju1;
private int shuju2;
```

由于在 JSP 页面中和 JavaBean 类 add.java 中，两处的属性不同名，需要采用间接关联的方式实现参数传递。其传递语句为：

```
<jsp:setProperty name="c" property="shuju1" param="number1"/>
<jsp:setProperty name="c" property="shuju2" param="number2"/>
```

4．将所有的属性与请求参数关联

将所有的属性与请求参数关联，实现自动赋值并自动转换数据类型。设置格式为：

```
<jsp:setProperty name="beanname" property="*"/>
```

功能：将提交页面中表单输入域所提供的输入值提交到 JavaBean 对象中相同名称的属性中。

例如，对于例 5-2，通过提交页面 input2.jsp 提交后，在另一个页面（show2.jsp）将数值提供给对象 c，其语句为：

```
<jsp:setProperty name="c" property="*"/>
```

注意：如果 JavaBean 类 Add.java 中的属性名称（shuju1、shuju2）与 input2.jsp 中两个输入域属性名称（name="shuju1"，name="shuju2"）不同，就不能给 JavaBeand 对象的相应属性设置值。

5.3.3　访问 JavaBean 属性——获取 JavaBean 属性值并显示

在 JSP 页面显示 JavaBean 属性值，需要使用<jsp:getProperty>动作标签。

格式：

```
<jsp:getProperty name="beanname" property="propertyname"/>
```

功能：获取 JavaBean 对象指定属性的值，并显示在页面上。

📖 说明：jsp:getProperty 动作标签是通过 JavaBean 中的 get 方法获取对应属性的值。

例如，用 jsp:useBean 创建的对象实例 c，获取并在页面上显示属性值的语句为：

```
<jsp:getProperty name="c" property="shuju1"/>+
<jsp:getProperty name="c" property="shuju2"/>
```

也可以直接使用脚本获取属性值并显示：

```
<%=c.getShuju1()/>+<%=c.getShuju2()/>
```

5.3.4 访问 JavaBean 方法——调用 JavaBean 业务处理方法

当使用 jsp:useBean 实例化一个 JavaBean 对象（或通过 jsp:setProperty 修改属性值）后，可以调用 JavaBean 的业务处理方法，完成该对象所希望处理的功能。调用方式一般采用 JSP 脚本代码。

例如，用 jsp:useBean 创建的对象实例 c，通过 jsp:setProperty 修改属性值后，计算并显示和值。其代码如下：

```
加数：<jsp:getProperty name="c" property="shuju1"/><br>
被加数：<jsp:getProperty name="c" property="shuju2"/><br>
和值为：<%=c.sum()%><br>
```

对于例 5-2，利用 JSP 访问 JavaBean 的 show2.jsp 页面的代码如下：

```
<!-- 程序 show2.sp -->
<%@ page language="java" import="java.util.*" pageEncoding="GB2312"%>
<html>
  <head>    <title>利用 JavaBean+JSP 求两数和</title> </head>
  <body>
      <jsp:useBean id="c" class="beans.Add" scope= "request"/>        ← （1）在 request 范围内，创建对象 c。
      <jsp:setProperty name="c" property="*"/>                          （2）从提交页面获取信息，赋值给 c 同名属性
      <p>调用 jsp:getProperty 作标签以及求和方法获取数据并显示：<br>
        <jsp:getProperty name="c" property="shuju1"/>+
        <jsp:getProperty name="c" property="shuju2"/>=<%=c.sum()%><br>
      </p>
      <p>调用使用类的方法获取数据并显示：<br>                          ← 利用 JSP 脚本代码显示值
        <%=c.getShuju1()%>+<%= c.getShuju2()%>= <%=c.sum()%><br>
      </p>
  </body>
</html>
```

【说明】

1）为 c 对象的属性赋值（由提交表单自动赋值给 useBean 对象）：

```
<jsp:setProperty name="c" property="*"/>
```

等价于以下两句：

```
<jsp:setProperty name="c" property="shuju1"/>
<jsp:setProperty name="c" property="shuju2"/>
```

2）显示属性值：

```
<jsp:getProperty name="c" property="shuju1"/>
<jsp:getProperty name="c" property="shuju2"/>
等价于以下两句：
<%= c.getShuju1()%>
<%=c.getShuju2%>
```

📖 **提示：** 使用<jsp:useBean>标签时，JavaBean 对象会存储到特定范围，在这个特定范围内实现组件之间数据的共享，这点与直接使用脚本所创建的对象作用域不同。

5.3.5 案例——基于 JavaBean+JSP 求任意两数代数和

对于例 5-2 分别给出了利用 JSP 动作标签和 JSP 脚本代码对 Javabean 对象的创建及其属性值的访问。但是在 show.jsp 或者 show2.jsp 中都存在 JSP 脚本代码，这不是 JSP 程序所提倡的，下面重新设计例 5-2，使两个页面中都不出现 JSP 脚本代码。

【改进思想】需要改进 JavaBean 类 Add.java 的设计，该类需要设置 3 个属性，加数、被加数、和值，并通过和值属性的 get/set 方法，在 show.jsp 页面中设置该属性值并显示属性值。

【实现】1）重新设计实现数据求和的 JavaBean 类 Add.Java，其代码如下：

```
package beans;
public class Add{
    private int shuju1, shuju2, sum;
    public Add(){}                         //默认构造方法
    public Add(int shuju1, int shuju2){    //带参数的构造方法
        this. shuju1=shuju1;   this. Shuju2=shuju2;
    }
    //这里省略了属性 shuju1、shuju2 的 setter/getter 方法
    public int getSum(){return shuju1+shuju2;}
    public void setSum(int sum){this.sum =sum;}
}
```

2）提交整数的 JSP 页面（input.jsp），代码不变。关键代码如下：

```
<form action="show.jsp" method="post">
        加数：<input name="shuju1"><br><br>
        被加数：<input name="shuju2"><br><br>
        <input type=submit value="提交">
</form>
```

3）计算并显示计算结果的 show.jsp，其代码如下：

```
<!-- 程序 show.sp -->
<%@ page language="java" import="java.util.*" pageEncoding="GB2312"%>
```

```
<html>
    <head>   <title>利用 JavaBean+JSP 求两数和</title> </head>
    <body>
        <jsp:useBean id="c" class="beans.Add" scope= "request"/>
        <jsp:setProperty name="c" property="*"/>
        <p>调用 jsp:getProperty 作标签显示结果值：<br>
            <jsp:getProperty name="c" property="shuju1"/>+
            <jsp:getProperty name="c" property="shuju2"/>=
            <jsp:getProperty name="c" property="sum"/>
        </p>
    </body>
</html>
```

修改后的 JSP 中就不含有 JSP 脚本代码，使得 JSP 程序的结构清晰、简单。

5.4　多个 JSP 页面共享 JavaBean

在 JSP 中，指定或设置 JavaBean 对象作用域，让多个 JSP 页面共享数据。作用域共有 page、request、session、application 这 4 种，分别表示页面、请求、会话、应用 4 种范围。

5.4.1　共享 JavaBean 的创建与获取

共享 JavaBean 对象有两种实现方式：第一种，在 JSP 页面中使用<jsp:useBean/>标签设置与获取；第二种，在 JSP 中首先创建 JavaBean 对象，然后利用 request、session、application 对象的 setAttribute()方法设置，再利用 getAttribute()方法获取对象。

1．在 JSP 页面中使用<jsp:useBean/>标签设置

共享 JavaBean 的创建与保存格式：

```
<jsp:useBean id="JavaBean 对象名称" class="JavaBean 类全路径名" scope="作用域值"/>
```

其中，属性 scope 的取值有 4 个：page、request、session、application，其中默认使用非共享（page）作用域。

共享 JavaBean 的访问（获取 JavaBean 对象的相关属性）格式：

```
<jsp:getProperty name="JavaBean 对象名称" property=""JavaBean 对象属性名称"/>
```

2．在 JSP 中利用 request、session、application 对象的 setAttribute()方法设置

在 JSP 中利用 request、session、application 对象的 setAttribute()方法设置，利用 getAttribute()方法访问。

对于第二种方式，在第 3 章和第 4 章都给出了很多应用示例，这里不再给出示例。对于第一种方式，在 5.4.2 节给出应用示例——网页计数器 JavaBean 的设计与使用。

5.4.2　案例——网页计数器 JavaBean 的设计与使用

在很多情况下，都需要创建共享的 JavaBean，例如保存购物信息的购物车 JavaBean，贯穿于用户整个购物过程（浏览多个购物页面），它的范围应该设定为 session；保存聊天信息的 JavaBean，要被所有用户共享，它的范围应该设定为 application；保存网页访问量的

JavaBean，也必须是一个所有用户共享的全局对象，它的范围也要设定为 application。

对访问页面次数的统计在第 3 章中使用 JSP 曾设计该类程序，在这里，使用 JSP 与 JavaBean 相结合的技术完成网页计数器的设计。

【例5-3】 设计一个 JavaBean 记载网页的访问数量，在动态页面中访问该 JavaBean，实现网页的计数。假设要统计两个网页总共的访问量。

【分析】该问题需要统计网页访问次数，在 JavaBean 中有计数属性，在页面被访问时，该计数器自动增 1，同时要存放该数值，所以在被访问页面需要创建 apllication 范围的一个 JavaBean 对象。

为了体现不同页面对 apllication 范围的 JavaBean 对象的共享，这里设计两个页面程序 counter1.jsp 和 counter2.jsp。

【设计】该问题需要三个组件（一个 JavaBean，两个 JSP），即：

1）具有统计功能的 JavaBean。

2）获取 JavaBean 中的计数属性的值并显示结果的 JSP 页面：counter1.jsp 和 counter2.jsp。

【实现】

1）设计记载网页访问数量的 JavaBean：Count.java，代码如下：

```
package beans;
public class Counter {
    private int count;
    public Counter() {count = 0;}
    public int getCount() {
        count++;
        return count;
    }
    public void setCount(int count) {this.count = count;}
}
```

2）第一个需要计数的网页（counter1.jsp）中访问 JavaBean 对象，代码如下：

```
<%@ page contentType="text/html" pageEncoding="UTF-8"%>
<html>
    <head> <title>网页访问数量</title> </head>
    <body>
        <jsp:useBean id="counter" scope="application" class="beans.Counter" />
        这次访问的是第 1 个页面：counter1.jsp!<br>
        两页面共被访问次数：
        <jsp:getProperty name="counter" property="count"/>
    </body>
</html>
```

3）第二个需要计数的网页（counter2.jsp）中访问 JavaBean 对象，代码如下：

```
<%@ page contentType="text/html" pageEncoding="UTF-8"%>
<html>
    <head> <title>网页访问数量</title> </head>
    <body>
        <jsp:useBean id="counter" scope="application" class="beans.Counter" />
        这次访问的是第 2 个页面：counter2.jsp!<br>
        两页面共被访问次数：
```

```
                <jsp:getProperty name="counter" property="count"/>
            </body>
        </html>
```

假设，在第 5 次访问第 1 个页面，在第 10 次访问第 2 个页面，其运行界面如图 5-2 所示。

a)

b)

图 5-2 例 5-3 的运行界面

a) 运行 5 次后的界面 b) 再运行 5 次后的界面

说明与思考：

1）本例中需要特别注意的是 JavaBean 的有效范围是 application，请思考如果省略或改为 session 是否正确？

2）在该例中，当每次访问该页面时，下面的语句是如何执行的？对象 counter 是什么时候创建的？

```
        <jsp:useBean id="counter" scope="application" class="beans.Counter" />
```

5.5 综合案例——数据库访问 JavaBean 的设计

在第 4 章中介绍 JDBC 时，对数据库的访问操作主要有数据库的连接，以及对数据库的数据表实现记录的添加、删除、修改、查询等。在第 4 章的每个应用案例中，都需要使用大量的 JSP 脚本代码来完成有关的功能，在 JSP 中使用脚本代码不符合 JSP 的设计原则。在本节中，使用 JavaBean 技术，将对数据库的有关操作封装成 JavaBean 类，从而简化了 JSP 页面，更便于 Web 程序的设计。

【例 5-4】 数据库操作在一个 Web 应用程序的后台处理中占有很大的比例，本例设计一组 JavaBean 封装数据库的基本操作，供上层模块调用，提高程序的复用性和可移植性。然后利用所设计的封装对数据库基本操作的 JavaBean 实现向数据库添加记录的功能模块。

【分析】假设操作的数据库名是 test，数据表是 user，其中的字段有：userid（编号，主键，字符串类型）、username（姓名，字符串类型）、sex（性别、字符串类型），封装的基本操作是记录的添加、修改、查询全部、按 userid（编号）查找用户、按 userid（编号）删除用户。

【设计】该案例需要设计以下组件：

1）数据库 test 及其数据库表 user。

2）在类路径（src）下建立属性文件 db.properties，存放数据库的基本信息，这样做的好处是数据库信息发生变化时只需要修改该文件，不用重新编译代码。

3）建立一个获取连接和释放资源的工具类 JdbcUtil.java。

4）建立类 User.java 实现记录信息对象化，体现面向对象程序设计思想，基于对象实现对数据表信息的操作。

5）在上面步骤的基础上建立类 UserDao.java 封装基本的数据库操作：

● 向数据库中添加用户记录的方法：public void add(User user)。

● 修改数据库用户记录的方法：public void update(User user)。

● 删除数据库用户记录的方法：
public void delete(String userId)。

● 根据 id 查询用户的方法：
public User findUserById(String userId)。

● 查询全部用户的方法：
public List <User> QueryAll()。

这些组件之间的关系如图 5-3 所示。

下面按所给出的设计思想，给出例 5-4
的设计与实现。

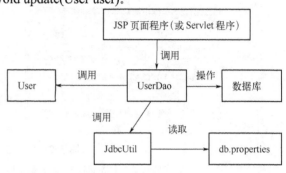

图 5-3 访问数据库操作的相关组件之间的关系

5.5.1 数据库连接对象工具类的设计与实现

在该类实现中，采用属性文件（db.properties）存放连接数据库所需要的连接资源，从属性文件中读取连接资源，形成数据库连接字 URL。实现过程有两步。

1）在类路径（src）下建立文件 db.properties，在该文件内存放连接数据库所需要的连接基本信息：数据库驱动程序名、数据库连接字符串、数据库用户名称及其密码。其内容如下：

```
driver=com.mysql.jdbc.Driver
url=jdbc:mysql://localhost:3306/test?useUnicode=true&characterEncoding=utf-8
username=root
password=123456
```

2）建立一个获取连接和释放资源的工具类 JdbcUtil.java，该类中包括两个静态方法：获取连接对象的方法和释放资源的方法。对于检查性异常，采用 try-catch 处理，其实现代码如下：

```
package jdbc;
import java.sql.*;
import java.util.Properties;
public final class JdbcUtil {
    private static String driver ;
    private static String url ;
    private static String user ;
    private static String password ;
    private static Properties pr=new Properties();
    private JdbcUtil() {}
    //设计该工具类的静态初始化器中的代码，该代码在装入类时执行，且只执行一次
    static {
        try{ pr.load(JdbcUtil.class.getClassLoader().getResourceAsStream("db.properties"));
            driver=pr.getProperty("driver");
            url=pr.getProperty("url");
            user=pr.getProperty("username");
            password=pr.getProperty("password");
            Class.forName(driver);
```

创建属性类对象，用于加载属性文件和读取属性文件中的内容

该语句将加载属性文件，并在类 JdbcUtil 中可读取其中的属性值

```
            } catch (Exception e) {
                throw new ExceptionInInitializerError(e);
            }
        }
        //设计获得连接对象的方法 getConnection()
        public static Connection getConnection() throws SQLException {
            return DriverManager.getConnection(url, user, password);
        }
        //设计释放结果集、语句和连接的方法 free()
        public static void free(ResultSet rs, Statement st, Connection conn) throws Exception {
            if (rs != null){ rs.close();}
            if (st != null) {st.close();}
            if (conn != null){ conn.close();}
        }
    }
```

5.5.2　数据库访问 JavaBean 的设计与实现

该例题的设计采用面向对象的思想给出数据库的操作，因此，需要将数据表转换为实体类，然后基于实体类实现对数据库的操作。这就需要创建实体类以及实现数据库操作的有关方法构成的类，一般将这个访问数据库的设计思想称为"DAO"设计模式。

1）创建 JavaBean 类——实体类 User。建立类 User.java 实现记录信息对象化，基于对象对数据库关系表进行操作，其实现代码如下：

```
package vo;
public class User {
    private String userid,username,sex;
    public User(){}
    public User(String userid, String username, String sex){
        this.userid= userid;    this.username= username; this.sex= sex;
    }
    //省略了各属性的 setter/getter 方法
}
```

2）在 User.java 类的基础上建立类 UserDao.java 封装基本的数据库操作，其实现代码如下（注意：这是本节的重要内容和重要设计思想）：

```
package dao;
//省略了 import 语句
public class UserDao {
    //向数据库中添加用户记录的方法 add(User user)，将对象 user 插入数据表中
    public void add(User user) throws Exception{
        Connection conn = JdbcUtil.getConnection();
        String sql = "insert into user(userid,username,sex)    values (?,?,?) ";
        PreparedStatement ps = conn.prepareStatement(sql);
        ps.setString(1, user.getUserid());
        ps.setString(2,user.getUsername());
        ps.setString(3,user.getSex());
        ps.executeUpdate();
        JdbcUtil.free(null,ps, conn);
    }
```

```java
//修改数据库用户记录的方法 update(User user)，将对象 user 进行修改
public void update(User user) throws Exception{
    Connection conn = JdbcUtil.getConnection();
    String sql = "update user set username=?,sex=? where userid=? ";
    PreparedStatement ps = conn.prepareStatement(sql);
    ps.setString(1,user.getUsername());
    ps.setString(2,user.getSex());
    ps.setString(3, user.getUserid());
    ps.executeUpdate();
    JdbcUtil.free(null,ps, conn);
}
//删除数据库用户记录的方法 delete(String userId)，根据 userId 值删除记录
public void delete(String userId) throws Exception{
    Connection conn = JdbcUtil.getConnection();
    String sql = "delete from user where userid=?";
    PreparedStatement ps = conn.prepareStatement(sql);
    ps.setString(1,userId);
    ps.executeUpdate();
    JdbcUtil.free( null,ps, conn);
}
//根据 id 查询用户的方法 findUserById()
public User findUserById(String userId) throws Exception{
    Connection conn = JdbcUtil.getConnection();
    User user=null;
    String sql = "select * from user where userid=? ";
    PreparedStatement ps = conn.prepareStatement(sql);
    ps.setString(1, userId);
    ResultSet rs =ps.executeQuery();
    if(rs.next()){
        user=new User();
        user.setUserid(rs.getString("userid"));
        user.setUsername(rs.getString("username"));
        user.setSex(rs.getString("sex"));
    }
    JdbcUtil.free(rs, ps, conn);
    return user;
}
//查询全部用户的方法 QueryAll()
public List<User> QueryAll() throws Exception{
    Connection conn = JdbcUtil.getConnection();
    List<User> userList=new ArrayList<User>();
    String sql = "select * from user ";
    PreparedStatement ps =conn.prepareStatement(sql);
    ResultSet rs =ps.executeQuery();
    while(rs.next()){
        User user=new User();
        user.setUserid(rs.getString("userid"));
        user.setUsername(rs.getString("username"));
        user.setSex(rs.getString("sex"));
        userList.add(user);
    }
    JdbcUtil.free(rs, ps, conn);
    return userList;
```

```
        }
    }
```

📖 说明：本例设计了一组 JavaBean 封装数据库的操作，体现了 Java Web 设计模式中的 DAO 模式（将在第 7 章中详细介绍），这组代码可作为参考模板用在后面的程序设计中（DAO 层的设计），为上层提供调用。

5.5.3 在 JSP 中使用 JavaBean 访问数据库

在本节中，设计应用程序的一个功能模块，即利用例 5-4 所设计的类，实现向数据库中添加用户信息的页面，当添加完成后，采用列表的形式，将数据库中所有的用户信息显示出来。

该模块需要设计三个 JSP 程序：分别实现添加数据的提交（a.jsp）——输入数据，实现添加操作以及获取全部用户信息的计算（b.jsp）——加工计算，实现对查询结构的显示（c.jsp）——数据的输出。

（1）设计提交页面（a.jsp）

提供三个信息：userid（编号，字符串类型）、username（姓名，字符串类型）、sex（性别、字符串类型）。提交后，进入 b.jsp 页面。

（2）设计 b.jsp 页面

在该页面中，首先获取提交页面的信息，并形成 User 类的一个对象，然后创建 UserDAO 的一个对象，依次调用插入方法 add(User user)、查询全部用户的方法 QueryAll()，将查询结果保存到 request 对象中，并转向 c.jsp 页面。

（3）设计 c.jsp 页面

从 request 对象中获取查询结果对象集合，对每个对象分别处理给出信息显示。

整个模块中涉及各类及它们之间的关系如图 5-4 所示。

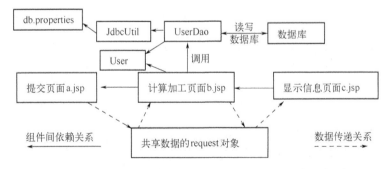

图 5-4　向数据库中添加记录模块相关组件之间的关系与数据传递

下面分别给出实现，并注意源代码中给出的标注说明。

提交页面（a.jsp）的实现代码如下：

```
<%@ page language="java" import="java.util.*" pageEncoding="UTF-8"%>
<html>
    <head> <title>提交数据页面</title></head>
    <body>
        <form action="b.jsp">
```

```
      编号: <input name="userid"><br>
      姓名: <input name="username"><br>
      性别: <input name="sex"><br>
      <input type="submit" value="提交">
    </form>
  </body>
</html>
```

完成添加并显示全部用户信息的页面（b.jsp）的实现代码如下：

```
<%@ page language="java" import="java.util.*" pageEncoding="UTF-8"%>
<%@ page    import="vo.User" %>
<%@ page    import="dao.UserDao" %>
<html>
  <head><title>接受数据并实现添加</title></head>
  <body>
    <%
      String bh=request.getParameter("userid");
      String xm=request.getParameter("username");
      String xb=request.getParameter("sex");
      User u=new User(bh,xm,xb);
      UserDao dao=new UserDao();
      dao.add(u);   //实现插入
      List<User> users=dao.QueryAll();   //查询获取目前数据库中的全部记录信息
      request.setAttribute("users_list", users);
    %>
    //转向到 c.jsp 网页
    <jsp:forward page="c.jsp"></jsp:forward>
  </body>
</html>
```

信息展示的页面（c.jsp）的实现代码如下：

```
<%@ page language="java" import="java.util.*" pageEncoding="UTF-8"%>
<%@ page    import="vo.User" %>
<html>
  <head><title>添加后显示目前数据库中的全部记录信息</title></head>
  <body>
    <% List<User> users= (List<User>)(request.getAttribute("users_list"));
      for(int i=0;i<users.size();++i){
        User u=users.get(i);
        String abc="编号:"+u.getUserid()+"_姓名:"+u.getUsername()+"_性别:"+u.getSex();
        out.print(abc+"<br>");
      } %>
  </body>
</html>
```

思考1：该案例只给出了添加记录的实现，在此基础上，请读者实现对数据库记录的删除、修改、查询等操作的页面。

思考2：在该案例中，页面程序 b.jsp 只完成了有关的计算、加工，所做的工作没有信息的输入和展示，全部是 JavaScript 的脚本代码，那么是否可以利用 Java 代码给出该部分的实现呢？在 Java Web 中，专门提供了 Servlet 技术，该技术提供了新的处理方式，将在下一章给出详细介绍。

本章小结

本章介绍了 Java Web 程序的重要组件——JavaBean，重点给出了 JavaBean 在 JSP 中的使用。其 JSP 动作标签有：

1）jsp:useBean：创建或使用 bean。

2）jsp:getProperty：将 bean 的属性 property（即 getXxx 调用）显示在网页中。

3）jsp:setProperty：设置 bean 属性（即向 setXxx 传递值）。

习题

1．设计一个页面，用户在上面输入圆的半径，提交后显示出圆的周长和面积，要求使用例 5-1 的 JavaBean 类。

2．设计一个注册页面 register.jsp，用户填写的信息包括：姓名、性别、出生年月、民族、个人介绍等，用户单击注册按钮后将注册信息通过 output.jsp 显示出来。要求编写一个 JavaBean，封装用户填写的注册信息。

3．利用例 5-4 所设计的类，完成用户信息管理系统。

要求：通过主页面进入添加、删除、修改、查询子页面，在每次操作后，列出数据库中所有的用户。

第 6 章 Servlet 技术

在 Web 应用程序开发中，一般由 JSP 技术、JavaBean 技术和 Servlet 技术结合实现 MVC 开发模式。在 MVC 开发模式中，将 Web 程序的组件分为 3 部分：视图、控制、业务模型，分别由 JSP、Servlet 和 JavaBean 实现。

前几章介绍了 JSP 和 JavaBean 技术。本章介绍 Servlet 技术，以及它与 JSP、JavaBean 技术的集成。

6.1 Servlet 技术概述

Servlet 是用 Java 语言编写的服务器端程序，是由服务器端调用和执行的、按照 Servlet 自身规范编写的 Java 类。Servlet 可以处理客户端传来的 HTTP 请求，并返回一个响应。

6.1.1 Servlet 编程接口

设计 Servlet 要在 Servlet 框架的约束下进行，并遵守其中所要求的规则。Servlet 框架是由 javax.servlet 和 javax.servlet.http 两个 Java 包组成的。在 javax.servlet 包中定义了所有的 Servlet 类都必须实现或扩展的通用接口和类。在 javax.servlet.http 包中定义了采用 HTTP 协议通信的 HttpServlet 类。表 6-1 列出了 Servlet 框架中所组成的类和接口。

表 6-1 Servlet 编程接口

功　能	类和接口
Servlet 实现	javax.servlet.Servlet，javax.servlet.SingleThreadModel javax.servlet.GenericServlet，javax.servlet.http.HttpServlet
Servlet 配置	javax.servlet.ServletConfig
Servlet 异常	javax.servlet.ServletException，javax.servlet.UnavailableException
请求和响应	javax.servlet.ServletRequest，javax.servlet.ServletResponse javax.servlet.ServletInputStream，javax.servlet.ServletOutputStream javax.servlet.http.HttpServletRequest，javax.servlet.http.HttpServletResponse
会话跟踪	javax.servlet.http.HttpSession，javax.servlet.http.HttpSessionBindingListener javax.servlet.http.HttpSessionBindingEvent
Servlet 上下文	javax.servlet.ServletContext
Servlet 协作	javax.servlet.RequestDispatcher
其他	javax.servlet.http.Cookie，javax.servlet.http.HttpUtils

6.1.2 Servlet 的基本结构与配置方式

在 Servlet 框架中，Servlet 有着完备的规范，开发设计一个 Servlet 就是开发一个遵守规范中所规定的各种特征的 Java 类。

Servlet 的规范由接口 javax.servlet.Servlet 给出，并且由该接口给出了实现类，javax. servlet.GenericServlet 又进一步给出了 javax.servlet.http.HttpServlet 子类，所以设计 Servlet 有

3 种方法实现。

（1）实现 Servlet 接口，创建 Servlet

创建一个 Servlet 类，必须直接或者间接实现 javax.servlet.Servlet 接口。

（2）继承 GenericServlet，创建 Servlet

GenericServlet 是 Servlet 接口的直接实现类。

（3）继承 HttpServlet，创建 Servlet

HttpServlet 类是 javax.servlet.GenericServlet 类的一个子类。在开发 Servlet 时，通常采用继承"HttpServlet"子类实现。本书中所有的 Servlet 都是采用这种方式创建的。

1. Servlet 基本结构

Servlet 程序的基本结构如下：

```
package …;//自定义的 Servlet 存放包名称
import …; //需要导入的有关的类和包
//@WebServlet(description = "描述信息", urlPatterns = { "/映射 url 配置值" })    ← 基于注释配置方式配置 Servlet
public class Servlet 类名称 extends HttpServlet{    ← 继承 HttpServlet 创建 Servlet 类
    public void doGet( HttpServletRequest request, HttpServletResponse response){
        //要实现的代码
    }
    public void doPost(HttpServletRequest request, HttpServletResponse response){
        //要实现的代码
    }
}
```

📖 说明：

1）Servlet 类需要继承类 HttpServlet。

2）Servlet 的父类 HttpServlet 中包含了几个重要方法，常根据需要重写它们：

- init()：初始化方法，创建 Servlet 对象后，接着执行该方法。
- doGet()：当请求的类型是"get"时，调用该方法。
- doPost()：当请求的类型是"post"时，调用该方法。
- service()：Servlet 处理请求时自动执行 service()方法，该方法根据请求的类型（get 或 post），调用 doGet()或 doPost()方法，因此，在建立 Servlet 时，一般只需要重写 doGet()和 doPost()方法。
- destroy()：Servlet 对象注销时自动执行。

这些方法构成了 Servlet 的生命周期：创建、服务、消亡，如图 6-1 所示。

2. Servlet 配置方式

Servlet 需要配置，只有配置后才可以使用。所谓配置就是将所创建的 Servle 类映射为一个可以直接访问的 URL 地址。

配置 Servlet 有两种方式：一种是在 Web 配置文件 web.xml 中配置，另一种是直接在 Servlet 程序源代码中采用注释配置。

在 Servlet2.5 规范之前，Java Web 应用都是通过 web.xml 文件来配置管理，Servlet3.0 规范可通过 Annotation 来配置管理 Web 组件（通常称为注解配置 Servlet），因此 web.xml 文件可以变得更加简洁，这也是 Servlet3.0 的重要简化。下面首先通过例 6-1 给出 Servlet 的设计，从而理解 Servlet 的基本结构与配置。

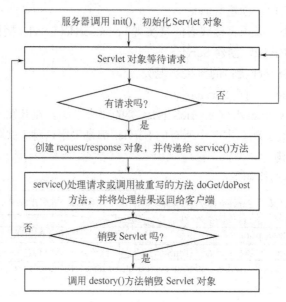

图 6-1 Servlet 生命周期

【例 6-1】 首先创建一个 Web 工程，其工程名为：servletTest，然后再创建一个 Servlet：HelloWorld.java，其功能是采用网页的方式显示"Hello World!"。

假设访问该 Servlet 的访问地址为：127.0.0.1:8080/servletTest/aaa/a3，注意在源代码中给出的配置说明。

根据 Servlet 设计规范，给出如下源代码：

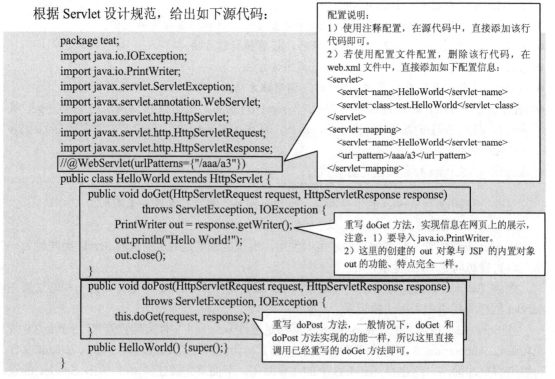

目前，在高版本的 MyEclipse 中都支持 Servlet3.0，默认采用注释配置的方式实现 Servlet 的配置，在本书中都采用注释配置的方式给出 Servlet 的配置，这种配置方式简单，且易于避免配置错误。

6.2 Servlet 的建立与注释配置

在 MyEclipse 开发环境下创建 Servlet 是很方便的，自动提供 Servlet 源程序结构框架、自动配置 Servlet、自动部署。本节介绍基于注释配置实现 Servlet 的建立以及运行。

6.2.1 Servlet 的构建案例与构建过程

在 MyEclipse 开发环境下创建 Servlet，一般需要如下实现步骤：

第一步：建立 Web 工程。

第二步：在 Web 工程下，创建 Servlet 并配置 Servlet。

第三步：直接运行 Servlet 或者通过其他方式访问 Servlet。

注意：在访问时，使用配置的访问地址访问。

本节在 MyEclipse 开发环境下对例 6-1 给出实现并运行。

1. 建立 Web 工程

新建 Web 工程（要创建的工程为：servletTest），其创建过程在前几章中已经介绍，创建界面如图 6-2 所示，注意图中所给出的标注说明。

单击图 6-2 中的 "Next" 按钮，出现如图 6-3 所示的界面，在这里强调的是最好选中创建 Web 配置文件 web.xml（图 6-3 中标注的信息）。在创建 Web 工程时，会自动在 WebContent/WEB-INF 目录下，创建配置文件 web.xml，如图 6-4 所示。

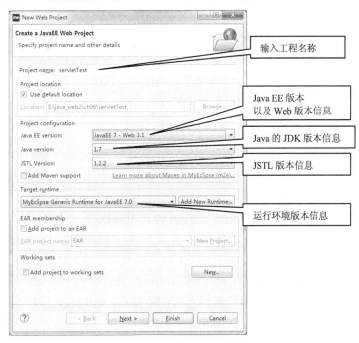

图 6-2　创建工程界面

图 6-3　创建 Web 工程时，选中创建 web.xml 配置文件　　　图 6-4　Web 工程的目录结构

在配置文件 web.xml 中，配置了启动 Web 工程时需要的有关初始信息。刚建立的 web.xml 内容如下：

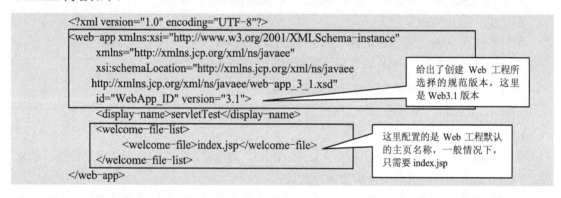

```
<?xml version="1.0" encoding="UTF-8"?>
<web-app xmlns:xsi="http://www.w3.org/2001/XMLSchema-instance"
    xmlns="http://xmlns.jcp.org/xml/ns/javaee"
    xsi:schemaLocation="http://xmlns.jcp.org/xml/ns/javaee
    http://xmlns.jcp.org/xml/ns/javaee/web-app_3_1.xsd"
    id="WebApp_ID" version="3.1">
    <display-name>servletTest</display-name>
    <welcome-file-list>
        <welcome-file>index.jsp</welcome-file>
    </welcome-file-list>
</web-app>
```

给出了创建 Web 工程所选择的规范版本，这里是 Web3.1 版本

这里配置的是 Web 工程默认的主页名称，一般情况下，只需要 index.jsp

📖 说明：

1）web.xml 中默认配置的主页名称为：index.jsp，其作用是当客户端请求进入该项目（工程）的主页时，可以采用如下格式：

```
http://IP 地址:8080/工程名称            // 这里省略了页面名称
http://IP 地址:8080/工程名称/index.jsp  // 另一种格式
```

2）web.xml 配置文件是 Web 工程中重要的组件，在以后的有关设计中，要添加有关组件的配置信息。在 Servlet 的创建与使用时，可以在 web.xml 中进行配置。具体配置方式稍后给出。

2. 建立 Servlet

Servlet 的创建一般需要两步：

● 在工程的 src 目录下，创建一个或多个 Servlet，并采用"包"结构的方式组织所有的 Servlet，并且自动给出注释配置信息的配置提示和修改。设计者必须记住映射地址，在以后引用（或者访问）Servlet 时使用该地址。

● 重写方法 doGet() 和 doPost()，完成该 Servlet 所需要处理的业务。

（1）建立 Servlet

选中工程（servletTest），右击工程 src 目录，选择"New"→"Servlet"命令，显示如图 6-5 所示的对话框，并按提示输入有关的信息：在包 test 下新建 Servlet 类 HelloWorld，之后单击"Next"按钮，显示如图 6-6 所示的对话框，并在该对话框中修改设置 Servlet 映射地址。注意图中标注的处理步骤和有关信息。

图 6-5　Servlet 创建对话框

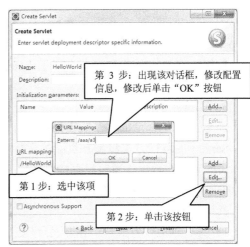

图 6-6　Servlet 配置修改对话框

> 📖 **提示**：对于图 6-6 中 Servlet 的映射地址，对话框的初始值是：/HelloWord，这里修改为：/aaa/a3。注意，首字符必须是"/"。

单击图 6-6 中的"Next"按钮后，出现如图 6-7 所示的对话框，在该对话框中选择要重写的有关方法，主要选择 doGet 方法和 doPost 方法。然后，单击"Finish"按钮，就建立了 Servlet 程序的基本框架并自动配置了 Servlet。

图 6-7　选择重写方法的对话框

新建的 Servlet 的基本结构代码如下：

```
package test;
//省略了 mport 语句
@WebServlet("/aaa/a3")
public class HelloWorld extends HttpServlet {
    public HelloWorld() {super();}
    public void doGet(HttpServletRequest request, HttpServletResponse response) throws
    ServletException, IOException {
        response.getWriter().append("Served at: ").append(request.getContextPath());
    }
    public void doPost(HttpServletRequest request, HttpServletResponse response) throws
    ServletException, IOException {
        doGet(request, response);
    }
}
```

配置说明：
使用注释配置，在创建 Servlet 时，配置该值，由系统自动生成。也可以在源代码中，直接添加该行代码或修改为新值，但一定要记住该值。因为在使用 Servlet 时，就引用该配置值

重写 doGet 方法，实现信息在网页上的展示

重写 doPost 方法，一般情况下，doGet 和 doPost 方法实现的功能一样，所以这里直接调用已经重写的 doGet 方法即可

（2）编写 Servlet 代码——重写 doGet 方法或 doPost 方法

在创建 Servlet 的第一步已给出了 Servlet 的初始代码，在此基础上，重写 doGet()和

doPost()方法。两者的差异是在响应请求时，根据响应方法（get/post）选择 doGet()或 doPost()，一般只重写其中之一，另一个直接调用已实现的方法即可。

假如要求 Servlet 在浏览器上显示"Hello World!"，修改代码，得到例 6-1 所给出的设计代码。

3．部署并运行 Servlet

经 Servlet 编译后的字节码文件必须部署到 Web 目录/WEB-INF/classes 下才能运行。

Servlet 的运行方式和 JSP 页面的运行类似，也是请求、响应方式，在客户端的地址栏中输入所配置的"地址"就可以直接访问它（通过 get 方式调用 doGet 方法）；或由表单提交给 Servlet，提交方式由表单的 method 方法决定。

其运行方式有两种。

1）第一种运行方式——在开发环境中直接运行。

在当前 Servlet 开发窗口右击，出现如图 6-8 所示的快捷菜单。

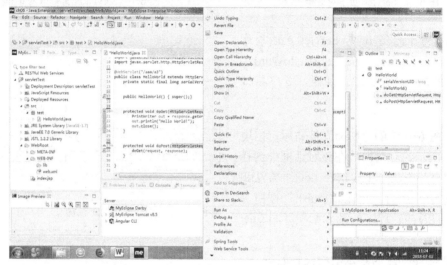

图 6-8　启动运行 Servlet 对话框

选择"MyEclipse Server Application"命令，出现如图 6-9 所示的界面，给出要选择运行的服务器，在这里采用默认的服务器（在搭建开发环境时集成的服务器）。单击"Next"按钮，进入图 6-10 所示的对话框。

图 6-9　选择运行的服务器

图 6-10　选择运行工程的对话框

在图 6-10 中单击"Finish"按钮，出现如图 6-11 所示的运行结果。在浏览器中直接访问 Servlet 属于 get 方式，因此执行 doGet 方法。运行后，在浏览器窗口中显示字符串"Hello World"。

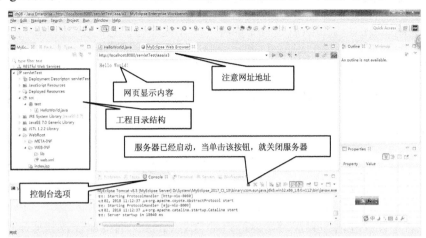

图 6-11　Servlet 的运行界面

2）第二种运行方式——首先启动服务器，然后启动浏览器并在地址栏中输入以下代码：

> http://localhost:8080/javaTest/aaa/a3　　　//注意字符的大小写

在这里，运行 Servlet 采用直接在浏览器中输入具体地址的方式进行访问。还有其他方式可以访问 Servlet，具体访问方式将在 6.5 节介绍。

4．利用 web.xml 文件配置 Servlet 重新运行程序

（1）修改源代码，删除或注释掉配置语句

> @WebServlet("/aaa/a3")

（2）修改配置文件

配置文件 web.xml 可以配置的内容包括：Servlet 的访问地址、加载方式、初始化参数等，其中必须配置的是 Servlet 的访问地址，且必须遵守如下约束（对于建立的每个 Servlet 都必须给出配置）：

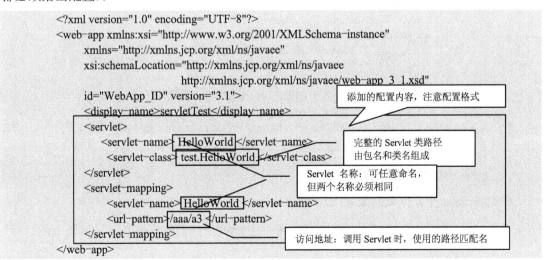

注意：url-pattern 中 Servlet 访问地址前的 "/" 不能省略，它代表 Web 程序根目录。

（3）运行 Servlet

既可以采用第一种运行方式（在开发环境中直接运行），也可以采用第二种运行方式（先启动服务器，然后启动浏览器并在地址栏中输入网址），运行结果与图 6-11 一样。

6.2.2 注释配置

采用注释配置 Servlet，是在 Servlet 类定义的上方直接使用注释 "@WebServlet" 将一个类声明为 Servlet，该注解在部署时被容器（Web 服务器）处理，容器将根据具体的属性配置部署为 Servlet。该注解常用配置属性如表 6-2 所示。属性 value 或者 urlPatterns 是必需的，但二者不能共存，如果同时指定，通常忽略 value 的取值属性，其他属性均为可选属性。

表 6-2　@WebServlet 注解的相关属性

属 性 名	类 型	描 述
asyncSupported	boolean	声明 Servlet 是否支持异步操作模式
description	String	Servlet 的描述信息
displayName	String	Servlet 的显示名称
initParams	Web initParams[]	Servlet 的初始化参数
name	String	Servlet 的名称
urlPatterns	String[]	配置 Servlet 的访问 URL，可以同时配置多个不同的 URL
value	String[]	配置 Servlet 的访问 URL，可以同时配置多个不同的 URL

注释配置格式示例：

```
@WebServlet(
        displayName = "This is Login Action",  //描述
        name = "LoginAction",        //Servlet 名称
        urlPatterns = {  //请求 URL，可以配置多个，用逗号间隔
                "/servlet/studentLoginAction",
                "/test/teacherLoginAction",
                },
        initParams = {    //初始化参数，可以配置多个，用逗号间隔
                @WebInitParam(name = "username", value = "张三"),
                @WebInitParam(name = "userpassword", value = "123456"),
                }
)
public class 类名称 extends HttpServlet {//类实现代码}
```

在 MyEclipse 中，默认的配置格式为：

```
@WebServlet("/访问 url")  等价于  @WebServlet(urlPatterns="/访问 url")
```

也可以定义多个 URL 访问，将每个 URL 配置放在 "{}" 内，使用逗号间隔，在新建 Servlet 时在 URL mapping 中直接通过添加（Add）、编辑（Edit）即可，如图 6-12 所示。

图 6-12　编辑 Servlet 配置 urlPatterns 属性值

使用注释配置 Servlet，需要注意：

1）不要在 web.xml 文件的根元素（<web-app---/>）中指定 metadata-complete= "true"。

2）可以同时使用 "注释配置" 和 "在 web.xml 文件中配置" Servlet，但所配置的值应不同，利用所配置的值都可以访问 Servlet。但是，两者若配置相同的映射值，会出现冲突，无法访问。

3）在实际应用开发中，推荐只使用注解配置方式配置 Servlet，在书后续章节中，一般采用注释配置方式。

6.3　Servlet 常用对象及其方法

在第 3 章介绍了 JSP 的 9 个内置对象，其中的 7 个内置对象都是由 Servlet 类或接口直接或间接创建的对象，表 6-3 列出了 7 个 Servlet 类（接口）与 JSP 内置对象之间的对应关系。

表 6-3　JSP 内置对象与 Servlet 类（接口）的关系

JSP 内置对象	Servlet 类或接口
out	javax.servlet.http.HttpServletResponse
request	javax.servlet.http.HttpServletRequest
response	javax.servlet.http.HttpServletResponse
session	javax.servlet.http.HttpSession
application	javax.servlet.ServletContext
config	javax.servlet.ServletConfig
exception	javax.servlet.ServletException

这些类或接口与在第 3 章中介绍的 JSP 内部对象密切相关（JSP 内部对象属于这些类或接口），这些类或接口的有关方法和使用在 JSP 内部对象一节中已经介绍。JSP 中的 request、response、session 和 application 这 4 个对象的方法和属性完全适用于 Servlet，但需要通过适当的方法创建或获取这些对象。这里只列出主要的方法，在后面的应用案例中会给出使用方法。

1. javax.servlet.http.HttpServletRequest

类 HttpServletRequest 的对象对应 JSP 的 request 对象，常用方法如下。

- void setCharacterEncoding()：设置请求信息字符编码，常用于解决 post 方式下参数值汉字乱码问题。
- String getParameter(String paraName)：获取单个参数值。
- String[] getParameterValues(String paraName)：获取同名参数的多个值。
- Object getAttribute(String attributeName)：获取 request 范围内属性的值。
- void setAttribute(String attributeName,Object object)：设置 request 范围内属性的值。
- void removeAttribute(String attributeName)：删除 request 范围内的属性。

2. javax.servlet.http.HttpServletResponse

类 HttpServletResponse 的对象对应 JSP 的 response 对象，常用方法如下。

- void response.setContentType(String contentType)：设置响应信息类型。
- PrintWriter response.getWriter()：获得 out 对象。
- void sendRedirect(String url)：重定向。
- void setHeader(String headerName，String headerValue)：设置 http 头信息值。

3. javax.servlet.http.HttpSession。

类 HttpSession 的对象对应 JSP 的 session 对象，但在 Servlet 中，该对象需要由 request.getSession()方法获得。常用方法如下。

- HttpSession request.getSession()：获取 session 对象。
- long getCreationTime()：获得 session 创建时间。
- String getId()：获得 session id。
- void setMaxInactiveInterval()：设置最大 session 不活动间隔（失效时间），以秒为单位。
- boolean isNew()：判断是否是新的会话，是则返回 true，不是则返回 false。
- void invalidate()：清除 session 对象，使 session 失效。
- object getAttribute(String attributeName)：获取 session 范围内属性的值。
- void setAttribute(String attributeName,Object object)：设置 session 范围内属性的值。
- void removeAttribute(String attributeName)：删除 session 范围内的属性。

4. javax.servlet.ServletContext

类 ServletContext 的对象对应 JSP 的 application 对象，但在 Servlet 中，该对象需要由 this.getServletContext()方法获得。常用方法如下。

- ServletContext this.getServletContext()：获得 ServletContext 对象。
- object getAttribute(String attributeName)：获取应用范围内属性的值。
- void setAttribute(String attributeName,Object object)：设置应用范围内属性的值。
- void removeAttribute(String attributeName)：删除应用范围内的属性。

6.4 综合案例——基于 JSP+Servlet 的用户登录验证

【例6-2】 实现一个简单的用户登录验证程序，如果用户名是 abc，密码是 123，则显示欢迎用户的信息，否则显示"用户名或密码不正确"。

【分析】该案例采用 JSP 页面只完成提交信息和验证结果的显示，而验证过程由 Servlet 完成，这些组件通过 JSP 的内置对象 request（或 HttpServletRequest 创建的对象）实现数据共享。由提交页面将数据传递给 Servlet，而 Servlet 获取数据并实现验证，根据验证结果，转向显示验证结果的页面。假设创建的工程为：ch06_02。

【设计】根据分析，该系统需要设计 3 个组件。

1）登录表单页面：login.jsp。

2）处理登录请求并实现验证的 Servlet：LoginCheckServlet.java，并采用注释方式配置 Servlet。

3）显示提示的页面：info.jsp。

假设组件之间共享数据的参数为：username（用户名称）和 userpwd（密码）。

【实现】

1）登录页面 login.jsp 的代码如下：

```
<%@ page   pageEncoding="UTF-8"%>
<html>
    <head><title>登录页面</title></head>
    <body>
    <form action="loginCheck" method="post">
        请输入用户名：<input type="text" name="username"/><br/>
        请输入密码：<input type="password" name="userpwd"/><br/>
        <input type="submit" value="登录"/>
        <input type="reset"/>
    </form>
    </body>
</html>
```

> 在 Servlet：LoginCheckServlet.java 源代码中利用注释配置 url 是/loginCheck，在这里直接引用了该配置

2）处理登录的 Servlet：LoginCheckServlet.java，代码如下：

```
package servlets;
//省略 import 语句
@WebServlet("/loginCheck")
public class LoginCheckServlet extends HttpServlet {
        public void doPost(HttpServletRequest request, HttpServletResponse response)
                throws ServletException, IOException {
    String userName=request.getParameter("username");
    String userPwd=request.getParameter("userpwd");
    String info="";
    if(("abc".equals(userName))&&"123".equals(userPwd)){
     info="欢迎你"+userName+"！";
    }else{
     info="用户名或密码不正确！";
    }
    request.setAttribute("outputMessage", info);
    request.getRequestDispatcher("/info.jsp").forward(request,response);
     }
}
```

> 注解 Servlet 的配置语句。
> 也可以是如下语句：
> @WebServlet(urlPatterns="/loginCheck")

> 实现由 Servlet 到 JSP 页面的转向。
> 即转向网页：info.sp
> 具体使用格式在 6.6 节给出

3）显示结果的页面 Info.jsp，代码如下：

```
<%@ page    pageEncoding="UTF-8"%>
<html>
    <head><title>显示结果页面</title></head>
    <body> <%=request.getAttribute("outputMessage") %></body>
</html>
```

通过该例题可以看到，JSP 与 Servlet 之间存在调用关系，同时它们之间也存在数据共享的问题，那么 Servlet、JSP 以及 JavaBean 之间有什么关系呢？答案在下一节介绍。

6.5 JSP 与 Servlet 的数据共享

在第 3 章、第 5 章中已经介绍了各 JSP 组件之间通过内置对象（request、session 和 application）实现数据共享。这些对象分别与 Servlet 中的 HttpServletRequest、HttpSession、ServletContext 相对应。所以对于一个 Web 应用程序，其中的 JSP 组件与 Servlet 组件之间（或者多个 Servlet 组件之间）可以通过 request（HttpServletRequest）、session（HttpSession）和 application（ServletContext）实现不同作用范围的数据共享。

6.5.1 基于请求的数据共享

请求共享（request 或 HttpServletRequest 实例对象）的数据有两类：请求参数数据、请求属性数据。

1．共享请求参数

共享请求参数的共享过程为：参数的传递、参数的保存（保存在请求对象内）、参数的获取。

（1）请求参数的传递

共享请求参数的传递有以下 4 种方式。

● 通过表单提交后，由表单 action 属性指定进入的页面或 Servlet，它们所接受的表单数据就是请求参数数据。
● 带参数的超链接，所传递的参数也是请求参数。
● 在地址栏中，输入的参数也是请求参数。
● 在 JSP 中，利用 Forward 或 include 动作时，利用参数子动作标签所传递的数据也是请求参数。

（2）请求参数的获取

在另一个组件内，可以从请求对象内获取请求参数并进行加工处理。通过 request/HttpServletRequest 的实例，利用 getParameter()方法获取，其格式为：

```
String request.getParameter("参数变量名称");
```

2．共享请求属性数据

对于请求属性数据的共享，需要先保存以形成属性值，然后在另一个组件取出该属性的值进行加工处理。

1）请求属性数据的形成与保存。

通过 request/HttpServletRequest 的实例，利用 setAttribute()方法形成属性及其属性值并保存，其格式为：

request.setAttribute("属性名",对象类型的属性值);

2）请求属性数据的获取。

在请求属性数据在另一个组件中，获取属性数据的格式（注意数据类型）：

对象类型　(强制类型转换)request.getAttribute("属性名");

3）若不想再共享某属性，可以从 request（请求作用域）中删除，删除格式为：

request.removeAttribute("属性名");

6.5.2　基于会话的数据共享

对于会话共享采用的是属性数据共享，其共享过程与 6.5.1 节中的"共享请求属性数据"共享过程是一样的，只是共享作用域对象不同，基于会话的数据共享是 session/HttpSession 的实例对象。

1. 会话属性数据的形成与保存

其格式为：

session.setAttribute("属性名",对象类型的属性值);

注意：对于 Servlet 组件，需要先获取 HttpSession 的实例对象，然后再使用 setAttribute()方法。

获取 HttpSession 的实例对象的语句为：

HttpSession request.getSession(boolean create)

功能：返回和当前客户端请求相关联的 HttpSession 对象，若当前客户端请求没有和任何 HttpSession 对象关联，那么，当 create 变量为 treu（默认值）时，创建一个 Httpsession 对象并返回；反之，返回 null。

2. 会话属性数据的获取

会话属性数据在另一个组件中，获取属性数据的格式（注意数据类型）如下：

对象类型　(强制类型转换)session.getAttribute("属性名");

3. 删除共享会话属性

若不想再共享某属性，可以从 session 中删除该属性，删除格式如下：

session.removeAttribute("属性名");

6.5.3　基于应用的数据共享

对于基于应用的数据共享，与会话数据共享的处理类似。

1．应用属性数据的形成与保存

通过 application 或 ServletContext 的实例对象，利用 setAttribute()方法形成属性及其属性值并保存，其格式如下：

> application.setAttribute("属性名",对象类型的属性值);

注意：对于 Servlet 组件，首先要获取 ServletContext 的实例对象，其获取方法：

> ServletContext application=this.getServletContext()

2．应用属性数据的获取

应用属性数据在另一个组件中，获取属性数据的格式（注意数据类型）如下：

> 对象类型 (强制类型转换) application.getAttribute("属性名");

3．删除共享应用属性

若不想再共享某属性，可以从 application 中删除该属性，删除格式如下：

> application.removeAttribute("属性名");

6.6　JSP 与 Servlet 的关联关系

JSP 和 Servlet 都是在服务器端执行的组件，两者之间可以互相调用，JSP 可以调用 Servlet，Servlet 也可以调用 JSP。同时，一个 JSP 可以调用另一个 JSP，一个 Servlet 也可以调用另一个 Servlet，但它们的调用格式是不同的。

1．在 JSP 页面中调用 Servlet

在 JSP 页面中，通常通过提交表单和超链接两种方式访问 Servlet。

（1）通过表单提交调用 Servlet

在 JSP 页面中设计表单，将表单提交给一个 Servlet 去处理，其调用格式如下：

> <form action="Servlet 访问地址">…</form>

📖 **提示**：这里的访问地址是在 web.xml 中配置的地址或者通过注解配置的访问地址。

（2）通过超链接调用 Servlet

在 JSP 网页中，可以采用超链接调用 Servlet，也可以给 Servlet 传递参数，其调用格式：

> <a href="Servlet 访问地址">提示信息</a>

或者：

> <a href="Servlet 访问地址?要传递的参数">提示信息</a>

例如，对于例 6-2，不使用表单提交信息，可通过传参的方式提交数据，假设要提交的数据为：用户名是 abc，密码是 123，则使用超链接的访问方式为：

> <a href="127.0.0.1:8080\ch06_02\loginCheck?username=abc&userpwd=123">验证</a>

2．Servlet 跳转到 JSP 页面

Servlet 调用 JSP 有两种方式：转向和重定向。

📖 提示：必须注意转向与重定向之间的差异。

（1）转向

转向是在一个 Web 工程内部，各组件之间的调用，在调用时 request 对象中的信息不丢失（request 对象不消亡），进入另一个组件后，request 对象中的数据可以在新组件中继续使用。

在 Servlet 中实现转向，需要由请求对象（HttpServletRequest request）获取一个转发对象（RequestDispatcher rd），然后由转发对象调用转向方法 forward()实现。代码格式如下：

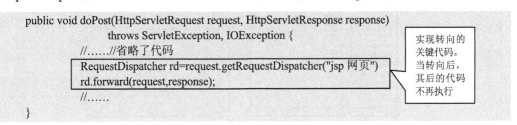

（2）重定向

重定向可以在一个 Web 工程内部，各组件之间实现调用，也可以直接跳转到其他 Web 工程的 JSP 页面，并且在跳转到新组件后，重新创建 request 对象。

重定向使用响应对象（HttpServletResponse response）中的 sendRedirect 方法，代码格式如下：

3．Servlet 调用另一个 Servlet

一个 Servle 调用另一个 Servlet 的调用格式同 Servlet 调用 JSP 的格式，只是将 JSP 网页地址更换为 Servlet 映射地址即可。

4．JSP 跳转到另一个 JSP

一个 JSP 跳转到另一个 JSP 的跳转方法在第 3 章中已经详细介绍，请参考第 3 章中的有关内容。

6.7 MVC 开发模式与应用案例

本节使用 MVC 开发模式实现复数运算和用户注册。

6.7.1 MVC 开发模式

在开发一个 Web 应用程序时，通常需要同时使用这 3 种技术，并分别承担不同的职责。JSP 一般用来编写用户界面层的信息显示，充当视图层的角色（简称为 V）；Servlet 主要用来扮演任务的执行者，一般充当着控制层的角色（简称为 C）；JavaBean 主要实现业务逻辑的处理，充当模型层的角色（简称为 M）。实现了不同组件的功能分工协作，将一个系统的功能分为 3 种不同类型的组件，这种模式常称为 MVC 模式。本节给出两个设计案例，整合应用 JSP、JavaBean、Servlet 这 3 种技术。

6.7.2 基于 JSP+Servlet+JavaBean 实现复数运算

【例 6-3】 设计程序完成复数运算，用户在页面上输入两个复数的实部和虚部，并选择运算类型，程序完成复数的指定运算。运行界面如图 6-13 所示。

a)   b)

图 6-13 复数运算运行界面

a) 提交页面 b) 结果显示页面

【分析】该案例使用 JSP、Servlet、JavaBean 这 3 种技术集成，实现系统的设计，JSP 主要完成信息的提交和显示；Servlet 主要完成对请求数据的获取与处理；JavaBean 主要用于业务处理并实现数据的存储。

【设计】该程序设计需要满足下列要求。

1）输入表单页面 input.jsp：将该页面的请求参数信息传给 Servlet。

2）接收运算请求的 Servlet——CaculateServlet.java，该 Servlet 接受 input.jsp 的请求信息，并创建 JavaBean 对象实例，然后调用 JavaBean 的业务处理方法，完成业务处理，形成新的结果，并将结果在 request 范围内实现属性数据共享，然后转向输出信息页面 output.jsp。

3）封装复数运算的 JavaBean——Complex.java，该 JavaBean 有两个属性，并有完成加、减、乘、除的 4 种业务方法。

4）显示结果的页面 output.jsp：接受 Servlet 传递的共享数据并显示出来。

各组件之间的关系如图 6-14 所示。

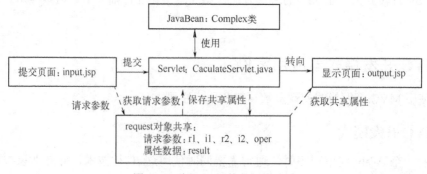

图 6-14 例 6-3 组件之间的关系

148

【实现】1）首先编写复数类 JavaBean：Complex.java，其代码如下：

```java
package beans;
public class Complex {
        private double real;
        private double ima;
        public Complex(double real, double ima) {this.real = real;this.ima = ima;}
        public Complex() {}
    //省略了属性的 getter/setter 方法
        public Complex add(Complex a) {
            return new Complex(this.real + a.real, this.ima + a.ima);
        }
        public Complex sub(Complex a) {
            return new Complex(this.real − a.real, this.ima − a.ima);
        }
        public Complex mul(Complex a) {
            double x= this.real * a.real − this.ima * a.ima;
            double y= this.real* a.ima + this.ima * a.real;
            return new Complex(x,y);
        }
        public Complex div(Complex a) {
            double z = a.real * a.real + a.ima * a.ima;
            double x = (this.real * a.real + this.ima * a.ima) / z;
            double y = (this.ima * a.real − this.real * a.ima) / z;
            return new Complex(x, y);
        }
        public String info() {
            if (ima >= 0.0)    return real + "+" + ima + "*i";
            else return real + "−" + (−ima) + "*i";
        }
}
```

2）提交信息的页面 input.jsp，在该页面内需要提交 5 个参数，其代码如下：

```jsp
<%@ page pageEncoding="UTF-8"%>
<html>
    <head><title>提交数据页面</title></head>
    <body>
        <form method="post" action="calculate">
        请输入第一个复数的实部：<input type="text" name="r1"/><br>
        请输入第一个复数的虚部：<input type="text" name="i1"/><br>
        选择运算类型
        <select name="oper">
            <option>+</option>
            <option>−</option>
            <option>*</option>
            <option>/</option>
        </select> <br/>
        请输入第二个复数的实部：<input type="text" name="r2"/><br>
        请输入第二个复数的虚部：<input type="text" name="i2"/><br>
        <input type="submit" value="计算"/>
        </form>
    </body>
</html>
```

3）实现控制的 Servlet：CaculateServlet.java，其代码如下：

```
package servlets;
//省略了 import 语句
@WebServlet("/calculate ")          注解 Servlet 的配置语句
public class CaculateServlet extends HttpServlet {
        public void doPost(HttpServletRequest request, HttpServletResponse response)
                throws ServletException, IOException {
        double r1=Double.parseDouble(request.getParameter("r1"));
        double i1=Double.parseDouble(request.getParameter("i1"));
        String oper=request.getParameter("oper");
        double r2=Double.parseDouble(request.getParameter("r2"));
        double i2=Double.parseDouble(request.getParameter("i2"));
        String result="";
        Complex c1=new Complex(r1,i1);
        Complex c2=new Complex(r2,i2);
        if("+".equals(oper)) result=c1.add(c2).info();
        else if("−".equals(oper)) result=c1.sub(c2).info();
        else if("*".equals(oper)) result=c1.mul(c2).info();
        else result=c1.div(c2).info();
        request.setAttribute("outputMessage", result);
        request.getRequestDispatcher("/output.jsp").forward(request,response);
        }
    public void doGet(HttpServletRequest request, HttpServletResponse response)
                throws ServletException, IOException {
        this.doPost(request,response);
    }
}
```

4）显示计算结果的页面：output.jsp，其代码如下：

```
<%@ page    pageEncoding="UTF-8"%>
<html>
    <head><title>显示结果页面</title></head>
    <body>  <%=request.getAttribute("outputMessage") %> </body>
</html>
```

6.7.3　基于 JSP+Servlet+JavaBean 实现用户注册

【例6-4】　实现一个简单的用户注册页面。通过注册页面提交注册信息，若数据库中已经存在该用户名，给出提示，重新进入注册页面，当与数据库中已有的用户不重复时，写入数据库（实现注册）。

假设要注册的用户信息只有用户名和密码。

【分析】假设操作的数据库名是 java_web_ch06_db，数据表是 user_b，其中的字段：id（主键，整型，自动增加该字段）、username（用户名，字符串类型）、userpassword（密码，字符串类型）。

由于要对数据库访问，所以需要设计连接数据库的工具类——JdbcUtil.java 以及访问数据库的 DAO 类（该设计思想在第 5 章中已经介绍）——UserDao.java，该类封装的基本操作是记录的添加、查询全部。

该案例采用 JSP 页面只完成提交注册信息（a.jsp）和验证结果的显示（b.jsp），而验证过程由 Servlet（YanZheng.java）调用模型类 User.java 完成，这些组件通过 JSP 的内置对象
request（或 HttpServletRequest 创建的对象）实现数据共享。由提交页面将数据传递给
Servlet，而 Servlet 获取数据并实现验证，根据验证结果，转向显示验证结果的页面。

【设计】该案例需要设计以下组件：

1）数据库 java_web_ch06_db 及其数据库表 user_b。

2）建立一个获取连接和释放资源的工具类 JdbcUtil.java。

3）建立类 User.java 实现记录信息对象化，体现面向对象程序设计思想，基于对象实现
对数据表信息的操作。

4）在上面步骤的基础上建立类 UserDao.java 封装基本的数据库操作：

● 向数据库中添加用户记录的方法：public void add(User user)。

● 查询全部用户的方法：public List<User> QueryAll()。

5）提交注册信息页面 a.jsp。

6）成功注册结果的显示页面 b.jsp。

7）验证要注册的信息与数据库已有的用
户是否存在冲突的 Servlet 类 YanZheng.java。

这些组件之间的关系如图 6-15 所示。

下面按图 6-15 所示依次给出各组件的设
计与实现。

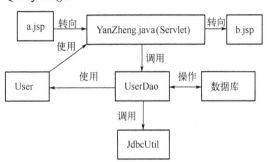

图 6-15　例 6-4 相关组件之间的关系

【实现】

1）数据库连接类，代码如下：

```java
package db;
import java.sql.*;
public class JdbcUtil {
    //设计获得连接对象的方法 getConnection()
    public static Connection getConnection() throws Exception{
        String   driver = "com.mysql.jdbc.Driver";              //驱动程序名
        String user = "root";                                   //数据库用户名
        String password = "123456";                             //数据库用户密码
        String   dbName = "java_web_ch06_db";                   //数据库名
        String   url1="jdbc:mysql://localhost:3306/"+dbName;
        String url2 ="?user="+user+"&password="+password;
        String   url3="&useUnicode=true&characterEncoding=UTF-8";
        String url =url1+url2+url3;                              //形成带数据库读写编码的数据库连接
        Class.forName(driver);                                  //加载并注册驱动程序
        Connection conn=DriverManager.getConnection(url);       //创建连接对象
        return conn;
    }
    //设计释放结果集、执行语句和连接对象的方法 free()
    public static void free(ResultSet rs, Statement st, Connection conn) throws Exception {
        if (rs != null){ rs.close();}
        if (st != null) {st.close();}
        if (conn != null){ conn.close();}
    }
}
```

2）JavaBean 类——实体类，代码如下：

```java
package javabean;
import java.util.List;
public class User {
    private String userName;
    private String userPwd;
    public User(String userName, String userPwd) {
        this.userName = userName;
        this.userPwd = userPwd;
    }
    public User() {}//无参构造方法
    //判定两个对象中的属性 userName 是否相同，当相同时，返回 1
    public int pdUser(User u) {
        int f = 0;
        if (u.userName.equals(this.userName)) {
            f = 1;
        }
        return f;
    }
    //判定一个对象与一个集合对象中是否有相同的属性 userName
    public int pdListUser(List<User> u) {
        int f = 0;
        for (int i = 0; i < u.size(); ++i) {
            User u2 = u.get(i);
            if (this.pdUser(u2) == 1) {
                f = 1;
                break;
            }
        }
        return f;
    }
    //以下省略了各属性的 setter/getter 方法
}
```

3）数据库访问类，提供了两个方法：插入记录方法和查询所有记录方法，代码如下：

```java
package dao;
//省略了 import 语句
public class UserDao {
    // 向数据库中添加用户记录的方法 add(User user)，将对象 user 插入数据表中
    public void add(User user) throws Exception {
        Connection conn = null;
        PreparedStatement ps = null;
        conn = JdbcUtil.getConnection();
        String sql = "insert into user_b(username,userpassword)    values (?,?) ";
        ps = conn.prepareStatement(sql);
        ps.setString(1, user.getUserName());
        ps.setString(2, user.getUserPwd());
        ps.executeUpdate();
        JdbcUtil.free(null, ps, conn);
    }
    //查询全部用户的方法 QueryAll()
```

```java
public List<User> QueryAll() throws Exception {
        Connection conn = null;
        PreparedStatement ps = null;
        ResultSet rs = null;
        List<User> userList = new ArrayList<User>();
        conn = JdbcUtil.getConnection();
        String sql = "select * from user_b";
        ps = conn.prepareStatement(sql);
        rs = ps.executeQuery();
        while (rs.next()) {
            String xm= rs.getString("username");
            String mm= rs.getString("userpassword");
            User user = new User(xm,mm,);
            userList.add(user);
        }
        JdbcUtil.free(rs, ps, conn);
        return userList;
    }
}
```

4）注册页面 a.jsp 的代码如下：

```jsp
<%@ page language="java" import="java.util.*" pageEncoding="UTF-8"%>
<html>
<head><title>注册信息</title></head>
<body>
    <form action="yanzheng">
        用户名：   <input name="xm"><br>
        密码：   <input name="mm"><br>
        <input type="submit" value="提交">
    </form>
</body>
</html>
```

> 在 Servlet：YanZheng.java 源代码中利用注释配置 url 是/yanzheng，在这里直接引用

5）处理登录的 Servlet：YanZheng.java，代码如下：

```java
package servlet;
//省略了 import 语句
@WebServlet("/yanzheng")
public class YanZheng extends HttpServlet {
    private static final long serialVersionUID = 1L;
    public YanZheng() {}
    protected void doGet(HttpServletRequest request, HttpServletResponse response) throws
ServletException, IOException {
        UserDao dao=new UserDao();
        String xm=request.getParameter("xm");
        String mm=request.getParameter("mm");
        User user=new User(xm,mm);
        List<User> list=null;
        try {list = dao.QueryAll();
        } catch (Exception e) {e.printStackTrace();}
        int f=user.pdListUser(list);
        if(f==1){
            RequestDispatcher rd=request.getRequestDispatcher("a.jsp");
```

```
                        rd.forward(request,response);
                    }else{
                        try {dao.add(user);
                        } catch (Exception e) {e.printStackTrace();}
                        RequestDispatcher rd=request.getRequestDispatcher("b.jsp");
                        rd.forward(request,response);
                    }
                }
                protected void doPost(HttpServletRequest request, HttpServletResponse response) throws
ServletException, IOException {
                    doGet(request, response);
                }
            }
```

6）显示结果的页面 b.jsp 的代码如下：

```
<%@ page language="java" import="java.util.*" pageEncoding="UTF-8"%>
<html>
    <head><title>注册信息</title></head>
    <body>
        恭喜<%=request.getParameter("xm") %>,注册成功！
    </body>
</html>
```

思考：在该案例中，当注册的用户名在数据库中已经存在时，直接返回到注册页面。修改注册页面，在返回时，在注册页面中给出"该用户已经注册，请重新注册！"提示信息。

本章小结

本节介绍了 Java Web 程序重要组件——Servlet 的设计与使用。介绍了 Servlet 的工作原理、编程接口、基本结构、信息配置及部署和运行等知识；最后阐述了 JSP 与 Servlet，以及 Servlet 和 JavaBean 的关系，并通过两个实例说明了如何将它们结合起来使用。

习题

1．设计一个 Web 应用程序，当用户在提交页面上输入圆的半径并提交后，显示出圆的周长和面积。

要求：

1）使用 Servlet 获取提交的信息，并计算求值，求值后跳转到显示结果页面。

2）使用例 5-1 的 JavaBean 类，并由 Servlet 获取提交的信息，并计算求值，求值后跳转到显示结果页面。

2．设计一个注册页面 register.jsp，用户填写的信息包括：姓名、性别、出生年月、民族、个人介绍等，用户单击注册按钮后将注册信息通过 output.jsp 显示出来。

要求：使用 Servlet 获取提交的信息，然后跳转到显示结果页面。

第7章 Java Web 常用开发模式与案例

目前绝大部分 Java Web 应用程序都是基于 B/S（浏览器/服务器）架构的，而 Java Web 应用程序的开发方法主要经历了 JSP 的 Model 1、JSP 的 Model 2 和 MVC，其中 MVC 模式是目前使用最广泛的开发模式。

一个 Java Web 应用程序是由很多不同的"组件"构成的，各组件之间是如何"通信"的？又是如何实现控制的？信息是如何提交和显示的？这些构成了 Java Web 应用程序的开发模式。

本章主要介绍 Java Web 应用程序开发经常采用的模式，首先介绍 Web 程序中各组件之间的关系，然后详细介绍 Web 程序不同模式的设计方法和使用技巧，主要有：单纯的 JSP 页面编程、JSP+JavaBean 设计模式、JSP+Servlet 设计模式、JSP+Servlet+JavaBean 设计模式、DAO 设计模式与数据库访问。

📖 提示：本章所采用的技术和方法，在前几章中都已经详细介绍过，有些例题也已经介绍了，本章是对前几章的概括与总结，便于读者理解和掌握不同技术及其技术整合的技巧与方法，并通过案例理解不同开发模式的设计思想和它们之间的差异，从而根据实际应用程序的特点选择相应的开发模式和开发方法。

7.1 单纯的 JSP 页面开发模式

在 Java Web 开发中最简单的一种开发模式是通过应用 JSP 中的脚本标签，直接在 JSP 页面中实现各种功能，称为"单纯的 JSP 页面编程模式"。本书第 3、4 章中所设计的程序，采用的都是这种编程模式。

7.1.1 单纯的 JSP 页面开发模式简介

单纯的 JSP 页面编程模式就是只用 JSP 技术设计 Web 应用程序，对于含有数据库操作的 Web 程序是 JSP+JDBC 相结合的技术，其体系结构如图 7-1 所示。

该种设计模式在第 3、4 章已经给出了详细的介绍，这里给出几个简单的应用实例，让读者进一步理解其设计思想，并与本章的其他设计模式进行比较和区别。

图 7-1 JSP+JDBC 相结合的编程技术

7.1.2 JSP 页面开发模式案例——求和运算

【例 7-1】 设计 Web 程序，计算 1+2+3+…+100 的和值，并在网页上显示结果，运行界面如图 7-2 所示。

【分析】该问题只需要设计一个 JSP 页面（ch07_1.jsp），在该 JSP 中包含 Java 脚本，由 Java 脚本代码完成计算求和。

图 7-2　例 7-1 的运行界面

【设计关键】利用累加算法，而该算法代码在 JSP 中由 Java 脚本代码实现。

【实现】根据功能要求设计程序 ch07_1.jsp，其代码如下：

```jsp
<!-- 程序 ch07_1.jsp -->
<%@ page contentType="text/html;charset=UTF-8" %>
<html>
    <head> <title>计算 1 到 100 之间的整数和值的 JSP 程序</title> </head>
        <body>
                这是一个单纯的 JSP 页面编程示例<br>
                <%  int i,sum=0;
                        for (i=1;i<=100;i++){
                            sum=sum+i;
                        }
                %>
                1 到 100 的和为：<%= sum %>
        </body>
</html>
```

在例 7-1 中，不需要提交信息，只需要一个页面，在该页面内实现计算并输出显示结果。那么，假设需要计算任意两个整数之间的累加和值，该如何设计程序呢？

【例 7-2】　设计 Web 程序，计算任意两个整数之间的累加和值，并在网页上显示结果，其运行界面如图 7-3 所示。

a)　　　　　　　　　　　　　　　　　　b)

图 7-3　例 7-2 的界面图

a) 输入界面　b) 运行结果界面

【分析】该问题需要两个网页：ch07_2_tijiao.jsp 和 ch07_2_show.jsp，其处理流程是：网页 ch07_2_tijiao.jsp 提交任意两个整数，而网页 ch07_2_show.jsp 获取两个数值并计算它们的和，然后显示计算结果。

【设计关键】在两个页面之间利用 request 对象实现数据共享（利用 shuju1、shuju2 存放），并注意数据类型。处理流程如图 7-4 所示。

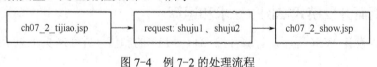

图 7-4　例 7-2 的处理流程

【实现】

1）设计提交任意两个整数的 JSP 页面（ch07_2_tijiao.jsp），其代码如下：

```
<!-- 程序 ch07_2_tijiao.sp -->
<%@ page language="java" pageEncoding="UTF-8"%>
<html>
    <head> <title>提交任意两个整数的页面</title> </head>
    <body>
    <h3> 按下列格式要求，输入两个整数: </h3><br>
    <form action="ch07_2_show.jsp" method="post">
            开始数据: <input name="shuju1"><br><br>
            结束数据: <input name="shuju2"><br><br>
            <input type="submit"    value="提交">
    </form>
    </body>
</html>
```

2）设计获取两个数值并计算它们的和，最后显示结果的 JSP 页面（ch07_2_show.jsp），其代码如下。

```
<!-- 程序 ch07_2_show.sp -->
<%@ page language="java" import="java.util.*" pageEncoding="UTF-8"%>
<html>
    <head> <title>计算任意两个整数之间的累加和值的 JSP 程序</title> </head>
    <body>
    <%   int sum=0;
         int x = 0, y=0;
         String xx=request.getParameter("shuju1");
         String yy=request.getParameter("shuju2");
         x=Integer.parseInt(xx);
         y=Integer.parseInt(yy);
         while ( x <= y ){
             sum += x;    ++x;
         }
    %>
    <p><%=xx %>加到<%=yy %>的和值是: <%= sum %> </p>
    <p>现在的时间是: <%= new Date() %>   </p>
    </body>
</html>
```

思考：继续修改例 7-2，基于输入页面、计算页面、输出页面，3 个 JSP 程序给出设计。

在例 7-1 和例 7-2 中所设计的程序没有涉及数据库操作。

7.1.3   JSP+JDBC 开发模式案例——实现基于数据库的登录验证

对于利用 JSP 技术对数据库直接操作，第 4 章已经给出较详细的说明，对于涉及的知识点，请回顾和复习第 4 章。

【例 7-3】 将 JSP+JDBC 技术相结合，实现基于数据库的登录验证。要求：一个用户的信息有用户名和登录密码，用户信息存放在数据库中。

【分析】采用 JSP+JDBC 技术，在 JSP 中实现数据库的连接及其验证操作。

1）假设已建立数据库 user 及数据库表 user_b，该表中包含两个字段：用户名字 uname char(10)和用户密码 upassword char(10)。

2）该问题的处理流程是：首先通过提交页面（ch07_3_tijiao.jsp）提交登录信息；然后进入验证页面（ch07_3_yanzheng.jsp），该页面获取两个登录信息的值，并连接数据库实现验证，判定是否已经注册并输入正确的用户名和密码，若已经注册并输入正确，则在网页上显示"***用户登录成功！"，否则，显示"***登录失败！"，其中"***"表示用户名。

【设计关键】该例题的关键是验证页面，在该页面中必须关注数据库连接的操作、数据库记录的查询操作。

【实现】1）设计提交登录信息的 JSP 页面（ch07_3_tijiao.jsp），其代码如下：

```
<%@ page language="java"   pageEncoding="UTF-8"%>
<html>
  <head><title>用户登录提交页面</title></head>
  <body>
    <form   action="ch07_3_yanzheng.jsp" method="post">
        用 户 名：<input type="text" name="username"><br><br>
        用户密码：<input type="password" name="pass"><br><br>
        <input type="submit" value="登录">
    </form>
  </body>
</html>
```

3）设计需要获取两个登录信息的值，并连接数据库，实现验证的 JSP 页面（ch07_3_yanzheng.jsp），其代码如下：

```
<%@ page language="java" import="java.sql.*" pageEncoding="UTF-8"%>
<html>
  <head>  <title>登录验证页面</title>  </head>
  <body> <%
      Connection conn =null;
      PreparedStatement pstmt= null;
      ResultSet   rs=null;
      String driverName = "com.mysql.jdbc.Driver";        //驱动程序名
      String dbName ="user";                              //数据库名
      String url1="jdbc:mysql://localhost/" + dbName;
      String url2="?user=root&password=123456";
      String url3="&useUnicode=true&characterEncoding=UTF-8";
      String url =url1+url2+url3;
      try{
          Class.forName(driverName);
          conn = DriverManager.getConnection(url);
          request.setCharacterEncoding("UTF-8");
          String name=request.getParameter("username");
          String pw=request.getParameter("pass");
          String   sql="select * from user_b where(uname=? and upassword=?)";
          pstmt= conn.prepareStatement(sql);
          pstmt.setString(1,name);
          pstmt.setString(2,pw);
          rs=pstmt.executeQuery();
          if(rs.next()){
```

```
                %> <%=name %>:登录成功！<br> <%
            } else {%>
                <%=name %>:登录失败！<br> <%}
        }catch(Exception e){ %>
            出现异常错误！<br> <%=e.getMessage()%>
    <% }finally {
            if(rs!=null){ rs.close();}
            if(pstmt!=null){ pstmt.close();}
            if(conn!=null){ conn.close();}
        } %>
    </body>
</html>
```

7.1.4 单纯的 JSP 页面开发模式存在的问题与缺点

虽然这种模式很容易实现，而且在小型的项目中，这种方式是最为方便的，但是其缺点也是非常明显的。因为将大部分的代码与 HTML 代码混淆在一起，会给程序的维护和调试带来很多困难。为此，在下一节讨论 JSP+JavaBean 设计模式。

7.2 JSP+JavaBean 开发模式

在开发 Java Web 应用程序时，将 JSP 和 JavaBean 结合起来，形成 JSP+JavaBean 设计模式，也称为 JSP Model-1 模式。

7.2.1 JSP+JavaBean 开发模式简介

JSP+JavaBean 编程模式是 JSP 程序开发经典设计模式之一，其体系结构如图 7-5 所示。采用这种体系结构，将要进行的业务逻辑封装到 JavaBean 中，在 JSP 页面中通过动作标签来调用这个 JavaBean 类，从而执行这个业务逻辑。此时的 JSP 除了负责部分流程的控制外，大部分用来进行页面的显示，而 JavaBean 则负责业务逻辑的处理。从图 7-5 可以看出，该模式具有一个比较清晰的程序结构。

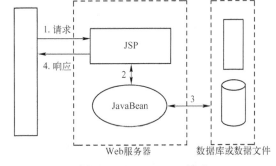

对于 JavaBean 技术在第 5 章给出了详细的介绍和说明，对于相关的知识点，请回顾和复习第 5 章。

图 7-5 JSP Model-1 模式

7.2.2 JSP+JavaBean 开发案例——求和运算

【例 7-4】 利用 JSP+JavaBean 实现求任意两个整数之间的累加和值，并显示输出结果。

【分析】将计算两个整数累加和值运算操作封装在 JavaBean 中，JSP 引用 JavaBean 来实现求和及结果显示。需要的组件有：

1）建立一个 JavaBean 类——Add2.java，给出两个整数属性及求和方法。

2）设计提交任意两个整数的 JSP 页面（ch07_4_tijiao.jsp）。

3）设计 JSP 页面（ch07_4_show.jsp），在该页面内获取两个数值，创建 JavaBean 对象，并调用求值方法计算和值，然后显示结果。

【设计关键】其关键是<jsp:useBean>标签的使用以及组件之间的数据共享。

【实现】

1）建立一个 JavaBean：Add2，其代码如下：

```
package ch07_4;
public class Add2{
    private int a;
    private int b;
    public Add2(){}
    public Add2(int a,int b){
        this.a=a; this.b=b;
    }
    //省略了属性的 setter/getter 方法
    public int sum(){
        int c,s=0;
        if(a>b){c=a;a=b;b=c;}
        int x=a;
        while (x <=b ){s += x;++x;}
        return s;
    }
}
```

2）设计提交任意两个整数的 JSP 页面（ch07_4_tijiao.jsp），其代码如下：

```
<!-- 程序 ch07_4_tijiao.sp -->
<%@ page language="java" pageEncoding="UTF-8"%>
<html>
    <head> <title>提交任意两个整数的页面</title> </head>
    <body>
        <h3> 按下列格式要求，输入两个整数: </h3><br>
        <form action="ch07_4_show.jsp" method="post">
            开始数据: <input name="a"><br><br>
            结束数据: <input name="b"><br><br>
            <input type="submit" value="提交">
        </form>
    </body>
</html>
```

3）从提交页面获取两个数据，使用<jsp:useBean>标签声明 JavaBean，并通过该对象调用求和方法，然后显示结果（ch07_4_show.jsp），其代码如下：

```
<!-- 程序 ch07_4_show.sp -->
<%@ page language="java" import="java.util.*" pageEncoding="UTF-8"%>
<html>
    <head>  <title>利用 JavaBean+JSP 求和值</title> </head>
    <body>
        <jsp:useBean id="he" class="ch07_4.Add2"/>          类 Add2 的全路径名
        <jsp:setProperty name="he" property="*"/>
        <p><%=he.getA()%>加到<%= he.getB()%>的和值是: <%=he.sum()%> </p>
        <p>现在的时间是: <%= new Date() %> </p>
    </body>
</html>
```

7.2.3 JSP+JavaBean+JDBC 开发案例——基于数据库的登录验证

【例 7-5】 利用 JSP+JavaBean+JDBC 实现基于数据库的登录验证,其要求和说明与例 7-3 相同。

【分析】采用 JSP+JavaBean+JDBC 技术实现用户登录验证,其中实现数据库的连接及其用户的验证操作封装在 JavaBean 中,而 JSP 只实现信息的提交和显示,以及利用 JavaBean 对象调用其业务逻辑处理方法。

【设计关键】

1)假设已建立数据库 user 以及数据库表 user_b,该表中包含两个字段:用户名字 uname char(10)和用户密码 upassword char(10)。

2)建立两个 JavaBean: User 和 ConnectDbase。

User 用于存放用户数据,且有一个实现验证信息的方法:

```
boolean yanzheng_uesr(String xm2,String mm2)。
```

ConnectDbase 用于数据库的连接,得到一个连接对象,其方法是:

```
Connection getConnect()
```

3)该问题的处理流程:首先通过提交页面(ch07_5_tijiao.jsp)提交登录信息;然后进入验证结果显示页面(ch07_5_show.jsp),该页面获取两个登录信息的值,并创建 User JavaBean 对象,该对象调用 User 中的方法:boolean yanzheng_uesr()实现验证,根据返回的逻辑值判定,"true"表示已经注册并输入正确的用户名和密码,则在网页上显示:"***用户登录成功!",否则,显示:"***登录失败!"。

4)在 JSP 中使用<jsp:useBean>标签声明 JavaBean。

【实现】

1)建立 ConnectDbase JavaBean,在该 JavaBean 中,用方法 Connection getConnect()得到一个连接对象,其代码如下:

```java
package ch07_5;
import java.sql.*;
public class ConnectDbase {
    private String driverName = "com.mysql.jdbc.Driver";      //驱动程序名
    private String userName = "root";                         //数据库用户名
    private String userPwd = "123456";                        //密码
    private String dbName = "user";                           //数据库名
    //这里省略了各属性的 setter/getter 方法
    //实现数据库连接的方法
    public Connection getConnect() throws SQLException,ClassNotFoundException {
        String url1="jdbc:mysql://localhost:3306/"+dbName;
        String url2 ="?user="+userName+"&password="+userPwd;
        String url3="&useUnicode=true&characterEncoding=UTF-8";
        String url =url1+url2+url3;
        Class.forName(driverName);
        return DriverManager.getConnection(url);
    }
}
```

2）建立 User JavaBean，在该 JavaBean 中有两个属性：xm、mm，且有一个实现验证信息的方法 boolean yanzheng_uesr(String xm2,String mm2)，其代码如下：

```
package ch07_5;
import java.sql.*;
public class User {
    private String xm=null;
    private String mm=null;
    //省略了属性的 setter/getter 方法
    public User(){}                    //默认的构造方法
    public User(String a,String b){    //带参数的构造方法
        xm=a;mm=b;
    }
    public boolean yanzheng_uesr(String xm2,String mm2) //判定当输入信息正确，返回 true
            throws SQLException, ClassNotFoundException{
        boolean f= false;
        ConnectDbase cdb=new ConnectDbase();
        Connection conn = cdb.getConnect();
        String    sql="select * from user_b    where(uname=? and upassword=?)";
        PreparedStatement pstmt= conn.prepareStatement(sql);
        pstmt.setString(1,xm2);
        pstmt.setString(2,mm2);
        ResultSet    rs=pstmt.executeQuery();
        if(rs.next()){ f=true;}
        else{ f= false;}
        if(rs!=null){rs.close();}
        if(pstmt!=null){pstmt.close();}
        if(conn!=null){conn.close();}
        return f;
    }
```

3）设计提交页面（ch07_5_tijiao.jsp）提交登录信息，其代码如下：

```
<%@ page language="java"    pageEncoding="UTF-8"%>
<html>
  <head><title>用户登录提交页面</title></head>
  <body>
    <form    action="ch07_5_show.jsp" method="post">
        用  户  名：<input type="text" name="xm"><br><br>
        用户密码：<input type="password" name="mm"><br><br>
        <input type="submit" value="登录">
    </form>
  </body>
</html>
```

4）设计验证页面（ch07_5_show.jsp），其代码如下：

```
<%@ page language="java" pageEncoding="UTF-8"%>
<html>
  <head>    <title>登录验证页面</title> </head>
  <body>
        <% request.setCharacterEncoding("UTF-8"); %>
```

```
<jsp:useBean id="uu" class="ch07_5.User"/>
<jsp:setProperty name="uu" property="*"/>
<% if(uu.yanzheng_uesr(uu.getXm(),uu.getMm())) {%>
        <%=uu.getXm() %>:登录成功！<br>
<% }else{%>
        <%=uu.getXm() %>:登录失败！<br>
<% }%>
    </body>
</html>
```

7.2.4 JSP+JavaBean 开发模式的优点与缺点

该模式适合小型或中型 Web 程序的设计开发。在程序设计开发中，将要进行的业务逻辑封装到 JavaBean 中，在 JSP 页面中通过动作标签来调用这个 JavaBean 类，从而执行这个业务逻辑。此时的 JSP 除了负责部分流程的控制外，大部分用来进行页面的显示，而 JavaBean 则负责业务逻辑的处理。该模式具有一个比较清晰的程序结构。

但是，采用这种模式设计的应用程序 JSP 除用来进行页面的显示，还需要负责流程的控制。那么，流程的控制是否可以由另外的组件来实现呢？下一节将介绍 JSP+Servlet 技术，由 Servlet 实现流程的控制。

7.3 JSP+Servlet 开发模式

在 JSP+JavaBean 编程模式中，JavaBean 提供了业务处理，而 JSP 却具有两种职责：一是，调用执行业务逻辑并负责流程的控制；二是信息的显示和提交。现将 JSP 的两个职责独立，让 JSP 只负责数据的输入（提交请求）和输出（显示请求结果），而业务逻辑和流程的控制由 Servlet 完成，从而形成 JSP+Servlet 编程模式。

7.3.1 JSP+Servlet 开发模式简介

JSP+Servlet 编程模式，JSP 只负责信息的显示，而业务逻辑处理及其流程控制由 Servlet 实现，其体系结构和流程如图 7-6 所示。

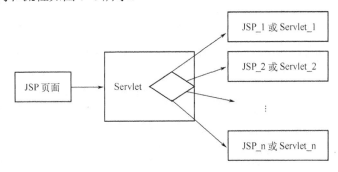

图 7-6 JSP+Servlet 编程模式体系结构

JSP+Servlet 编程模式的处理流程是：

1）客户端在 JSP 页面中，通过表单提交数据后，进入指定的 Servlet。

2）在 Servlet 中获取提交的信息，进行业务逻辑处理，当处理完成后转向到（或重定位）新的 JSP 页面或新的 Servlet。

3）新的 JSP 页面（或新的 Servlet）实现信息显示或继续处理信息。

对于 Servlet 技术在第 6 章给出了详细的介绍和说明，对于相关的知识点，请回顾和复习第 6 章。

本节仍然采用 7.2 节中的两个应用实例，但在这里给出另外一种实现方式，从而方便读者对照两种实现方法的差异和特点。

7.3.2 JSP+Servlet 开发案例——求和运算

【例 7-6】 利用 JSP+Servlet 实现求任意两个整数之间的累加和值，并显示输出结果。

【分析】该题目的处理流程是：由提交页面（ch07_6_tijiao.jsp）提交两个数据（shuju1, shuju2）给 Servlet（Ch07_6_Servlet_YunSuan.java），通过 Servlet 计算其累加和值并转向输出结果页面（ch07_6_show.jsp）。

【设计关键】

1）在 Servlet 中利用 HttpServletRequest 对象实现数据共享。

2）在 JSP 中利用 request 对象实现数据共享，并注意在本例题中，两者表示同一个对象（JSP 中 request 对象和 Servlet 中 HttpServletRequest 参数对象）。

3）由 Servlet 转向另一个 JSP 页面或 Servlet，以及由 JSP 跳转到 Servlet。

【实现】该题目由 3 个组件构成，其中 Servlet 的配置采用注释方式，它们的代码分别如下。

1）提交两个数据表单页面（ch07_6_tijiao.jsp），代码如下：

```
<%@ page language="java" pageEncoding="UTF-8"%>
<html>
  <head>  <title>提交任意两个整数给 Servlet 的 JSP 页面</title> </head>
  <body>
  <h3> 按下列格式要求，输入两个数据：</h3><br>
  <form action="ch07_6_servlet_yunsuan"  method="post">          Servlet 配置映射引用名
        开始数据 1： <input name="shuju1"><br><br>
        结束数据 2： <input name="shuju2"><br><br>
        <input type=submit    value="提交">
  </form>
  </body>
</html>
```

2）Ch07_6_Servlet_YunSuan.java 负责计算两个数值之间累加和值并控制跳转的 Servlet，其代码如下：

```
package ch07_6_servlet;
//省略了 import 语句
@WebServlet("/ch07_6_servlet_yunsuan")
public class Ch07_6_Servlet_YunSuan extends HttpServlet {
      public void doGet(HttpServletRequest request, HttpServletResponse response)
              throws ServletException, IOException {
          request.setCharacterEncoding("UTF-8");
          String s1=request.getParameter("shuju1");
          String s2=request.getParameter("shuju2");
          int d1=Integer.parseInt(s1);
          int d2=Integer.parseInt(s2);
```

```
        int sun=0;
        int x=d1;
         while ( x <=d2 ){ sum += x; ++x; }
        request.setAttribute("sum",sum);
        request.getRequestDispatcher("ch08_6_show.jsp").forward(request,response);
    }
    public void doPost(HttpServletRequest request, HttpServletResponse response)
            throws ServletException, IOException {
        doGet(request, response);
    }
}
```

3）显示计算结果的页面（ch07_6_show.jsp），代码如下：

```
<%@ page language="java" import="java.util.*" pageEncoding="UTF-8"%>
<html>
  <head>   <title>利用 JSP+Servlet 求两数累加和值及连接串的显示页面</title> </head>
  <body> <%
        String s1=request.getParameter("shuju1");
        String s2=request.getParameter("shuju2");
        Integer sum=(Integer)request.getAttribute("sum");
    %>
    <p><%=s1%>加到<%= s2%>的和值是: <%=sum%> </p>
    <p>现在的时间是: <%= new Date() %> </p>
  </body>
</html>
```

7.3.3 JSP+Servlet+JDBC 开发案例——基于数据库的登录验证

【例 7-7】 利用 JSP+Servlet+JDBC 实现基于数据库的登录验证，其中数据库的连接操作和查询操作由 Servlet 完成。

【分析】采用 JSP+Servlet+JDBC 技术实现用户登录验证，其中实现数据库的连接及其查询操作在 Servlet 中实现。

1）假设已建立数据库 user 及数据库表 user_b，该表中包含两个字段：用户名字 uname char(10)和用户密码 upassword char(10)。

2）该问题的处理流程是：首先通过提交页面（ch07_7_tijiao.jsp）提交登录信息；然后进入 Servler（Ch07_7_YanZheng.java）实现验证处理，该验证处理从提交页面获取两个登录信息的值，并连接数据库，实现验证，若已经注册并输入正确的用户名和密码，则跳转到页面 ch07_7_success.jsp 显示："***用户登录成功！"，否则，跳转到页面 ch07_7_error.jsp，显示："***登录失败！"。

【设计关键】

1）Servler 的处理过程，以及数据库的连接、查询，比较验证以及页面的跳转。

2）在 Servlet 中利用 HttpServletRequest 对象实现数据共享；在 JSP 中利用 request 对象实现数据共享，并注意在本例题中，两者表示同一个对象。

【实现】

1）登录表单页面（ch07_7_tijiao.jsp）提交登录信息，其代码如下：

```
<%@ page language="java"   pageEncoding="UTF-8"%>
```

```html
<html>
    <head><title>用户登录提交页面</title></head>
    <body>
        <form    action="ch07_7_servlet_yanzheng" method="post">
            用  户  名：<input type="text" name="xm"><br><br>
            用户密码：<input type="password" name="mm"><br><br>
            <input type="submit" value="登录">
        </form>
    </body>
</html>
```

Servlet 配置映射引用名

2）负责验证处理的 Servlet 类（Ch07_7_YanZheng.java），其代码如下：

```java
package ch07_7_servlet;
//省略了 import 语句
@WebServlet("/ch07_7_servlet_yanzheng")
public class Ch07_7_Servlet_YanZheng extends HttpServlet {
    public void doGet(HttpServletRequest request, HttpServletResponse response)
            throws ServletException, IOException {
        String driverName = "com.mysql.jdbc.Driver";        //驱动程序名
        String userName = "root";                           //数据库用户名
        String userPwd = "123456";                          //密码
        String dbName = "user";                             //数据库名
        String  url1="jdbc:mysql://localhost:3306/"+dbName;
        String url2 ="?user="+userName+"&password="+userPwd;
        String url3="&useUnicode=true&characterEncoding=UTF-8";
        String url =url1+url2+url3;
        request.setCharacterEncoding("UTF-8");
        String name=request.getParameter("xm");
        String pw=request.getParameter("mm");
        RequestDispatcher dis=null;//设置转发的对象
        try {
            Class.forName(driverName);
            Connection conn=DriverManager.getConnection(url);
            String   sql="select * from user_b   where(uname=? and upassword=?)";
            PreparedStatement pstmt= conn.prepareStatement(sql);
            pstmt.setString(1,name);
            pstmt.setString(2,pw);
            ResultSet   rs=pstmt.executeQuery();
            if(rs.next()){
                if(rs!=null){rs.close();}
                    if(pstmt!=null){pstmt.close();}
                        if(conn!=null){conn.close();}
                        dis=request.getRequestDispatcher("ch07_7_success.jsp");
                        dis .forward(request,response);
            } else{
                if(rs!=null){rs.close();}
                if(pstmt!=null){pstmt.close();}
                if(conn!=null){conn.close();}
                dis=request.getRequestDispatcher("ch07_7_error.jsp");
                dis.forward(request,response);
            }
        } catch (Exception e) {
            e.printStackTrace();
```

```
            }
        }
        public void doPost(HttpServletRequest request, HttpServletResponse response)
                throws ServletException, IOException {
            doGet(request, response);
        }
    }
```

3）登录成功后的页面（ch07_7_success.jsp），其代码如下：

```
<%@ page language="java"    pageEncoding="UTF-8"%>
<html>
    <head>    <title>登录验证成功页面</title> </head>
    <body>   <%=request.getParameter("xm") %>:登录成功！<br> </body>
</html>
```

4）登录失败后的页面（ch07_7_error.jsp），其代码如下：

```
<%@ page language="java"    pageEncoding="UTF-8"%>
<html>
    <head>      <title>登录验证出错页面</title> </head>
    <body>   <%=request.getParameter("xm") %>:登录失败！<br> </body>
</html>
```

7.3.4　JSP+Servlet 开发模式的优点与缺点

对于 JSP+Servlet 编程模式，JSP 只负责信息的提交和显示，所有的业务逻辑处理和控制由 Servlet 实现，体现了各组件功能的分工，便于应用程序的分析和设计。

但是，对于该模式，Servlet 负责了应用程序的所有业务逻辑处理和控制处理，所设计的组件复杂。

7.4　JSP+Servlet+JavaBean 开发模式

将 JSP+Servlet 模式与 JSP+JavaBean 模式相结合，使业务逻辑处理由 JavaBean 实现，使控制逻辑由 Servlet 实现，而 JSP 只完成页面的展示，从而形成 JSP+Servlet+JavaBean 编程模式，该模式常称为 JSP 的 Model-2 设计模式。

7.4.1　基于 JSP+Servlet+JavaBean 的 MVC 的实现

JSP+Servlet+JavaBean 编程模式吸取了 JSP+Servlet 与 JSP+JavaBean 两种模式各自突出的优点结合而成，完全实现了不同组件的功能分工协作，其体系结构如图 7-7 所示。

用 JSP 技术实现信息的提交和显示，用 Servlet 技术实现控制逻辑，用 JavaBean 技术实现业务逻辑处理。将一个系统的功能分为 3 种不同类型的组件，这种模式常称为 MVC

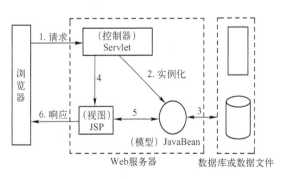

图 7-7　JSP+Servlet+JavaBean 设计模式的体系结构

模式。

本节中使用的技术包含前几章介绍的主要技术，若有些技术不熟悉，请回顾和复习有关的内容。

本节仍然采用 7.2 节中的两个应用实例，采用 JSP+Servlet+JavaBean 模式实现，从而与其他模式形成对照，方便读者理解不同设计模式的特点和差异。

7.4.2　JSP+Servlet+JavaBean 开发案例——求和运算

【例 7-8】　利用 JSP+Servlet+JavaBean 编程，实现求任意两个整数之间的累加和值，并显示结果。

【分析】该题目采用 JSP+Servlet+JavaBean 模式，按其不同的职责，由 JavaBean 封装业务逻辑处理，计算累加和值；由 JSP 实现信息的提交和运算结果的显示（需要两个页面：提交信息页面和显示结果页面）；由 Servlet 实现从提交页面获取数据，实施计算，并保存计算结果，然后实现跳转，将计算结果通过显示页面显示出来。假设通过提交页面存放的参数名字是 shuju1 和 shuju2。

【设计】该程序需要由 4 个不同的构件组成：

1）一个封装两个整数之间累加求和操作的 JavaBean。

2）一个 Servlet 实现数据的获取，运算求值并跳转到输出页面。

3）一个是提交任意两个整数的 JSP 页面。

4）一个是输出结果 JSP 页面。

其关键是各个组件之间是如何实现数据共享，以及如何实现各个组件之间的跳转的。

【实现】

1）建立一个 JavaBean（Add2.java），该 JavaBean 中包含两个属性和实现计算累加和值的操作方法。其代码与例 7-4 中的 JavaBean 类 Add2.java 一样，只需将第一行修改为"package ch07_8;"即可。

2）设计提交任意两个整数的 JSP 页面（ch07_8_tijiao.jsp），其代码如下：

```
<%@ page language="java" pageEncoding="UTF-8"%>
<html>
  <head> <title>提交任意两个整数给 Servlet 的页面</title> </head>
  <body>
  <h3> 按下列格式要求，输入两个整数数据: </h3><br>
  <form action="ch07_8_servlet_yunsuan" method="post">          Servlet 配置映射引用名
      数据 1: <input name="shuju1"><br><br>
      数据 2: <input name="shuju2"><br><br>
      <input type="submit" value="提交">
  </form>
  </body>
</html>
```

3）设计一个 Servlet（Ch07_8_Servlet_YunSuan.java），实现数据的获取，运算求值并跳转到输出页面，其代码如下：

```
package ch07_8;
//省略了 import 语句
```

```
@WebServlet("/ch07_8_servlet_yunsuan")
public class Ch07_8_Servlet_YunSuan extends HttpServlet {
    public void doGet(HttpServletRequest request, HttpServletResponse response)
            throws ServletException, IOException {
        request.setCharacterEncoding("UTF-8");
        String s1=request.getParameter("shuju1");
        String s2=request.getParameter("shuju2");
        int d1=Integer.parseInt(s1);
        int d2=Integer.parseInt(s2);
        Add2 two=new Add2(d1,d2);
        int sum=two.sum();
        request.setAttribute("d1", d1);
        request.setAttribute("d2", d2);
        request.setAttribute("sum",sum);
        request.getRequestDispatcher("ch07_8_show.jsp").forward(request,response);
    }
    public void doPost(HttpServletRequest request, HttpServletResponse response)
            throws ServletException, IOException {
        doGet(request, response);
    }
}
```

4）设计输出结果 JSP 页面（ch07_8_show.jsp），其代码如下：
注意区别该代码中，s1，s2，d1，d2 数据值的获取方法的差异。

```
<%@ page language="java"    import="java.util.Date" pageEncoding="UTF-8"%>
<html>
    <head> <title>只显示两个整数之间累加和值的页面</title> </head>
    <body>
        <% String s1=request.getParameter("shuju1");
            String s2=request.getParameter("shuju2");
            Integer d1=(Integer)request.getAttribute("d1");
            Integer d2=(Integer)request.getAttribute("d2");
            Integer sum=(Integer)request.getAttribute("sum");
        %>
            <p><%=d1%>加到<%= d2%>的和值是: <%=sum%> </p>
            <p>现在的时间是: <%= new Date() %> </p>
    </body>
</html>
```

7.4.3 JSP+Servlet+JavaBean 开发案例——基于数据库的登录验证

【例 7-9】 利用使用 JSP+Servlet+JavaBean 实现基于数据库的登录验证。

【分析】采用 JSP+JavaBean+Servlet+JDBC 技术实现基于数据库的登录验证，其中实现数据库的连接及其操作在 JavaBean 中，而通过 Servlet 实现调用及其流程控制。登录信息由提交页面传递给 Servlet，然后 Servlet 根据验证情况跳转到相应的页面。

【设计关键】

1）假设已建立数据库 user 及数据库表 user_b，该表中包含两个字段：用户名字 uname char(10)和用户密码 upassword char(10)。

2）建立两个 JavaBean：User 和 ConnectDbase。这两个 JavaBean 与例 7-5 中的一样。

3）该问题的处理流程是：首先通过提交页面（ch07_9_tijiao.jsp）提交登录信息；然后进入 Servlet（Ch07_9_KongZhi.java）实现验证处理，该验证处理从提交页面获取两个登录信息的值，并创建 User 类对象，该对象调用 User 中的方法：boolean yanzheng_uesr()实现验证，根据返回的逻辑值判定，"true"则跳转到页面 ch07_9_success.jsp，显示："***用户登录成功！"，否则，跳转到页面 ch07_9_error.jsp，显示："***用户登录失败！"。

4）该系统共由 6 个不同的组件构成：
- 用户及用户验证 JavaBean——User。
- 数据库连接 JavaBean——ConnectDbase。
- 提交页面 JSP。
- 显示成功登录 JSP 页面。
- 显示登录失败 JSP 页面。
- 实现用户登录信息获取并返回验证值的 Servlet。

【实现】

1）建立 ConnectDbase 类，请参考例 7-5 中的数据库连接 JavaBean，只需要将第一行修改为"package ch07_9;"即可。

2）建立 User 类，请参考例 7-5 中 User 的 JavaBean，只需要将第一行修改为"package ch07_9;"即可。

3）编写登录表单页面（ch07_9_tijiao.jsp）提交登录信息，其代码如下：

```
<%@ page language="java"    pageEncoding="UTF-8"%>
<html>
  <head><title>用户登录提交页面</title></head>
  <body>
    <form   action="ch07_9_servlet_kongzhi" method="post">
        用 户 名：<input type="text" name="xm"><br><br>
        用户密码：<input type="password" name="mm"><br><br>
        <input type="submit" value="登录">
    </form>
  </body>
</html>
```

4）编写负责验证处理的 Servlet 类（Ch07_9_Servlet_KongZhi.java）实现验证处理，其代码如下：

```
package ch07_9;
//省略了 import 语句
@WebServlet("/ch07_9_servlet_kongzhi")
public class Ch07_9_Servlet_KongZhi extends HttpServlet {
    public void doGet(HttpServletRequest request, HttpServletResponse response)
            throws Exception, IOException {
        request.setCharacterEncoding("UTF-8");
        String name=request.getParameter("xm");
        String pw=request.getParameter("mm");
        User uu=new User(name,pw);
        RequestDispatcher dis=nul;
```

```
            if(uu.yanzheng_uesr(uu.getXm(),uu.getMm())){
                dis=request.getRequestDispatcher("ch07_9_success.jsp");
            }else{
                dis=request.getRequestDispatcher("ch07_9_error.jsp");
                dis.forward(request,response);
            }
        }
        public void doPost(HttpServletRequest request, HttpServletResponse response)
                throws ServletException, IOException {
            doGet(request, response);
        }
    }
```

5）登录成功后的页面（ch07_9_success.jsp），其代码如下：

```
<%@ page language="java"   pageEncoding="UTF-8"%>
<html>
    <head> <title>登录验证成功页面</title> </head>
    <body> <%=request.getParameter("xm") %>:登录成功！ <br>   </body>
</html>
```

6）登录失败后的页面（ch07_9_error.jsp），其代码如下：

```
<%@ page language="java"   pageEncoding="UTF-8"%>
<html>
    <head> <title>登录验证出错页面</title> </head>
    <body> <%=request.getParameter("xm") %>:登录失败！ <br> </body>
</html>
```

7.4.4　JSP+Servlet+JavaBean 开发案例——学生体质信息管理系统

【例7-10】 采用 JSP＋Servlet＋JavaBean+JDBC+MySQL 技术开发设计学生体质信息管理系统。

该系统曾在第 4 章给出很详细的分析和设计，在第 4 章中，整个系统采用的是 JSP+JDBC+MySQL 编程模式设计，在本例题中采用 JSP＋Servlet＋JavaBean+JDBC 模式设计。通过该例题，读者应理解和掌握这两种设计方式的特点和差异。为了让读者对系统有一个整体认识，下面给出完整的设计。

1．系统需求分析

每个学生的基本信息有：学生的学号、学生的姓名、性别、年龄、体重、身高等信息；系统应具有提供学生基本信息的创建、查询、修改和删除等操作功能；系统应具有较好的交互性，便于用户的操作使用。

采用 JSP＋Servlet＋JavaBean+JDBC+MySQL 技术开发，实际上就是按不同的职责给系统分工，形成不同的组件，并构建各组件之间的数据共享及其控制转移。

2．系统设计

（1）数据库和数据表的设计

该系统涉及一个数据库和一个数据表，在 MySQL 中创建一个数据库 students，并在数据库 students 中创建表 students_info。数据表的结构如表 7-1 所示。

表 7-1　数据表 students_info 的字段描述

字　段	中文描述	数据类型	是否为空
id	学生学号	int	否
name	学生名字	Varchar(20)	是
sex	性别	Varchar(4)	是
age	年龄	int	是
weight	体重	float	是
height	身高	float	是

（2）系统所需要的 JavaBean

1）第一个 JavaBean 类——DBConnection.Java 类。该 JavaBean 类将数据库连接操作和关闭操作封装起来，在以后的数据库操作中可以直接调用这个 JavaBean 类的方法。

该 JavaBean 类应该包含的方法有：

① 数据库的连接，获得一个连接对象的方法：

```
Connection getDBconnection();
```

② 当数据库操作完成后，关闭连接并释放资源的方法：

```
void closeDB(Connection con,PreparedStatement pstm, ResultSet rs)
```

2）第二个 JavaBean 类——DbUtil.Java 类。这个 JavaBean 类是对数据库表的操作的封装，由于对数据表的操作可以分为两类：查询操作和更新操作，所以需要两个方法：

① 数据库记录的添加、修改、删除方法：

```
int updateSQL(String sql)
```

② 数据库记录的查询方法：

```
ResultSet QuerySQL(String sql)
```

📖 提示：该查询方法中查询 SQL 语句作为方法的形参，同时由于返回值是 ResultSet 类型，所以该方法不能在结束时关闭连接和有关的资源，只有在调用该方法后，再调用关闭数据库连接方法。这样的设计并不好，将在 DAO 设计模式中给出修改。

（3）系统所需要的 Servlet

在该系统中，Servlet 的具体功能是接受请求数据，并将所接受的请求数据转发给 JavaBean 模型，形成 JavaBean 对象，由 JavaBean 对象调用方法，完成业务逻辑的处理，获取数据处理结果，同时转向到 JSP 页面或其他 Servlet。

该系统需要的 Servlet 有以下几个：

● 添加记录的 Insert.java。
● 修改记录的 Updatet.java。
● 删除记录的 Delete.java。
● 有条件查询记录的 Query.java。
● 列出全部记录的 Find.java。

3．系统功能模块划分以及每个模块的工作流程

该系统可划分为 5 个功能模块：学生信息新建模块、学生信息有条件查询模块、列出全部记录模块、学生信息修改模块、学生信息删除模块。

（1）列出全部学生模块及工作流程

该功能模块以表格的形式将目前数据库中的信息全部显示出来，以程序 find_stu_all.jsp 作为该模块的入口。其工作流程如图 7-8 所示。

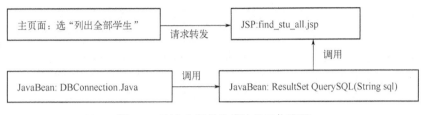

图 7-8　列出全部学生模块的工作流程

📖 **提示**：该模块设计没有使用 Servlet，其原因是在数据库操作 JavaBean 中的方法 ResultSet QuerySQL(String sql)，无法将查询结果请求转发给显示结果的 JSP 页面。

（2）按条件查询学生模块

该功能模块是要根据使用者提交的查询条件，完成查询并显示所查询的结果，为了便于用户的操作，系统应该有对输入"空数据"的处理能力，以程序 find_stu_tijiao.jsp 作为该模块的入口。其工作流程如图 7-9 所示。

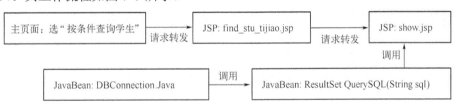

图 7-9　按条件查询学生模块的工作流程

（3）新添加学生模块

该功能模块是向数据库中添加一个新的学生信息，以程序 insert_stu__tijiao.jsp 作为该模块的入口。其工作流程如图 7-10 所示。

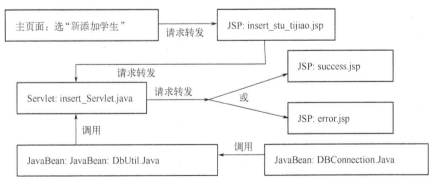

图 7-10　添加学生模块的工作流程

（4）按条件删除学生模块

该功能模块根据用户所提供的删除条件，将满足条件的学生从数据库中删除，以程序 delete_stu_tijiao.jsp 作为该模块的入口。其工作流程如图 7-11 所示。

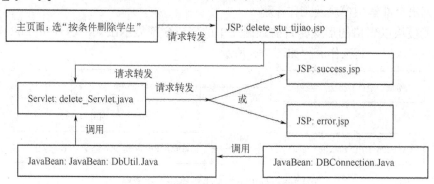

图 7-11 删除学生模块的工作流程

（5）按条件修改学生模块

该功能模块根据用户所需要的条件，从数据库中查询到满足条件的学生，并修改其相应的信息，然后重写数据库，以程序 update_stu_tijiao.jsp 作为该模块的入口。其工作流程如图 7-12 所示。

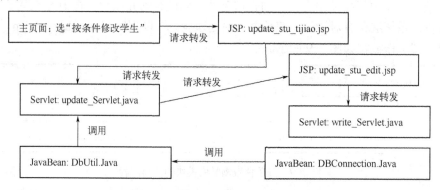

图 7-12 修改学生模块的工作流程

4. 系统所需要的 JSP 页面

系统所需要的页面与本书 4.3 节的案例是一样的，这里只列出各 JSP 页面名称及用途，详细设计内容请参考 4.3 节。

5. 系统实现

（1）数据库 students 和数据表 students_info 的创建

创建数据库 students 的 SQL 语句为：

```
create database students default charset=UTF-8;
```

创建表 students_info 的 SQL 语句如下：

```
create table students_info (id int,name varchar(20),sex varchar(5),age int,
             weight float,height float,)default charset=UTF-8;
```

（2）主页面框架的设计

该应用系统的主页面框架见第 4 章的图 4-10 所示，由 3 部分组成：最上方显示标题（index_title.jap），左边显示操作菜单（index_stu_left.jsp），右边显示运行界面（index_stu_right.jsp）。另外，由这 3 部分组合形成主页面程序（index_stu.jsp）。

1）主页面框架 index_stu.jsp 的代码如下：

```
<%@page contentType="text/html" pageEncoding="UTF-8"%>
<html>
    <head> <title>学生身体体质信息管理系统</title> </head>
    <frameset rows="80,*">
        <frame src="index_stu_title.jsp" scrolling="no">
        <frameset cols="140,*">
            <frame src="index_stu_left.jsp" scrolling="no">
            <frame src="index_stu_right.jsp" name="right" scrolling="auto">
        </frameset>
    </frameset>
</html>
```

2）最上方显示标题 index_title.jap 的代码如下：

```
<%@page contentType="text/html" pageEncoding="UTF-8"%>
<html>
    <head>    <title>页面标题</title>    </head>
    <body> <center> <h1>学生身体体质信息管理系统</h1> </center> </body>
</html>
```

3）左边显示操作菜单 index_stu_left.jsp 的代码如下：

```
<%@page contentType="text/html" pageEncoding="UTF-8"%>
<html>
    <head> <title>菜单页面</title> </head>
    <body>
        <p><a href="find_stu_all.jsp" target="right">列出全部学生</a></p>
        <p><a href="find_stu_tijiao.jsp" target="right">按条件查询学生</a></p>
        <p><a href="insert_stu_tijiao.jsp" target="right">新添加学生</a></p>
        <p><a href="delete_stu_tijiao.jsp" target="right">按条件删除学生</a></p>
        <p> <a href="update_stu_tijiao.jsp" target="right">按条件修改学生</a> </p>
    </body>
</html>
```

4）右边显示运行界面 index_stu_right.jsp 的代码如下：

```
<%@page contentType="text/html" pageEncoding="UTF-8"%>
<html>
    <head> <title>信息显示页面</title> </head>
</html>
```

（3）对数据库操作是否成功的提示信息的公共页面的实现

Servlet 控制跳转的成功页面（success.jsp）或失败页面（error.jsp），这两个页面是本系统中所有的 Servlet 都使用的公共页面。

成功页面 success.jsp 代码如下：

```
<%@ page language="java"    pageEncoding="UTF-8"%>
<html>
  <head> <title>成功页面</title> </head>
  <body> 数据库操作成功！<br> </body>
</html>
```

失败页面 error.jsp 的代码如下：

```
<%@ page language="java"    pageEncoding="UTF-8"%>
<html>
  <head> <title>出错页面</title> </head>
  <body> 数据库操作失败！<br> </body>
</html>
```

（4）公共模块的实现（JavaBean 的设计）

1）数据库连接 JavaBean 类——DBConnection.Java，其代码如下：

```
ipackage Model_Db;
import java.sql.*;
public class DBConnection {
        private static String driverName = "com.mysql.jdbc.Driver";        //驱动程序名
        private static String userName = "root";                          //数据库用户名
        private static String userPwd = "123456";                         //密码
        private static String dbName = "students";                        //数据库名
        public static Connection getDBconnection(){
            String   url1="jdbc:mysql://localhost/"+dbName;
            String   url2 ="?user="+userName+"&password="+userPwd;
            String   url3="&useUnicode=true&characterEncoding=UTF-8";
            String   url =url1+url2+url3;
            try {
               Class.forName(driverName);
                Connection con=DriverManager.getConnection(url);
                return con;
            }catch (Exception e) { e.printStackTrace(); }
            return null;
        }
        public static void closeDB(Connection con,PreparedStatement pstm, ResultSet rs){
            try {if(rs!=null) rs.close();
                if(pstm!=null) pstm.close();
                if(con!=null) con.close();
            }catch (SQLException e) {e.printStackTrace();}
        }
}
```

2）设计对数据库操作封装 JavaBean 类——DbUtil.Java，其代码如下：

```
package Model_Db;
import java.sql.*;
public class DbUtil{
        private Connection con=null;
        private PreparedStatement pstm=null;
        private ResultSet rs=null;
        //设计对数据库记录变更的方法，其中查询 SQL 语句作为方法的形参
        public int updateSQL(String sql){
```

```
                int n=-1;
                try {
                        con=DBConnection.getDBconnection();
                        pstm=con.prepareStatement(sql);
                        n=pstm.executeUpdate();
                } catch (SQLException e) {e.printStackTrace();}
                DBConnection.closeDB(con, pstm,rs);
                return n;
        }
        public ResultSet QuerySQL(String sql){
                try {
                        con=DBConnection.getDBconnection();
                        pstm=con.prepareStatement(sql);
                        rs=pstm.executeQuery();
                        return rs;
                } catch (SQLException e) {e.printStackTrace();}
                return null;
        }
}
```

（5）插入模块的实现

1）添加信息提交页面（insert_stu_tijiao.jsp），其代码如下：

```
<%@page contentType="text/html" pageEncoding="UTF-8"%>
<html>
        <head>   <title>添加信息提交页面</title>   </head>
        <body>
                <form action= "insert"    method="post">
                <table border="0" width="238" height="252">
                        <tr> <td>学号</td> <td><input type="text" name="id"></td> </tr>
                        <tr> <td>姓名</td> <td><input type="text" name="name"></td> </tr>
                        <tr> <td>性别</td> <td><input type="text" name="sex" ></td> </tr>
                        <tr> <td>年龄</td> <td><input type="text" name="age"></td> </tr>
                        <tr> <td>体重</td> <td><input type="text" name="weight"></td> </tr>
                        <tr> <td>身高</td> <td><input type="text" name="height"></td> </tr>
                        <tr align="center">
                                <td colspan="2">
                                        <input   type="submit" value="添   加">
                                            
                                        <input   type="reset" value="取   消">
                                </td>
                        </tr>
                </table>
                </form>
        </body>
</html>
```

2）接受提交信息，实现数据添加的业务处理 Servlet(Insert.java)，其代码如下：

```
package Controller_Servlet;
//省略了 import 语句
@WebServlet("/insert")
public class Insert extends HttpServlet {
        public void doGet(HttpServletRequest request, HttpServletResponse response)
```

```
                    throws ServletException, IOException {
        request.setCharacterEncoding("UTF-8");//设置字符编码，避免出现乱码
        int id=Integer.parseInt(request.getParameter("id"));
        String name=request.getParameter("name");
        String sex=request.getParameter("sex");
        int age=Integer.parseInt(request.getParameter("age"));
        float weight=Float.parseFloat(request.getParameter("weight"));
        float hight=Float.parseFloat(request.getParameter("height"));
        String sql1="Insert into stu_info(id,name,sex,age,weight,height) ";
        String sql2="values("+id+",'"+name+"','"+sex+"',"+age+","+weight+","+height+")";
        String sql=sql1+sql2;
        RUCD run=new RUCD();
        int n=run.updateSQL(sql);
        if(n>=1){
            request.getRequestDispatcher("success.jsp").forward(request,response);
        }else{
            request.getRequestDispatcher("error.jsp").forward(request,response);
        }
    }
    public void doPost(HttpServletRequest request, HttpServletResponse response)
            throws ServletException, IOException {
        doGet(request, response);
    }
}
```

（6）其他模块的实现

对于查询模块、修改模块、删除模块，可以参照"添加模块"处理方式，给出它们的设计与实现。

5．问题与思考

该案例在设计中存在一些问题。

在设计数据库操作 JavaBean 时，即所设计的类对数据库操作封装 JavaBean 类 RUCD，其中有两个方法。

（1）public int updateSQL(String sql)

该方法是对数据库记录变更的方法，其中以变更数据库操作的 SQL 语句字符串作为参数。

（2）public ResultSet QuerySQL(String sql)

该方法是查询方法，其中以查询 SQL 语句字符串作为方法的形参，并且该方法返回的是 ResultSet 类型的结果集，且在该方法中无法关闭数据库连接释放有关的资源。

显然，这样设计的业务逻辑处理 JavaBean 是不规范的。

在面向对象的程序设计中，所处理的信息都是以"对象"为目标的，但在该案例中，所使用的参数是关系型数据库的 SQL 语句，且返回的查询结果也是关系型数据结构，为了解决这个问题，提出了 DAO 设计模式。

7.5 JSP+Servlet+JavaBean+DAO 开发模式

前面介绍的数据库操作中，大都是直接利用 SQL 语句，即利用关系数据库实现数据库的操作，对于 Java 语言或 JSP，在实现数据库操作时，可以采用将数据库表和普通的 Java

类映射，将数据表转换为类（对象），然后利用对象实现对数据库的操作。DAO 模式实现了把数据库表的操作转化成对 Java 类的操作，从而提高了程序的可读性以及实现了更改数据库的方便性。

7.5.1 DAO 模式与数据库访问架构

DAO 模式是进行 Java 数据库开发的最基本的设计模式，就是把对数据库表的操作转化为对 Java 类的操作。

DAO 模式最多是与 JDBC、SQL、Hibernate 等数据库应用技术结合在一起一同使用。其架构图如图 7-13 所示。

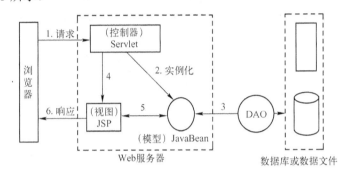

图 7-13　JSP+Servlet+JavaBean+DAO 编程模式

在系统设计中，采用 DAO 模式的主要优点如下：

1）抽象出数据访问方式（增、删、改、查等），在访问数据源（数据库）时，完全感觉不到数据源（数据库）的存在。

2）将数据访问集中在独立的一层，所有数据访问都由 DAO 代理，从而将数据访问的实现与系统的其余部分剥离。

7.5.2 JSP+Servlet+JavaBean+DAO 开发案例——学生体质信息管理

采用 DAO 开发数据库应用程序，关键是建立数据库表与 Java 类的对应，即建立一个对应于数据库表结构的 JavaBean。一般需要进行如下步骤：

1）根据数据库中的数据表结构，分别定义有关的数据 JavaBean。

2）数据访问逻辑使用 DAO 模块提供服务，为了使得任何需要访问数据库中数据的逻辑操作都可以以统一的方式使用 DAO 的对象，一般需要设计数据访问逻辑处理的接口。

3）根据业务处理要求，设计业务逻辑处理类（可能多个 JavaBean）。

4）调用有关对象的操作方法，完成所需要的功能。

【例7-11】　采用 JSP＋Servlet＋JavaBean+DAO+JDBC+MySQL 技术开发设计学生体质信息管理系统。

【分析】在例 7-10 中已经给出了系统较详细的需求分析和功能划分，从图 7-13 可以看出，采用 DAO 模式设计系统，主要是 JavaBean 与 DAO 之间的数据传递和交换，其他与例 7-10 一样，所以这里重点给出对 JavaBean 的修改以及 JavaBean 是如何与 DAO 交换数据，以及 DAO 与数据库之间的关系。

【设计】该系统需要设计以下有关的组件，主要是设计 3 个大类和 1 个接口以及相关的页面 JSP 程序。

1）描述学生信息的数据类：Students 类。

2）数据库连接和关闭的工具 JavaBean 类的设计。

3）实现数据库访问和业务逻辑的结合体 DAO 类：StudentDAO 类，该 DAO 类的实例对象应负责处理数据库记录的基本操作（创建、读取、更新、删除，CRUD），即完成对 CRUD 操作的封装。

4）实现业务逻辑处理的接口：IBookDAO。

5）实现数据信息提交、查询、修改、删除等有关操作的 JSP 网页。

各类、接口、JSP 网页之间的关系如图 7-14 所示，下面主要给出 JavaBean 的设计与实现。

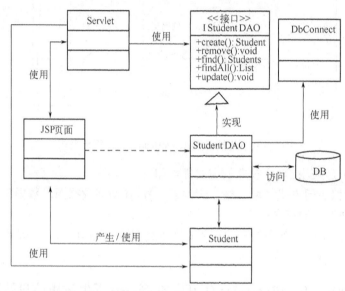

图 7-14　例 7-11 各组件之间的关系

【实现】

1. 建立对应数据库表结构的 JavaBean——学生类：Student

注意，该类的建立是根据数据库表 stu_info 的数据表结构建立的。

```
package com.domain;
public class Student {
    private int id;
    private String name;
    private String sex;
    private int age;
    private float weight;
    private float height;
    //省略了构造方法（带参构造方法、无参构造方法）以及属性的 getter/setter 方法
}
```

2. 数据库连接与关闭释放资源工具 JavaBean 类的设计

```
package com.db;
```

```
import java.sql.*;
public class DbConnect {
    private static String driverName = "com.mysql.jdbc.Driver";      //驱动程序名
    private static String userName = "root";                          //数据库用户名
    private static String userPwd = "123456";                         //密码
    private static String dbName = "students";                        //数据库名
    public static Connection getDBconnection(){
        String  url1="jdbc:mysql://localhost/"+dbName;
        String  url2 ="?user="+userName+"&password="+userPwd;
        String  url3="&useUnicode=true&characterEncoding=UTF-8";
        String  url =url1+url2+url3;
        try{
            Class.forName(driverName);
            Connection con=DriverManager.getConnection(url);
            return con;
        }catch (Exception e) {
            e.printStackTrace();
        }
        return null;
    }
    public static void closeDB(Connection con,PreparedStatement pstm, ResultSet rs){
        try{
            if(rs!=null) rs.close();
            if(pstm!=null) pstm.close();
            if(con!=null) con.close();
        }catch (SQLException e) {
            e.printStackTrace();
        }
    }
}
```

3．建立实现数据库处理的接口：IStudentDAO

```
package com.dao;
//省略了 import 语句
public interface IStudentDAO {
    public abstract Student create(Student stu) throws Exception;      //添加记录的方法
    public abstract void remove(Student stu) throws Exception;         //删除记录的方法
    public abstract Student find(Student stu) throws Exception;        //查询记录的方法
    public abstract List<Student> findAll() throws Exception;          //列出全部记录的方法
    public abstract void update(Student stu) throws Exception;         //修改记录的方法
}
```

4．对接口 IStudentDAO 的实现，以及其访问逻辑处理类 StudentDAO 类

```
package com.dao;
//省略了 import 语句
public class StudentDAO implements IStudentDAO {
    protected static final String FIELDS_INSERT ="id,name,sex,age,weight,height";
    protected static String INSERT_SQL="insert into stu_info ("
                                        +FIELDS_INSERT+")"+"values (?,?,?,?,?,?)";
    protected static String SELECT_SQL="select "
                                        +FIELDS_INSERT+" from stu_info where id=?";
```

```java
    protected static String UPDATE_SQL="update stu_info set "
                                    +"id=?,name=?,sex=?,age=?,weight=?,height=? where id=?";
    protected static String DELETE_SQL ="delete from stu_info where id=?";
    //实现向数据库中添加记录的方法
    public Student create(Student stu) throws Exception{
        Connection con=null;
        PreparedStatement prepStmt=null;
        ResultSet rs=null;
        con=DbConnect.getDBconnection();
        prepStmt =con.prepareStatement(INSERT_SQL);
        prepStmt.setInt(1,stu.getId());
        prepStmt.setString(2,stu.getName());
        prepStmt.setString(3,stu.getSex());
        prepStmt.setInt(4,stu.getAge());
        prepStmt.setFloat(5,stu.getWeight());
        prepStmt.setFloat(6,stu.getHeight());
        prepStmt.executeUpdate();
        DbConnect.closeDB(con, prepStmt, rs);
        return stu;
    }
    //实现查询数据库中对指定的记录是否存在的方法
    public Student find(Student stu) throws Exception {
        Connection con=null;
        PreparedStatement prepStmt=null;
        ResultSet rs=null;
        Student stu2 = null;
        con=DbConnect.getDBconnection();
        prepStmt = con.prepareStatement(SELECT_SQL);
        prepStmt.setInt(1,stu.getId());
        rs = prepStmt.executeQuery();
        if (rs.next()){
            stu2 = new Student();
            stu2.setId(rs.getInt(1));          //这里是通过字段在数据表中的位置次序，获取数据的
            stu2.setName(rs.getString(2));
            stu.setSex(rs.getString(3));
            stu2.setAge(rs.getInt(4));
            stu2.setWeight(rs.getFloat(5));
            stu2.setHeight(rs.getFloat(6));
        }
        DbConnect.closeDB(con, prepStmt, rs);
        return stu2;
    }
    //实现列出数据库全部记录的方法
    public List<Student> findAll() throws Exception {
        Connection con=null;
        PreparedStatement prepStmt=null;
        ResultSet rs=null;
        List<Student> student = new ArrayList<Student>();
        con=DbConnect.getDBconnection();
        prepStmt = con.prepareStatement("select * from stu_info");
```

```
                rs = prepStmt.executeQuery();
                while(rs.next()) {
                  Student stu2 = new Student();
                     stu2.setId(rs.getInt(1));
                     stu2.setName(rs.getString(2));
                     stu2.setSex(rs.getString(3));
                     stu2.setAge(rs.getInt(4));
                     stu2.setWeight(rs.getFloat(5));
                     stu2.setHeight(rs.getFloat(6));
                     student.add(stu2);
                }
                DbConnect.closeDB(con, prepStmt, rs);
                return student;
        }
//实现删除数据库中指定记录的方法
        public void remove(Student stu) throws Exception {
                Connection con=null;
                PreparedStatement prepStmt=null;
                ResultSet rs=null;
                con=DbConnect.getDBconnection();
                prepStmt = con.prepareStatement(DELETE_SQL);
                prepStmt.setInt(1,stu.getId());
                prepStmt.executeUpdate();
                DbConnect.closeDB(con, prepStmt, rs);
        }
//实现用指定的对象修改数据库中记录的方法
        public void update(Student stu) throws Exception {
                Connection con=null;
                PreparedStatement prepStmt=null;
                ResultSet rs=null;
                con=DbConnect.getDBconnection();
                prepStmt = con.prepareStatement(UPDATE_SQL);
                prepStmt.setInt(1,stu.getId());
                prepStmt.setString(2,stu.getName());
                prepStmt.setString(3,stu.getSex());
                prepStmt.setInt(4,stu.getAge());
                prepStmt.setFloat(5,stu.getWeight());
                prepStmt.setFloat(6,stu.getHeight());
                prepStmt.setInt(7,stu.getId());
                int rowCount=prepStmt.executeUpdate();
                if (rowCount == 0) {
                     throw new Exception("Update Error:Student Id:" + stu.getId());
                }
                DbConnect.closeDB(con, prepStmt, rs);
        }
    }
```

控制逻辑的 Servlet 与 JSP 页面的设计与例 7-10 一样，这里省略了，具体内容见例 7-10 所给出的页面设计和 Servlet 设计。读者可以将两者整理，形成一个完整的基于 JSP＋Servlet＋JavaBean+DAO+JDBC+MySQL 技术开发的学生体质信息管理系统。

本章小结

本章是本书前 6 章的综合应用，主要介绍了 Web 开发中常用的开发模式，以及它们各自的特点和编程方法，主要的编程模式有以下几个：

1）单纯的 JSP 页面编程模式。

2）JSP+JavaBean 编程模式。

3）JSP+Servlet 编程模式。

4）JSP+Servlet+JavaBean 编程模式。

5）DAO 设计模式与数据库访问。

通过案例分别给出不同开发模式的设计思想及实现，特别是对第 4 章已经介绍的"学生身体体质信息管理系统的开发"分别采用 JSP+Servlet+JavaBean 开发模式、DAO 设计模式重新给出了开发与设计。

习题

1．设计任意两个复数实现四则运算（复数加法、减法、乘法、除法）的 Web 程序。要求采用如下设计模式：JavaBea+JSP 和 JavaBean+Servlet+JSP。

2．设计实现一个图书管理系统，将图书信息存放到一个数据库中。图书包含信息：图书号、图书名、作者、价格、备注字段。

要求：基于 JSP+Servlet+JavaBean+JDBC+DAO 的 Web 架构设计该系统，进一步了解并掌握如何对数据库进行操作，以及如何分析、设计一个应用系统。

该系统的基本需求是，系统要实现如下基本管理功能：

1）用户分为两类：系统管理员和一般用户。

2）提供用户注册和用户登录验证功能，其中一个登录用户的信息有：登录用户名和登录密码。

3）管理员可以实现对注册用户的管理（删除），并实现对图书的创建、查询、修改和删除等有关的操作。

4）一般用户只能查询图书，并进行借书、还书操作，每个用户最多借阅 8 本，即当目前借书已经有 8 本，则不能再借书了，只有还书后，才可以再借阅。

第 8 章　EL 和 JSTL 技术

为了更方便、便捷地在页面中输出和操作动态数据，JSP 引入了表达式语言（Expression Language，EL）和 JSP 标准标签库（JSP Standard Tag Library，JSTL）技术。两者在 JSP2.0 版本以上都作为标准被支持。本章介绍表达式语言的使用和 JSTL 的常用标签及其使用。

8.1　表达式语言 EL

JSP 页面中输出动态信息有 3 种方法。

1）JSP 内置对象 out：例如，<% out.print("要输出的信息"); %>。

2）JSP 表达式：例如，<%=new java.util.Date()%>。

3）表达式语言：例如，${user.name}。

前两种方法在第 3 章中已经介绍，本节介绍第三种方法。

8.1.1　EL 语法

1．EL 的语法形式

所有的 EL 都是以 "${" 开始、以 "}" 结尾的，语法格式如下：

```
${expression}
```

功能：在页面上显示表达式 expression 的值。

例如，将对象 user1 以属性 user 存放在 session 范围内：

```
User user1=new User();              //创建对象实例 user1
session.setAttribute("user",user1); //将对象实例 user1 以属性 user 保存到 session 内
```

为了取得存到 session 范围内的属性名 user 的属性值，通常的代码如下：

```
User user1=(User)session.getAttribute("user");
out.print(user1.getName());         //输出对象 user1 的属性 name 值
```

而用 EL，可简写为：

```
${sessionScope.user.name}   或   ${user.name}
```

其中，sessionScope 是 EL 中表示作用范围的内置对象，代表 session 范围，即在 session 中寻找 user.name。若不指定范围，依次在 page、request、session、application 范围中查找。若中途找到 user.name，就返回其值，不再继续找；但若在全部范围内没有找到，就返回 null。

在 Web 程序设计中，对 JSP 页面常利用 EL 代替脚本代码显示输出内容。

EL 表达式是由 EL 的有关的运算符构成的式子，其运算符主要有：存取数据运算符以及表达式求值运算符。

2. 存取运算符

在 EL 中，对数据值的存取是通过"[]"或"."实现的。其格式为：

${name.property}　或　${name["property"]}　或　${name[property]}

📖 **说明：**

1）"[]"主要用于访问数组、列表或其他集合对象的属性。

2）"."主要用于访问对象的属性。

3）"[]"和"."在访问对象属性时可通用，但也有区别：

- 当存取的属性名包含特殊字符（如"."或"-"等非字母和数字符号）时，就必须使用"[]"运算符。
- "[]"中可以是变量，"."后只能是常量，如${user[data]}、${user.data}、${user ["data"]}中，后两个是等价的。

3. EL 运算符

EL 支持的运算符和 Java 语言运算符类似，主要有：算术运算符、关系运算符、逻辑运算符等，如表 8-1 所示。

表 8-1　EL 中的运算符

类　别	运 算 符	说　明	类　别	运 算 符	说　明
算术运算符	+	加	关系运算符	<	小于
	-	减（或负号）		>	大于
	*	乘		<=	小于等于
	/	除		>=	大于等于
	%	取余		==	等于
逻辑运算符	&&	与		!=	不等于
	||	或	特殊运算符	x?y:z	条件运算符
	!	非		empty	判定是否为空

EL 提供自动类型转换功能，能够按照一定的规则将操作数或结果转换成指定的类型，如表 8-2 所示是自动类型转换实例。

表 8-2　EL 的自动类型转换

EL 表达式	结　果	说　明
${true}${false}	truefalse	boolean 转 String
${null}		null 转 String
${null + 0}	0	null 转 Number
${"123.45" + 0}	123.45	字符串转 Number
${"12E3" + 0.0}	12000.0	字符串转 Number

4．应用示例

（1）求值运算符的应用

利用 EL 表达式可以实现有关的计算，获取并显示结果值。例 8-1 给出了常用运算符的应用。

【例 8-1】 创建文件 arithmetic.jsp，在页面内计算并显示计算结果，运行界面如图 8-1 所示。

📖 提示：若在程序某行处禁止解析表达式语言，可以使用转义字符，即在"${}"之前加"\"，也就是"\${}"。图 8-1 中的第二列就使用了禁止解析表达式，注意与第三列输出的区别。

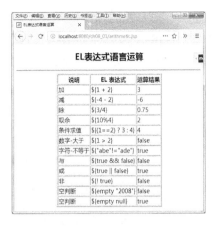

图 8-1　EL 运算示例

文件 arithmetic.jsp 的代码如下：

```
<!-- 程序 arithmetic.jsp -->
<%@ page language="java" import="java.util.*" pageEncoding="UTF-8"%>
<html style="align:center">
    <head> <title>EL 表达式语言运算</title> </head>
    <body>
    <center>
        <h2>EL 表达式语言运算</h2>
        <hr/>
        <table border="1" >
            <tr><th><b>说明</b></th><th><b>EL 表达式</b></th>
                            <th><b>运算结果</b></th></tr>
            <tr><td>加</td><td>\${1 + 2}</td><td>${1 + 2}</td></tr>
            <tr><td>减</td><td>\${-4 - 2}</td><td>${-4 - 2}</td></tr>
            <tr><td>除</td><td>\${3/4}</td><td>${3/4}</td></tr>
            <tr><td>取余</td><td>\${10%4}</td><td>${10%4}</td></tr>
            <tr><td>条件求值</td><td>\${(1==2) ? 3 : 4}</td><td>${(1==2) ? 3 : 4}</td></tr>
            <tr><td>数字-大于</td><td>\${1 > 2}</td><td>${1 > 2}</td></tr>
            <tr><td>字符-不等于</td>
                            <td>\${"abe"!="ade"}</td><td>${"abe"!="ade"}</td></tr>
            <tr><td>与</td><td>\${true && false}</td><td>${true && false}</td></tr>
            <tr><td>或</td><td>\${true || false}</td><td>${true || false}</td></tr>
            <tr><td>非</td><td>\${! true}</td><td>${! true}</td></tr>
            <tr><td>空判断</td><td>\${empty "2008"}</td><td>${empty "2008"}</td></tr>
            <tr><td>空判断</td><td>\${empty null}</td><td>${empty null} </td></tr>
        </table>
        </center>
    </body>
</html>
```

（2）访问集合中的元素

访问集合中的元素，其基本访问格式是：

```
${name[index]}
```

若 name 是一般数组或集合，则 index 为下标；若 name 是 Map 接口的集合类型，则

index 代表对应的键值，例如，${sqlcmd["select"]}，返回 sqlcmd 里的 select 对应的数据值。例 8-2 给出了 EL 存放运算符访问集合元素的使用方法。

【例8-2】 设计 collections.jsp 页面，首先在该页面中创建集合对象并保存在 request 对象内，然后在同一 JSP 页面内，利用 EL 表达式获取其值并显示。

页面 collections.jsp 代码如下：

```
<%@ page language="java" import="java.util.*" pageEncoding="UTF-8"%>
<html>
  <head><title>访问集合中的元素</title></head>
  <body>
  <% String[] firstNames = {"龙","萍","杨"};   //定义数组
  ArrayList<String> lastNames = new ArrayList<String>();   //定义 List
  lastNames.add("陈"); lastNames.add("邓"); lastNames.add("于");
  HashMap<String,String> roleNames = new HashMap<String,String>(); //定义 Map
  roleNames.put("volunteer","志愿者");
  roleNames.put("missionary","工作人员");
  roleNames.put("athlete", "运动员");
  //使用 request 对象保留上面的定义
  request.setAttribute("first",firstNames);
  request.setAttribute("last",lastNames);
  request.setAttribute("role",roleNames);
  %>
  <h2>EL 访问集合</h2>
  <ul>
    <li>${last[0]}${first[0]}:${role["volunteer"]}
    <li>${last[1]}${first[1]}:${role["athlete"]}
    <li>${last[2]}${first[2]}:${role["missionary"]}
  </ul>
  </body>
</html>
```

运行结果如图 8-2 所示。

8.1.2 EL 内部对象

EL 提供了 11 个可直接使用的内部对象，如表 8-3 所示。

图 8-2　例 8-2 运行结果

表 8-3　EL 内部对象

类　别	对　象	描　述
JSP	pageContext	获取当前 JSP 页面的信息，可访问 JSP 的 8 个内置对象
作用域	pageScope	获取页面（page）范围的属性的值
	requestScope	获取请求（request）范围的属性的值
	sessionScope	获取会话（session）范围的属性的值
	applicationScope	获取应用（application）范围的属性的值
请求参数	param	获取单个指定请求参数的值
	paramValues	获取请求参数的所有请求参数的值数组

类　别	对　象	描　述
请求头	header	获取单个指定请求头信息的值
	headerValues	获取请求头信息的所有请求头的值数组
Cookie	cookie	获取 request 中的 Cookie 集
初始化参数	initParam	获取初始化参数信息

1．EL 对表单数据的访问

表单提交的信息自动以参数的形式存放到 request 作用范围内，在 EL 中，对参数信息采用 param 或 paramValues 获取值并显示。

【例 8-3】 设计两个 JSP 页面：form.html 和 doSubmit.jsp。form.html 是提交信息的页面，在 doSubmit.jsp 页面中通过 param 和 paramValues 对象获取 form.html 页面提交的信息并显示。

1）提交信息页面，form.html 的代码如下：

```
html>
  <head>
      <title>提交信息页面</title>
      <meta http-equiv="content-type" content="text/html; charset=UTF-8">
  </head>
  <body>
      <form action="doSubmit.jsp" method="post">
          姓名 <input type="text" name="name"><br/>
          性别 <input type="text" name="sex"><br/>
          语言 <input type="text" name="lang"><br/>
          电话 <input type="text" name="regTelephone"><br/>
          邮件 <input type="text" name="email"><br/>
          简介<textarea rows="2" cols="30" name="intro"></textarea><br/><br/>
          爱好：音乐<input type="checkbox" name="aihao" value="音乐"/>
                篮球<input type="checkbox" name="aihao" value="篮球"/>
                足球<input type="checkbox" name="aihao" value="足球"/><br/><br/>
          <input type="submit" value="提交"/> <input type="reset" value="重置"/>
      </form>
  </body>
</html>
```

2）获取表单信息并显示信息页面，doSubmit.jsp 的代码如下：

```
<%@ page language="java" import="java.util.*" pageEncoding="UTF-8"%>
<html>
    <head><title>用户注册：使用 EL 获取用户提交数据</title></head>
    <body>
        <h2>您提交的内容如下：</h2>
        <% request.setCharacterEncoding("utf-8"); %>
        姓名：${param.name}<br/>
        性别：${param.sex}<br/>
        外语：${param.lang}<br/>
        电话：${param.regTelephone}<br/>
        email：${param.email}<br/>
        个人简介：${param.intro}<br/>
        爱好：${paramValues.aihao[0]} ${paramValues.aihao[1]} ${paramValues.aihao[2]}
```

```
          </body>
      </html>
```

运行结果如图 8-3 所示。

a)   b)

图 8-3   例 8-3 运行结果

a) 提交信息页面   b) 获取并显示信息页面

2．EL 对作用域内属性的访问

【例 8-4】 采用不同的作用域存放信息，并用 EL 表达式获取指定作用域内属性的值并显示。设计 scope.jsp 页面，在该页面内使用同一个属性名 a，将不同的值保存到不同的作用域内，再分别从作用域内获取该属性的值并显示。

页面 scope.jsp 的代码如下：

```
<%@ page language="java" import="java.util.*" pageEncoding="UTF-8"%>
<html>
  <head><title>EL 对作用域内属性的访问</title></head>
  <body>
    <%  pageContext.setAttribute("a", "page");
        request.setAttribute("a", "request");
        session.setAttribute("a", "session");
        application.setAttribute("a", "application");   %>
    页面范围 a 值：${pageScope.a }<br />
    请求范围 a 值：${requestScope.a }<br />
    会话范围 a 值：${sessionScope.a }<br />
    应用范围 a 值：${applicationScope.a }<br />
    不加范围 a 值：${a }<br />
  </body>
</html>
```

运行结果如图 8-4 所示。

3．EL 对 Web 工程初始参数的访问

initParam 对象用来访问 Servelt 配置的初始参数，该参数在 web.xml 中设置格式：

```
<context-param>
    <param-name>paraName</param-name>
    <param-value>paraValue</param-value>
</context-param>
```

图 8-4   例 8-4 运行结果

【例 8-5】 假设在 web.xml 中有如下初始化参数配置，利用 initParam 对象获取该参数值并显示：

```
<context-param>
    <param-name>book</param-name>
    <param-value>C++程序设计</param-value>
</context-param>
```
设计页面 initParam.jsp，其代码如下：
```
<%@ page language="java" import="java.util.*" pageEncoding="UTF-8"%>
<html>
    <head> <title>EL initParam 对象</title></head>
    <body>
        <p><b>web 应用上下文初始参数：</b></p>
        <!--下面两行输出同样的结果-->
        <p>
            <%=application.getInitParameter("book")%><br />
            ${initParam.book}
        </p>
    </body>
</html>
```

运行结果如图 8-5 所示。

8.1.3 EL 对 JavaBean 的访问

EL 也可以对 JavaBean 进行访问，访问
JavaBean 的属性格式为：

图 8-5　例 8-5 运行结果

${name.property}

表示查找指定名称的作用域变量，并输出指定的 JavaBean 的属性值。

【例8-6】 使用 EL 访问 JavaBean 的属性。创建一个 JavaBean：BookBean.java，该 JavaBean 是对图书信息的描述，然后设计 beanEL.jsp，利用 EL 获取 JavaBean 实例对象中各属性的值并显示。

1）设计 JavaBeran：BookBean.java，其代码如下：

```
package beans;
public class BookBean{
    private int bookid;              //书号
    private String bookname;        //书名
    private String author;          //作者
    private float price;            //价格
    private String publisher;       //出版社
    public BookBean() {
        bookid=1000;
        bookname="Java Web 开发";
        author="Abc";
        price=50;
        publisher="机械工业出版社";
    }
    //以下省略了属性的 setter/getter 方法
}
```

2）设计 beanEL.jsp，其代码如下：

```
<%@page contentType="text/html; charset=UTF-8"%>
```

```
<%@page import="beans.BookBean"%>
<html>
    <head><title>使用 EL 访问 JavaBean 属性</title></head>
    <body>
        <jsp:useBean id="BookBean" class="beans.BookBean" scope="session"/>
        <%
            //通过常规方法访问 JavaBean 的属性
            int BId = BookBean.getBookid();
            BookBean.setBookid(1002);
            String BName = BookBean.getBookname();
            BookBean.setBookname("Java Web 开发");
        %>
        <!--通过 EL 存取运算符访问 JavaBean 的属性-->
        书号：${BookBean.bookid}<br>
        书名：${BookBean.bookname}<br>
        作者：${BookBean.author}<br>
        出版社：${BookBean["publisher"]}<br>
        价格：${BookBean.price}<br>
    </body>
</html>
```

运行结果如图 8-6 所示。

图 8-6   例 8-6 运行结果

8.2   JSTL

JSTL 是 JSP 标准标签库，使用 JSTL 中的标签可以提高开发效率，减少 JSP 页面中的代码数量，保持页面的简洁性和良好的可读性、可维护性。

8.2.1   JSTL 简介

JSTL 是 JSP 标准标签库，专门提供了一套支持 Jar 包（目前版本为 JSTL1.2.5，官方下载网址为：http://tomcat.apache.org/taglibs/），JSTL 标签按功能分为 5 类，如表 8-4 所示。

表 8-4   JSTL 标签库

功能类型	URI	prefix	库功能
核心库	http://java.sun.com/jsp/jstl/core	c	操作范围变量、流程控制、URL 生成和操作
XML 处理	http://java.sun.com/jsp/jstl/xml	x	操作通过 XML 表示的数据
格式化	http://java.sun.com/jsp/jstl/fmt	fmt	数字及日期数据格式化、页面国际化
数据库存取	http://java.sun.com/jsp/jstl/sql	sql	操作关系数据库
函数	http://java.sun.com/jsp/jstl/functions	fn	字符串处理函数

表中的统一资源标识符（Universal Resource Identifier，URI）表示标签的位置，prefix 是使用标签时所用的前缀。

在 Web 程序中使用 JSTL 标签，必须首先下载支持 Jar 包，并将该 Jar 包添加到 Web 工程的 WEB-INF/lib 目录下。

使用 JSTL 标签的步骤是：

1）将支持 JSTL 的 Jar 包添加到工程中。

在 MyEclipse 开发工具中，已经将所需要的 Jar 包集成到 MyEclipse 中，在创建 Web 工程时也自动添加到工程中，如图 8-7 所示（这里添加的是 JSTL1.2.2 版本，其中的 Jar 包为：javax.servlet.jsp.jstl.jar 和 jstl-impl-1.2.2.jar 两个 Jar 包）。

注意：若不选中图 8-7b 中的 JSTL 所需要的 Jar 包，所创建的 Web 工程就不支持 JSTL 标签的使用。若要支持 JSTL 标签，开发者可以将自己下载的支持 JSTL 的 Jar 包直接复制到 WEB-INF/lib 下。

2）在 JSP 页面中添加 Taglib 指令，从而使该页面使用到添加的标签：

```
<%@ taglib prefix="" uri="" %>
```

其中，prefix 和 uri 属性的取值参照表 8-4。

图 8-7　创建 Web 工程对 JSTL 的支持

a) 创建 Web 工程的对话框　b) 自动添加 JSTL 库的提示框

如在页面中要使用核心库中的标签，则 Taglib 指令可写为：

```
<%@ taglib prefix="c" uri="http://java.sun.com/jsp/jstl/core"%>
```

3）在页面中使用标签，例如：

```
<c:out value="${1+2}"/>        //其功能是：输出 EL 表达式${1+2}的值
```

📖 **说明**：JSTL 通常和 EL 表达式结合使用，EL 作为 JSTL 标签的属性值。

8.2.2　常用的 JSTL 标签

JSTL 标签数量众多，这里不一一介绍，只介绍核心库中的几个常用标签。

1．<c:out>标签：用于在 JSP 页面中显示数据

格式如下：

```
<c:out value="" default=""/>
```

其中，value 属性：输出的信息，可以是 EL 表达式或常量；default 属性：可选项，当 value 为空时显示的信息。

例如，显示用户的用户名，若用户名为空，则显示"guest"，其语句为：

```
<c:out value="${user.uesrNmae}" default="guest"/>
```

2．<c:set>标签：用于保存数据

格式如下：

```
<c:set target="" value="" var="" property="" scope=""/>
```

其中，value 属性：可选项，要保存的信息，可以是 EL 表达式或常量；target 属性：可选项，需要修改属性的变量名，一般为 JavaBean 实例，若指定了 target 属性，则也必须指定 property 属性；property 属性：可选项，需要修改的 JavaBean 属性；var 属性：可选项，需要保存信息的变量；scope 属性：可选项，保存信息的变量范围。

例如，将 test.testinfo 的值保存到 session 的 test2 中，其中 test 是一个 JavaBean 的实例，testinfo 是 test 对象的属性，其语句为：

```
<c:set value="${test.testinfo}" var="test2" scope="session"/>
```

例如，将对象 cust.address 的 city 属性保存到变量 city 中，其语句为：

```
<c:set target="${cust.address}" value="{city}" property="city"/>
```

3．<c:remove>标签：用于删除数据

格式如下：

```
<c:remove var="" scope=""/>
```

其中，var 属性：要删除的变量；scope 属性：可选项，被删除变量的范围（page、request、session、application）。

例如，从 session 中删除 test2 变量，其语句为：

```
<c:remove var="test2" scope="session"/>
```

4．单分支标签：<c:if>

格式如下：

```
<c:if test="test-condition">
    body content
</c:if>
```

其中，test 属性：需要评价的条件；var 属性：可选项，要求保存条件结果的变量名；scope 属性：可选项，保存条件结果的变量范围。

5．多分支标签：<c:choose>

<c:choose>用于多选择情况，不接受任何属性，与<c:when>、<c:otherwise>配合使用。

<c:when>有一个属性 test，用于指明判定的条件。

格式如下：

```
<c:choose>
    <c:when test="condition1">
        相关的语句
    </c:when >
    其他条件语句
    <c:othersize>
        相关的语句
    </c:otherwise >
</c:choose>
```

【例 8-7】 设计页面 if.jsp，根据当前时间，输出不同的问候语。分别采用单分支标签和多分支标签实现。

```
<%@ page import="java.util.Calendar" pageEncoding="UTF-8"%>
<%@ taglib uri="http://java.sun.com/jsp/jstl/core" prefix="c"%>
<html>
  <body>
    <h4>根据当前时间来输出不同的问候语</h4>
    <% Calendar rightNow = Calendar.getInstance();
        Integer Hour=new Integer(rightNow.get(Calendar.HOUR_OF_DAY));
        request.setAttribute("hour", Hour);
    %>
    <h5>采用单分支标签实现</h5>
    <c:if test="${hour >= 0 && hour <=11}">上午好！</c:if>
    <c:if test="${hour >= 12 && hour <=17}"> 下午好！</c:if>
    <c:if test="${hour >= 18 && hour <=23}"> 晚上好！</c:if>
    <h5>采用多分支标签实现</h5>
    <c:choose>
        <c:when test="${hour >= 0 && hour <=11}">上午好！</c:when>
        <c:when test="${hour >= 12 && hour <=17}">下午好！</c:when>
        <c:otherwise>晚上好！</c:otherwise>
    </c:choose>
  </body>
</html>
```

6. 循环标签：<c:forEach>

格式 1：

```
<c:forEach [var=""] [varStatus=""] begin="" end="" [step=""]>
    循环内容
</c:forEach>
```

格式 2：

```
<c:forEach [var=""] items="" [varStatus=""]>
    循环内容
</c:forEach>
```

其中，items 属性：进行循环的项目；var 属性：代表当前项目的变量名；begin 属性：开始条件；end 属性：结束条件；step 属性：步长；varStatus 属性：显示循环变量的状态。

【例 8-8】 分析 forEach.jsp 中的代码，理解不同格式的<c:forEach>的使用。

页面 forEach.jsp 的代码如下：

```
<%@page    import="java.util.Vector" pageEncoding="UTF-8"%>
<%@taglib uri="http://java.sun.com/jsp/jstl/core" prefix="c" %>
<html>
    <body>
    <h4>循环次数控制</h4>
    <c:forEach var="item" begin="1" end="10" step="3">
        ${item}
    </c:forEach>
    <h4>枚举 Vector 元素</h4>
    <% Vector v = new Vector();
        v.add("陈龙"); v.add("邓萍"); v.add("余杨");      v.add("北京 2008");
        pageContext.setAttribute("vector", v);
    %>
    <c:forEach items="${vector}" var="item">
        ${item}
    </c:forEach>
    <h4> 逗号分隔的字符串</h4>
    <c:forEach var="color" items="红,橙,黄,蓝,黑,绿,紫,粉红,翠绿" begin="2" step="2">
        <c:out value="${color}"/>
    </c:forEach>
    <h4>状态变量的使用</h4>
    <c:forEach var="i" begin="10" end="50" step="5" varStatus="status">
        <c:if test="${status.first}">
            begin:<c:out value="${status.begin}"/>   
            end:<c:out value="${status.end}"/>   
            step:<c:out value="${status.step}"/><br>
            <c:out value="输出的元素:"/>
        </c:if>
        <c:out value="${i}"/>
        <c:if test="${status.last}">
            <br/>总共输出<c:out value="${status.count}"/> 个元素。
        </c:if>
    </c:forEach>
    </body>
</html>
```

运行结果如图 8-8 所示。

8.2.3 JSTL 标准函数

JSTL 提供了标准函数，给处理字符串带来了方便，在使用这些函数之前必须在 JSP 中引入标准函数的声明，引入格式如下：

```
<%@taglib prefix="fn" uri="http://java.sun.com/jsp/jstl/functions">
```

函数说明如表 8-5 所示，注意使用示例中的函数引用前缀为 fn。

图 8-8 例 8-8 运行结果

表 8-5　JSTL 标准函数

函 数 名	函数说明	使用示例
contains	判断字符串是否包含另一个字符串	`<c:if test="${fn:contains(name, searchString)}">`
containsIgnoreCase	判断字符串是否包含另一个字符串（与大小写字符无关）	`<c:if test="${fn:containsIgnoreCase(name, searchString)}">`
endsWith	判断字符串是否以另外的字符串结束	`<c:if test="${fn:endsWith(filename, ".txt")}">`
escapeXml	把一些字符转成 XML 表示，例如`<`字符应该转为`&lt;`	`${fn:escapeXml(param:info)}`
indexOf	子字符串在母字符串中出现的位置	`${fn:indexOf(name, "-")}`
join	将数组中的数据联合成新字符串，并使用指定字符间隔	`${fn:join(array, ";")}`
length	获取字符串的长度或数组的大小	`${fn:length(shoppingCart.products)}`
replace	替换字符串中指定的字符	`${fn:replace(text, "-", "&#149;")}`
split	把字符串按照指定字符切分	`${fn:split(customerNames, ";")}`
startsWith	判断字符串是否以某个子串开始	`<c:if test="${fn:startsWith(product.id, "100-")}">`
Substring	获取子串	`${fn:substring(zip, 6, -1)}`
substringAfter	获取从某个字符所在位置开始的子串	`${fn:substringAfter(zip, "-")}`
substringBefore	获取从开始到指定字符位置的子串	`${fn:substringBefore(zip, "-")}`
toLowerCase	转为小写字符	`${fn:toLowerCase(product.name)}`
toUpperCase	转为大写字符	`${fn.UpperCase(product.name)}`
trim	去除字符串前后的空格	`${fn.trim(name)}`

【例 8-9】 JSTL 标准函数应用示例。理解有关 JSTL 标准函数及其使用格式。

```
<%@page   pageEncoding="UTF-8"%>
<%@taglib prefix="fn" uri="http://java.sun.com/jsp/jstl/functions" %>
<html>
  <head> <style>body{font-size:20px}</style> </head>
  <body>
    \${fn:contains("abcd","bcde")} = ${fn:contains("abcd","bcde")}<br>
    \${fn:containsIgnoreCase("abcd","ABC")}=${fn:containsIgnoreCase("abcd","ABC")}<br>
    \${fn:endsWith("abcd","cd")}=${fn:endsWith("abcd","cd")}<br>
    \${fn:indexOf("abcd","cd")}=    ${fn:indexOf("abcd","cd")}<br>
    \${fn:join(fn:split("aa bb cc", " "),":")}=${fn:join(fn:split("aa bb cc", " "),":")}<br>
    \${fn:length("abcd")}= ${fn:length("abcd")}<br>
    \${fn:replace("abce","e","d")}= ${fn:replace("abce","e","d")}<br>
    \${fn:startsWith("abcd","ab")}=${fn:startsWith("abcd","ab")}<br>
    \${fn:substring("abcd",0,3)}= ${fn:substring("abcd",0,3)}<br>
    \${fn:substringAfter("ab-cd","-")}= ${fn:substringAfter("ab-cd","-")}<br>
    \${fn:substringBefore("ab-cd","-")}= ${fn:substringBefore("ab-cd","-")}<br>
    \${fn:toLowerCase("ABCD")}= ${fn:toLowerCase("ABCD")}<br>
    \${fn:toUpperCase("abcd")}= ${fn:toUpperCase("abcd")}<br>
    \${fn:length(fn:trim("  abcd"))}=${fn:length(fn:trim("  abcd  "))} <br>
  </body>
</html>
```

运行结果如图 8-9 所示。

图 8-9　例 8-9 运行结果

8.3　综合案例——使用 EL 和 JSTL 显示查询结果

在 JSP 页面中结合使用 EL、JSTL，可以取代脚本代码实现动态内容输出，这里的动态内容通常是存在于某个范围内的数据。

【例 8-10】　使用 EL、JSTL 实现从 Servlet 中获取信息，然后在显示页面展示结果。

【分析】该例题首先由 Servlet 形成数据，并将数据存到请求范围内，然后转发给 show.jsp 显示。show.jsp 利用 EL 和 JSTL 方法取得数据并显示结果。为了区别 EL、JSTL 与脚本代码在信息显示上的差异，在 show.jsp 中，采用两种方式实现显示对比。

【设计】该例题需要设计 3 个组件：描述学生信息的实体组件 Student.java；在 Servlet（QueryServlet.java）中实现数据的创建与保存；利用 EL 和 JSTL 获取数据并显示 JSP 网页。

【实现】假设创建的 Web 工程为 ch08_10，在该工程中依次创建 3 个组件。

1）实体类：Student.java，代码如下：

```java
package bean;
public class Student{
    private String sno,sname,sex;
    public Student(){}
    public Student(String sno,String sname,String sex){
        this.sno = sno; this.sname = sname; this.sex = sex;
    }
    //以下省略了属性的 setter/getter 方法
}
```

2）实现查询并保存查询结果的 Servlet：QueryServlet.java，代码如下：

```java
package servlet;
//省略了 import 语句
@WebServlet("/queryServlet")          Servlet 注释配置
public class QueryServlet extends HttpServlet {
    public void doGet(HttpServletRequest request, HttpServletResponse response)
        throws ServletException, IOException {
        List<Student> studentlist=new ArrayList<Student>();          //查询结果
```

```
            studentlist.add(new Student("001","张三","男"));
            studentlist.add(new Student("002","李四","女"));
            studentlist.add(new Student("003","王五","男"));
            request.setAttribute("result", studentlist);        //将查询结果保存到 request 对象中
            //转发到 show.jsp 显示查询结果
            request.getRequestDispatcher("show.jsp").forward(request, response);
        }
    }
```

3）显示结果 JSP 页面：show.jsp，代码如下：

```jsp
<%@page    pageEncoding="utf-8" import="java.util.*,bean.Student"%>
<%@taglib   uri="http://java.sun.com/jsp/jstl/core" prefix="c"%>
<html>
    <body>
        显示结果(用 EL 和 JSTL)<br/>
        <table border="1">
            <tr><th>学号</th><th>姓名</th><th>性别</th></tr>
            <c:forEach var="student" items="${result}">
                <tr>    <td>${student.sno}</td>
                        <td>${student.sname}</td>
                        <td>${student.sex}</td>    </tr>
            </c:forEach>
        </table>
        <hr/>显示结果(用脚本代码)<br/>
        <% List<Student> studentlist=(List<Student>)request.getAttribute("result"); %>
        <table border="1">
            <tr><th>学号</th><th>姓名</th><th>性别</th></tr>
            <% for(Student student:studentlist){%>
                <tr><td><%=student.getSno()%></td>
                    <td><%=student.getSname()%></td>
                    <td><%=student.getSex()%></td>    </tr>
            <%} %>
        </table>
    </body>
</html>
```

启动服务器，在浏览器的地址栏中输入：127.0.0.1:8080/ch08_10/queryServlet，其运行结果如图 8-10 所示。

两种方式的运行结果相同，但使用 EL、JSTL 显示信息结构简单，而采用脚本代码显示信息却需要大量的代码。在以后设计中，推荐使用 EL 和 JSTL 控制信息的显示。

本章小结

本章介绍了 JSP2.0 标准以上支持的 EL 和 JSTL 视图层技术，在 JSP 页面中使用可以简化代码，增加页面的可读性。

图 8-10   例 8-10 运行结果

习题

1. 设计表单提交页面 first.jsp，在该页面中将两个输入域信息 username（用户名）和 userpass（密码）提交给页面 second.jsp。假设用户名和密码分别是"abc"和"123"，则转到 third.jsp 页面显示问候语"用户 abc，你好!"，否则转回到 first.jsp，原来用户输入的用户名要保留，并有提示信息"用户名或密码错误，请重新输入"，使用本章的技术实现。

2. 熟练地使用数据库访问技术和 EL/JSTL，将静态页面模板中的内容用数据库中的内容替换。

第9章　jQuery前端框架技术

jQuery 是一个优秀的 JavaScript 框架，它是轻量级的 JavaScript 库，不仅兼容 CSS3，还兼容各种浏览器（IE6.0+、Firefox1.5+、Safari2.0+、Opera9.0+、Chrome 等）。使用 jQuery 可以方便地处理 HTML 文档、事件，实现动画效果，并且可以方便地为网站提供 Ajax 交互。本章主要介绍 jQuery 选择器、操作 DOM 的方法及 jQuery 中的事件。

9.1　jQuery 的使用方法

jQuery 是一个开源框架，使用它可以方便地处理 HTML 文档、事件，实现动画效果，并且可以方便地为网站提供 Ajax 交互。

9.1.1　下载 jQuery 以及在网页中添加 jQuery 框架

jQuery 是一个轻量级的 JavaScript 函数库，若在网页设计中使用，必须先下载 jQuery 函数库，并将它添加到网页中。

下载 jQuery 函数库的官方网址为 jquery.com，有两个版本的 jQuery 可供下载：Production version（用于实际的网站中，已被精简和压缩）以及 Development version（用于测试和开发，未压缩，是可读的代码），一般下载 Production version 版本。可以从该网址下载最新版本的 jQuery 库，本书下载 jQuery 3.3.1 版本，下载的文件为 jquery-3.3.1.min.js。一般将下载的文件放在 Web 工程的 WebRoot 目录下的 js 文件夹内。

在 HTML 或 JSP 网页中，使用<script>标签引用，根据存放位置，其引用格式如下：

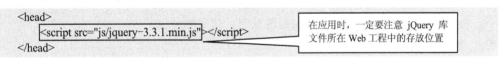

```
<head>
    <script src="js/jquery-3.3.1.min.js"></script>
</head>
```
在应用时，一定要注意 jQuery 库文件所在 Web 工程中的存放位置

9.1.2　jQuery 的语法

jQuery 通过选取 HTML 元素，并对选取元素执行某些操作（actions）。选取 HTML 元素使用"jQuery 的选择器"，对选取元素执行相关操作称为"动作函数"。

jQuery 的语法格式为：

```
$(selector).action()
```

其中，selector 是 jQuery 选择器；action 是要执行的动作函数。

例如，

```
$(this).hide()          //选中当前元素，执行 hide()函数，隐藏当前元素
$("p").hide()           //选中所有段落标签元素，执行 hide()函数，隐藏所有段落
$("p.test").hide()      //选中段落标签中指定类为 test 的元素，即隐藏所有 class="test"的段落
```

```
$("#test").hide()          //选中自定义标签为 test 的元素，即隐藏所有 id="test"的元素
```

（1）选择器

在 jQuery 框架中通过"选择器"选择并确定被操作的 HTML 元素（或元素组），然后利用指定的功能函数对选中的元素进行操作。

jQuery 的选择器分为：基本选择器、层次选择器、过滤选择器和表单选择器四大类。其中，"元素选择器"和"属性选择器"属于基本选择器，使用得比较频繁，通过标签名、属性名或内容对 HTML 元素（元素组）进行选择。

（2）jQuery 事件函数（或称为动作函数）

事件是页面对不同访问者的响应，例如，在元素上移动鼠标、选取单选按钮、单击元素等都是事件。而事件引起的响应（即事件处理）是由事件函数（也称为事件处理程序）完成的。

事件处理程序指的是当 HTML 中发生某些事件时所调用的方法。通常将 jQuery 代码程序放到<head>部分的事件处理方法中，但在实际应用开发中使用"将所有的函数存放到一个单独的.js 文件中"，从而使 jQuery 函数易于维护，在使用时，通过 src 属性将.js 文件添加到网页中。

9.1.3　jQuery 应用简单案例

使用 jQuery 框架开发网页程序，一般需要以下步骤：

1）在新建的 Web 工程中，将 jQuery 框架库添加到 Web 工程的 WebRoot 目录下的 js 文件夹内（需要先创建 js 文件夹）。

2）创建 HTML 或者 JSP 网页文件。

3）将 jQuery 框架库文件（jquery-3.3.1.min.js），采用如下格式添加到网页文件内：

```
<script src="js/jquery-3.3.1.min.js"></script>
```

4）在网页的<head>部分添加事件处理函数，一般有两种方式。

第一种方式：直接将 jQuery 代码程序放到<script>jQuery 代码程序</script>内。

第二种方式：将 jQuery 代码程序存放到一个单独的.js 文件中，一般也放到 js 文件夹下，再通过 src 属性将.js 文件添加到网页中。在实际开发中，一般采用第二种方式。

【例 9-1】　该示例给出了在页面（ch09_01.jsp）中使用 jQuery 的基本方法。注意在代码中给出的标识说明。

1）首先建立 Web 工程，再创建 js 文件夹，并添加 jQuery 框架文件。工程目录结构如图 9-1 所示。

2）创建网页文件 ch09_01.jsp，并在网页中引用 jQuery 框架文件。代码如下：

图 9-1　例 9-1 的工程目录结构

```
<%@ page    pageEncoding="UTF-8"%>
<html>
    <head> <script src="js/jquery-3.3.1.min.js"></script> </head>
    <body>
        <p>如果你点我，我就会消失。</p>
        我是第 2 行信息！
    </body>
</html>
```

3）在该页面中，给出了段落标签："<p>如果你点我，我就会消失。</p>"，需要单击事件，并引发将该段落隐藏的处理函数。这里先采用第一种编写 jQuery 代码程序的方式，页面程序如下：

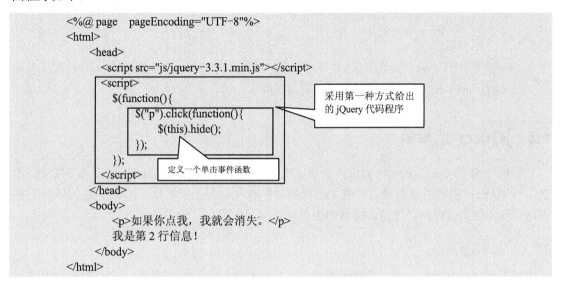

> 📖 说明：$(function(){}) 是 $(document).ready(function(){}) 的简写形式，为了让里面的代码在页面框架下载完毕后才执行。

4）运行程序，运行界面如图 9-2 所示，其中图 9-2a 是初始界面，图 9-2b 是单击段落引发执行 jQuery 程序后的界面。

图 9-2　例 9-1 的运行界面

a) 启动界面　b) 单击第 1 行后的页面

5）进一步修改程序，采用第二种方式引用 jQuery 程序。

在 js 文件夹下，创建一个新的 abc.js 文件，文件内容如下：

```
$(function(){
            $("p").click(function(){
                $(this).hide();
            });
        });
```

采用第二种方式将 abc.js 文件添加到网页中，修改后的 ch09_01.jsp 网页内容如下：

```
<%@ page    pageEncoding="UTF-8"%>
<html>
    <head>
```

```
            <script src="js/jquery-3.3.1.min.js"></script>
            <script src="js/abc.js"></script>
        </head>
        <body>
            <p>如果你点我，我就会消失。</p>
            我是第 2 行信息！
        </body>
    </html>
```

6）运行 ch09_01.jsp 文件，其运行结果与图 9-2 一样。

9.2 jQuery 选择器

在第 2 章的 JavaScript 内容中，介绍了根据元素 id、name 或 tagName 获取 HTML 元素，而 jQuery 提供了更为灵活和强大的选择器来获取页面元素对象。jQuery 选择器分为基本选择器、层次选择器、过滤选择器和表单选择器四大类。

9.2.1 基本选择器

基本选择器是 jQuery 中最常使用的，它由元素 id、class、标签名、多个选择符组成，通过基本选择器可以实现大多数页面元素的查找。表 9-1 为基本选择器语法描述。

表 9-1　基本选择器

选　择　器	描　　述	返　　回
#id	根据 id 选择一个元素	单个元素
element	根据标签名选择元素	集合元素
.class	根据类名选择元素	集合元素
*	选择所有元素	集合元素
selector1,selector2,selector3…	将每个选择器匹配到的元素合并后一起返回	集合元素

（1）jQuery 元素选择器应用示例

jQuery 使用 CSS 选择器来选取 HTML 元素。例如，

```
$("p")              //选取 <p> 元素
$("p.intro")        //选取所有 class="intro"的<p>元素
$("p#demo")         //选取所有 id="demo"的<p>元素
```

（2）jQuery 属性选择器

jQuery 使用 XPath 表达式来选择带有给定属性的元素。例如，

```
$("[href]")             //选取所有带有 href 属性的元素
$("[href='#']")         //选取所有带有 href 值等于"#"的元素
$("[href!='#']")        //选取所有带有 href，且值不等于"#"的元素
$("[href$='.jpg']")     //选取所有带有 href，且值以".jpg"结尾的元素
```

（3）jQuery CSS 选择器

jQuery CSS 选择器用于改变 HTML 元素的 CSS 属性。例如，

```
$("p").css("background-color","red");    //把所有<p>元素的背景颜色更改为红色
```

【例9-2】 该示例给出了在页面 ch09_02.jsp 中利用基本选择器实现"全选"和"取消全选"的功能。注意理解各行代码的功能。

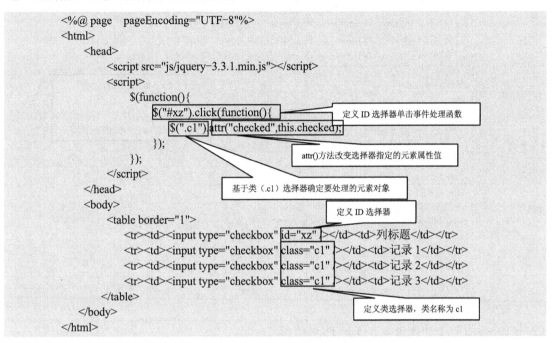

运行界面如图 9-3 所示，当勾选列标题前的复选框时，会同时选中后面 3 行复选框；反之当取消勾选时，会同时取消后面 3 行复选框选中状态。其中，attr()函数用来设置对象的属性值，根据 id 和类名选择元素的方法。

图 9-3　例 9-2 的运行界面

9.2.2　层次选择器

层次选择器通过 DOM 元素间的层次关系获取元素，其主要层次关系包括后代、父子、相邻、兄弟关系，通过其中某类关系可以方便、快捷地定位元素。表 9-2 为层次选择器语法说明。

表 9-2　层次选择器

选　择　器	描　　　述	返　　回
ancestor descendant	选取 ancestor 元素里所有的 descendant 元素，包括 descendant 的子元素	集合元素
parent > child	选取 parent 元素里的 child 元素，不包括 child 的子元素	集合元素
prev + next	选取紧接在 prev 元素后的同辈 next 元素	集合元素
prev~siblings	选取所有在 prev 元素后的同辈 siblings 元素	集合元素

【例9-3】 层次选择器示例。该示例展示层次选择器对 HTML 中的有关元素的选择与操作，注意程序中给出的注释说明，以及理解层次选择器所选定的元素是哪些。

```
<%@ page    pageEncoding="UTF-8"%>
```

```
<html> <head>
  <script src="js/jquery-3.3.1.min.js"></script>
  <script>
    $(function(){
      $("#bt1").click(function(){$("#d1 span").css("color","red"); });
      $("#bt2").click(function(){ $("#d1>span").css("color","green"); });
      $("#bt3").click(function(){ $("#d1+div").css("color","blue"); });
      $("#bt4").click(function(){ $("#d1~div").css("color","yellow"); });
    });
  </script> </head>
  <body>
    <div id="d1">d1
      <span id="s1">d1->s1:改变文字颜色
        <span id="s2">d1->s1->s2:改变文字颜色</span>
      </span>
    </div>
    <div id="d2">d2: 改变文字颜色</div>
    <div id="d3">d3: 改变文字颜色</div>
    <input type="button" id="bt1" value="改变#d1 span 文字颜色 "/>
    <input type="button" id="bt2" value="改变#d1>span 文字颜色 "/>
    <input type="button" id="bt3" value="改变#d1+div 文字颜色 "/>
    <input type="button" id="bt4" value="改变#d1~span 文字颜色 "/>
  </body>
</html>
```

> 定义了 4 个不同 ID 选择器单击事件响应函数。
> 对下一级子元素的选择器不同，改变颜色的元素对象不同。

> 定义 3 级层次的 ID 选择器
> 父级 id 为 d1
> 子级 id 为 s1
> 孙级 id 为 s2
> 注意：在响应函数中的使用。

📖 说明：css()函数用来设置元素的 CSS 样式。

9.2.3 过滤选择器

过滤选择器又可分为基本过滤选择器、内容过滤选择器、可见性过滤选择器、属性过滤选择器、子元素过滤选择器和表单对象属性过滤选择器六种。过滤选择器根据某类过滤规则进行元素的匹配，书写时都以冒号开头。

1．基本过滤选择器

基本过滤选择器是过滤器中应用最广泛的一种，语法如表 9-3 所示。

表 9-3　基本过滤选择器

选　择　器	描　　述	返　回
:first 或 first()	选取集合中的第一个元素	单个元素
:last 或 last()	选取集合中的最后一个元素	单个元素
:not(selector)	去除所有与给定选择器匹配的元素	集合元素
:even	选取索引是偶数的所有元素，从 0 开始	集合元素
:odd	选取索引是奇数的所有元素，从 0 开始	集合元素
:eq(index)	选取索引是 index 的元素，从 0 开始	单个元素
:gt(index)	选取集合中索引大于 index 的元素，从 0 开始	集合元素
:lt(index)	选取集合中索引小于 index 的元素，从 0 开始	集合元素
:header	选取所有的标题元素	集合元素
:animated	选取当前正在执行动画的所有元素	集合元素
:focus	选取当前获取焦点的元素	集合元素

【例 9-4】 设计斑马线表格（隔行变色）。该示例中用到了获取首元素、奇数元素、偶数元素的方法。注意响应函数与 HTML 各元素之间的对应关系。运行结果如图 9-4 所示。

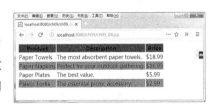

图 9-4 例 9-4 的运行界面

代码如下：

```
<%@ page    pageEncoding="UTF-8"%>
<html>
  <head>
    <script src="js/jquery-3.3.1.min.js"></script>
    <script >
        $(function(){
                    $("tr:even").css("background","gray");
                    $("tr:odd").css("background","white");
                    $("tr").first().css("background","red");
        });
    </script>
  </head>
  <body>
    <table>
        <tr><th>Product</th><th>Description</th><th>Price</th></tr>
        <tr><td>Paper Towels</td><td>The most absorbent paper towels.</td>
            <td>$18.99</td></tr>
        <tr><td>Paper Napkins</td><td>Perfect for your outdoor gathering.</td>
            <td>$16.99</td></tr>
        <tr><td>Paper Plates</td><td>The best value.</td><td>$5.99</td></tr>
        <tr><td>Plastic Forks</td><td>The essential picnic accessory.</td>
            <td>$2.99</td></tr>
    </table>
  </body>
</html>
```

思考：设置表格首行样式的语句能否放在最前面？为什么？

2．内容过滤选择器

内容过滤选择器根据元素中的文字内容或所包含的子元素特征获取元素，其文字内容可以模糊匹配，语法如表 9-4 所示。

表 9-4　内容过滤选择器

选 择 器	描　　述	返　　回
:contains(text)	选取含有文本内容为"text"的元素	集合元素
:empty	选取不包含子元素或文本的空元素	集合元素
:has(selector)	选取含有选择器所匹配的元素的元素	集合元素
:parent	选取含有子元素或者文本的元素	集合元素

【例 9-5】 内容过滤选择器示例。该示例展示如何根据元素内容选择 HTML 元素，即选择哪些元素进行操作。注意响应函数与 HTML 各元素之间的对应关系。

代码如下：

```
<%@ page pageEncoding="UTF-8"%>
<html>
  <head>
    <script src="js/jquery-3.3.1.min.js"></script>
    <script >
      $(function() {
          $("#bt1").click(function() {$("div:contains('A')").css("color", "red");});
          $("#bt2").click(function(){$("div:empty").html("空 div 元素内新添加 div4");});
          $("#bt3").click(function(){$("div:has(#abc)").html("Span 元素内新添加 div2");});
          $("#bt4").click(function() {$("div:parent").css("color", "blue");});
      });
    </script>
  </head>
  <body>
    <div>ABCD</div>
    <div> <span id="abc"></span> </div>
    <div>EFaH</div>
    <div></div>
    <input type="button" id="bt1" value="设置 div:contains('A')字体颜色"/>
    <input type="button" id="bt2" value="设置 div:empty 标签体内容"/>
    <input type="button" id="bt3" value="设置 div:has(span)标签体内容"/>
    <input type="button" id="bt4" value="设置 div:parent 文字颜色"/>
  </body>
</html>
```

📖 说明：contains()在匹配字符时是区分大小写的；html()函数功能是设置元素标签里嵌套的内容。

3. 可见性过滤选择器

可见性过滤选择器根据元素是否可见来获取元素，语法如表 9-5 所示。

表 9-5　可见性过滤选择器

选　择　器	描　　　述	返　　回
:hidden	选取所有不可见元素	集合元素
:visible	选取所有可见元素	集合元素

【例 9-6】可见性过滤选择器示例。该示例对 DIV 元素实现隐藏和显示。注意响应函数与 HTML 各元素之间的对应关系。

代码如下：

```
<%@ page   pageEncoding="UTF-8"%>
<html>
  <head>
    <script src="js/jquery-3.3.1.min.js"></script>
    <script >
      $(function(){
          $("#bt1").click(function(){$("div:hidden").show(); });     ← show()函数显示选择的元素
          $("#bt2").click(function(){   $("div:visible").hide(); });  ← hide()函数隐藏选择的元素
      });
    </script>
  </head>
```

```
    <body>
        <h3>第 1 行元素（H3 标签）——山东泰安</h3>
        <div>第 2 行元素——div 标签 div1</div>
        <div>第 3 行元素——div 标签 div2</div>
        <h3>第 4 行元素（H3 标签）——山东济南</h3>
        <input type="button" id="bt1" value="显示隐藏元素"/>
        <input type="button" id="bt2" value="隐藏可见元素 "/>
    </body>
</html>
```

4．属性过滤选择器

属性过滤选择器根据元素的某个属性获取元素，如 ID 号或匹配属性值的内容，以"["开始，以"]"结束，语法如表 9-6 所示。

表 9-6　属性过滤选择器

符　　号	描　　述	符　　号	描　　述
[attribute]	选取拥有属性的元素	[attribute=value]	选择属性为 value 的元素
[attribute!= value]	选择属性不为 value 的元素	[attribute^= value]	选择属性以 value 开始的元素
[attribute$= value]	选择属性以 value 结束的元素	[attribute*= value]	选择属性含有 value 的元素
[attribute|= value]	选择属性等于或以之为前缀的元素	[attribute~= value]	选择空格分隔值中包含 value 的元素
[attributeFilter1] [attributeFilter2]...	复合属性选择器，需要同时满足多个条件		

【例 9-7】　属性过滤选择器示例。该示例展示如何利用属性过滤选择器选择相关的 HTML 元素，并实现对其操作。注意响应函数与 HTML 各元素之间的对应关系。

代码如下：

```
<%@ page pageEncoding="UTF-8"%>
<html>
    <head>
        <script src="js/jquery-3.3.1.min.js"></script>
        <script>
            $(function() {
                $("#bt1").click(function() {$("div").css("color","red");});
                $("#bt2").click(function() {$("div[title='div2']").css("color","blue");});
                $("#bt3").click(function() {$("div[title!='div2']").css("color","green");});
                $("#bt4").click(function() {$("div[title^='div']").css("color","#00ffff");});
            });
        </script>
    </head>
    <body>
        <div id="div1">第 1 行：div1——id="div1"</div>
        <div title="div2">第 2 行：div2——title="div2"</div>
        <div id="div3" title="div3">第 3 行：div3——id="div3" title="div3"</div>
        <input type="button" id="bt1" value="设置包含属性 id 的元素的颜色"/>
        <input type="button" id="bt2" value="设置 title 属性值=div2 的元素的颜色"/><br>
        <input type="button" id="bt3" value="设置 title 属性值!=div2 的元素的颜色"/>
        <input type="button" id="bt4" value="设置 title 属性值以 div 开头的元素的颜色"/>
    </body>
</html>
```

5. 子元素过滤选择器

子元素过滤选择器通过设置子元素筛选条件指定元素，语法如表9-7所示。

表9-7 子元素过滤选择器

选　择　器	描　　述	返　　回
:nth-child(index/even/odd/equation)	选取每个父元素下第 index 个子元素或奇偶元素	集合元素
:first-child	选取每个父元素的第一个子元素	集合元素
:last-child	选取每个父元素的最后一个子元素	集合元素
:only-child	选取每个父元素中唯一情况下的子元素	集合元素

【例 9-8】 子元素过滤选择器示例。该示例给出了子元素过滤选择器如何选择指定的元素并进行有关的操作。注意响应函数与 HTML 各元素之间的对应关系。

代码如下：

```
<%@ page pageEncoding="UTF-8"%>
<html>
    <head>
        <script src="js/jquery-3.3.1.min.js"></script>
        <script>
            $(function() {
                $("#bt1").click(function() {$("li:nth-child(1)").css("color", "red");});
                $("#bt2").click(function() {$("li:eq(1)").css("color", "blue");});
                $("#bt3").click(function() {$("li:nth-child(even)").css("color", "green");});
                $("#bt4").click(function() {$("li:nth-child(3n+1)").css("color", "#00ffff");});
                $("#bt5").click(function() {$("li:last-child").css("color", "#ff00ff");});
            });
        </script>
    </head>
    <body>
        <ul>
            <li>Item1</li><li>Item2</li><li>Item3</li><li>Item4</li>
            <li>Item5</li><li>Item6</li><li>Item7</li><li>Item8</li>
        </ul>
        <input type="button" id="bt1" value="设置 li:nth-child(1)元素的颜色"/>
        <input type="button" id="bt2" value="设置 li:eq(1)元素的颜色"/>
        <input type="button" id="bt3" value="设置 li:nth-child(even)元素的颜色"/>
        <input type="button" id="bt4" value="设置 li:nth-child(3n+1)元素的颜色"/>
        <input type="button" id="bt5" value="设置 li:last-child 元素的颜色"/>
    </body>
</html>
```

📖 说明：获取子元素时，函数 nth-child()获取指定位置号的子元素，从 1 开始计数；函数 eq()也是获取指定位置号的子元素，但是从 0 开始计数。

6. 表单对象属性过滤选择器

该种选择器通过表单中某对象属性特征获取该类元素，语法如表9-8所示。

表 9-8　表单对象属性过滤选择器

选　择　器	描　　　述	返　　回
:enabled	选取所有可用元素	集合元素
:disabled	选取所有不可用元素	集合元素
:checked	选取所有被选中的元素（单选框，复选框）	集合元素
:selected	选取所有被选中的选项元素（下拉列表）	集合元素

【例 9-9】 表单对象属性过滤选择器示例。该示例给出了表单对象属性过滤选择器如何选择指定的元素并进行有关的操作。注意响应函数与 HTML 各元素之间的对应关系。

代码如下：

```jsp
<%@ page pageEncoding="UTF-8"%>
<html>
<head>
<script src="js/jquery-3.3.1.min.js"></script>
<script>
    $(function() {
        $("#bt1").click(function() {
            $("#div1").html("性别选择结果为:" + $(":radio:checked").val());
            $("#div2").html("爱好选择结果为:");
            $.each($(":checkbox:checked"), function() {
                $("#div2").html($("#div2").html() + $(this).val() + " ");
            });
            $("#div3").html("专业选择结果为:" + $(":selected").text());
        });
    });
</script>
</head>
<body>
    <form id="form1">
        性别：男<input type="radio" value="男" name="sex" checked/>
            女<input type="radio" value="女" name="sex"/><br>
        爱好：音乐<input type="checkbox" name="aihao" value="音乐"/>
            读书<input type="checkbox" name="aihao" value="读书"/>
            运动<input type="checkbox" name="aihao" value="运动"/><br>
        专业：<select>
            <option>计算机</option>
            <option>网络工程</option>
            <option>物联网</option>
            </select>
    </form>
    <input type="button" id="bt1" value="获取选择结果" />
    <div id="div1"></div>
    <div id="div2"></div>           预留存放获取选择结果的 3 行空间，通过响应函数添加有关的值
    <div id="div3"></div>
</body>
</html>
```

📖 说明："：raido" 用来选择单选按钮，在下一小节介绍；函数 val() 用来获取或设置元素值和函数 text() 用来获取或设置标签体内容。

9.2.4 表单选择器

通过表单选择器可以在页面中快速定位某表单对象，语法如表 9-9 所示。

表 9-9　表单选择器

选 择 器	描 　 述	返 　 回
:input	选取所有的 input,textarea,select 和 button 元素	集合元素
:text	选取所有的单行文本框	集合元素
:password	选取所有的密码框	集合元素
:radio	选取所有的单选框	集合元素
:checkbox	选取所有的多选框	集合元素
:submit	选取所有的提交按钮	集合元素
:image	选取所有的图像按钮	集合元素
:reset	选取所有的重置按钮	集合元素
:button	选取所有的按钮	集合元素
:file	选取所有的上传域	集合元素
:hidden	选取所有的不可见元素	集合元素

【例 9-10】 表单选择器示例。该示例给出了表单选择器如何选择指定的元素并进行有关的操作。注意响应函数与 HTML 各元素之间的对应关系。

代码如下：

```
<%@ page    pageEncoding="UTF-8"%>
<html>
  <head>
    <script src="js/jquery-3.3.1.min.js"></script>
    <script type="text/javascript">
      $(function(){
        $(":text").attr("value","abc");                //给文本框添加文本
        $(":password").attr("value","123");            //给密码框添加文本
        $(":radio:eq(1)").attr("checked","true");      //将第二个单选按钮设置为选中
        $(":checkbox").attr("checked","true");         //将复选框全部选中
        $(":image").attr("src","image/submit.jpg");    //给图像指定路径
        $(":file").css("width","300px");               //给文件域设置宽度
        $("select").css("background","#FCF");          //给下拉列表设置背景色
        $("textarea").val("文本区域");                  //给文本区域设置值
      });
    </script>
  </head>
  <body>
    <form action="">
      文本框：<input type="text"/><br>
      密码框：<input type="password"/><br>
      单选按钮：<input type="radio" name="habbit" value="是"/>是
               <input type="radio" name="habbit" value="否"/>否<br>
      复选框：<input type="checkbox" name="hate" value="水果"/>水果
             <input type="checkbox" name="hate" value="蔬菜"/>蔬菜<br>
      文件域：<input type="file"/><br>
```

```
          下拉菜单：<select name="selectlist">
                    <option value="选项一">选项一</option>
                    <option value="选项二">选项二</option>
                    <option value="选项三">选项三</option>
                </select><br>
          多行文本框：<textarea cols="70" rows="3"></textarea><br>
          图片提交按钮：<input type="image" width="200" height="100"/>
        </form>
      </body>
    </html>
```

9.3 使用 jQuery 操作 DOM

文档对象模型（Document Object Model，DOM）以一种独立于平台与语言的方式访问和修改一个文档的内容及结构，是表示和处理一个 HTML 或 XML 文档的常用方法。DOM 技术使得用户页面可以动态地发生变化，例如，可以动态地显示或隐藏一个元素、改变它们的属性、增加一个元素等。DOM 使页面的交互性大大增强。jQuery 提供了灵活、强大的操作 DOM 元素、节点的方法。

9.3.1 元素操作

元素的操作包括对元素属性、内容、值、样式的操作及遍历、删除等。

1．元素属性操作

（1）获取元素的属性

基本语法：

```
attr(name)
```

其中，参数 name 表示属性的名称。

（2）设置元素的属性

基本语法：

```
attr(key,value)
```

其中，参数 key 表示属性名称，参数 value 表示属性的值。

也可以设置多个属性，语法格式为：

```
attr({key0:value0,key1:value1})
```

另外，attr()方法还可以绑定一个 function()函数，用函数的返回值作为元素的属性，语法格式为：

```
attr(key,function(index))
```

其中，参数 index 为当前元素的索引号。

（3）删除元素的属性

基本语法：

```
removeAttr(name)
```

其中，参数 name 为要删除的属性名。

【例9-11】 交换两张图片的位置。该示例通过修改元素的属性值实现两张图片位置的交换。注意响应函数与 HTML 各元素之间的对应关系。

代码如下：

```
<%@ page pageEncoding="UTF-8"%>
<html>
  <head>
    <script src="js/jquery-3.3.1.min.js"></script>
    <script>
      $(function() {
          $("#bt1").click(function() {
                  var temp = $("img:eq(0)").attr("src");
                  $("img:eq(0)").attr("src", $("img:eq(1)").attr("src"));
                  $("img:eq(1)").attr("src", temp);
          });
      });
    </script>
  </head>
  <body>
      <img src="image/pic1.jpg" width="100" height="100"/>
      <img src="image/pic2.jpg" width="100" height="100"/><br>
      <input type="button" value="交换" id="bt1"/>
  </body>
</html>
```

2. 元素内容操作

元素内容的操作方法包括 html()和 text()。

1）html()：获取元素的 HTML 内容。

2）html(val)：利用参数 val 设置元素的 HTML 内容。

3）text()：获取元素的文本内容。

4）text(val)：利用参数 val 设置元素的文本内容。

【例9-12】 html()和 text()方法示例。该示例通过 html()和 text()方法获取、设置有关元素的值。注意响应函数与 HTML 各元素之间的对应关系。

代码如下：

```
<%@ page pageEncoding="UTF-8"%>
<html>
  <head>
    <script src="js/jquery-3.3.1.min.js"></script>
    <script>
      $(function() {
          $("#bt1").click(function() {
                  var a = $("#div1").html();
                  var b = $("#div1").text();
                  alert("div1 的 html()值为：" + a + "\n" + "div1 的 text()值为：" + b);
          });
          $("#bt2").click(function() {
                  var a = $("#div1").html();
```

```
                    $("#div1").html("<b>" + a + "</b>");
                });
            });
        </script>
    </head>
    <body>
        <div id="div1">
                -div1 文本内容-<span>+span1 文本内容+</span>
        </div>
        <input type="button" value="显示 html()和 val()结果" id="bt1"/>
        <input type="button" value="div 内容加粗" id="bt2"/>
    </body>
</html>
```

3．元素值操作

元素值的操作方法为 val()。

1）val()：获取元素的值。

2）val(val)：利用参数 val 设置元素的值。

【例 9-13】 val()方法示例。该示例通过 val()方法获取、设置有关元素的值，例如，列表元素中的值的获取。注意响应函数与 HTML 各元素之间的对应关系。

代码如下：

```
<%@ page pageEncoding="UTF-8"%>
<html>
    <head>
        <script src="js/jquery-3.3.1.min.js"></script>
        <script>
            $(function() { $("#bt1").click(function() { alert($("select").val().join(".")); }); });
        </script>
    </head>
    <body>
        <select size="5" multiple>
            <option>option1</option>    <option>option2</option>
            <option>option3</option>    <option>option4</option>
            <option>option5</option>
        </select><br><br>
        <input type="button" value="获取列表框中选择的多个值" id="bt1" />
    </body>
</html>
```

📖 说明：列表框中的选项可以按住〈Ctrl〉或者〈Shift〉键多选；方法 join()是将返回的多个数据连接成一个字符串，默认分隔符是 "，"，也可通过参数自己指定分隔符。

4．元素样式操作

元素样式操作包括：直接设置样式、增加 CSS 类别、类别切换、删除类别等。

1）css(name,value)：设置 CSS 样式，其中，参数 name 为样式名，value 为样式值。

2）addClass(class)：添加 CSS 类别，其中，参数 class 为类别名称。也可以添加多个类别，用空格将其隔开，即 addClass(class0 class1 class2…)。

3）toggleClass(class)：类别切换，当元素中没有该类别时（参数 class）添加它，有该类别时（参数 class）则删除它。

4）removeClass(class)：删除 CSS 类别，其中参数 class 为类别名称。

【例 9-14】 元素样式操作示例。该示例对选择的元素实现样式的变更、添加、删除等修改。注意响应函数与 HTML 各元素之间的对应关系。

代码如下：

```
<%@ page pageEncoding="UTF-8"%>
<html>
  <head>
    <style>
        .b {font-weight: bold;}
        .bgcolor {background-color: blue;}
        .frontcolor {color: red;}
        .fontsize {font-size: 40px;}
    </style>
    <script src="js/jquery-3.3.1.min.js"></script>
    <script>
        $(function() {
            $("p").click(function() {$(this).toggleClass("b");});
            $("#div1").click(function() { $(this).addClass("bgcolor frontcolor");});
            $("#div2").click(function() { $(this).removeClass("fontsize"); });
        });
    </script>
  </head>
  <body>
    <p>点击我实现加粗与否的切换</p>
    <div id="div1">点击我加蓝色背景颜色，文字颜色为红色</div>
    <div id="div2" class="fontsize">点击我去除字体 40px 的设置</div>
  </body>
</html>
```

5. 元素遍历

在 DOM 元素的操作中，有时需要对同一标签的全部元素进行统一操作。在传统的 JavaScript 中，需要先获取元素的总长度，然后通过循环语句完成，在 jQuery 中，可以使用 each()方法完成元素的遍历。

基本语法：

```
each(callback)
```

其中，参数 callback 是一个 function 函数，该函数可以接受一个形参 index，表示遍历元素的序号（从 0 开始），可以借助它配合 this 来实现元素属性的设置或获取。

【例 9-15】 该示例对选择元素的下一级元素（后代元素）实现遍历，并可以对各子元素实现有关的操作。注意响应函数与 HTML 各元素之间的对应关系。

代码如下：

```
<%@ page pageEncoding="UTF-8"%>
```

```
<html>
  <head>
    <script src="js/jquery-3.3.1.min.js"></script>
    <script>
        $(function() {
            $("li").each(function(index) {
                if (index % 2 == 1) { $(this).css("color", "red");}
            });
        });
    </script>
  </head>
  <body>
      <ul>
          <li>item1</li> <li>item2</li> <li>item3</li>
          <li>item4</li> <li>item5</li><li>item6</li>
      </ul>
  </body>
</html>
```

6. 元素删除

jQuery 提供了两种删除元素的方法：remove()和 empty()。注意：empty()方法并非真正意义上的删除，只是清空节点所包含的后代元素的内容。

1）remove(expr)：删除元素，为筛选元素的 jQuery 表达式，参数 expr 为可选项。

2）empty()：清空所选择的页面元素里的内容。

【例 9-16】 该示例对选择的元素实现删除或者清空页面内容。注意响应函数与 HTML 各元素之间的对应关系。

代码如下：

```
<%@ page pageEncoding="UTF-8"%>
<html>
  <head>
    <script src="js/jquery-3.3.1.min.js"></script>
    <script>
        $(function() {
            $("#bt1").click(function() { $("ul>li").remove(); });
            $("#bt2").click(function() { $("ol>li").empty(); });
        });
    </script>
  </head>
  <body>
      <ul> <li>item1</li><li>item2</li><li>item3</li> </ul>
      <ol> <li>item1</li><li>item2</li><li>item3</li> </ol>
      <input type="button" id="bt1" value="移除无序 li 元素内容"/>
      <input type="button" id="bt2" value="清空有序 li 元素内容"/>
  </body>
</html>
```

9.3.2 节点操作

页面中的各元素通过 DOM 模型的节点相互关联形成树状，节点可以动态地维护，包括节点的创建、插入、复制、替换等。

1. 创建节点

函数$()用于动态地创建页面元素。

语法格式：

```
$(html)
```

其中，参数 html 是创建元素的 html 标签字符串。

例如，在页面中动态创建一个 div，其代码如下：

```
var div1=$("<div title='jquery 理念'>Write Less Do More</div>");        //创建一个 div 元素
$("body").append(div1);                    //将创建的 div 元素添加到网页尾（追加操作）
```

注意，函数$(html)只完成 DOM 元素的创建操作，需要通过插入或追加操作加入到页面。

2. 插入节点

在页面中插入节点分内部和外部两种插入方法。

（1）内部插入节点方法

表 9-10 列出了内部插入节点的有关方法及其语法格式。

表 9-10　内部插入节点

语法格式	参数说明	功能描述
append(content)	content 表示追加到目标中的内容	向所选择的元素内部追加 content 元素
append(function)	function 函数返回值作为追加的内容	向元素内部追加函数返回的内容
appendTo(content)	content 表示被追加（里）的内容	把选择的元素追加到 content 元素中
prepend(content)	content 表示前置到目标中的内容	向所选择的元素内部前置 content 元素
prepend(function)	function 函数返回值作为前置的内容	向元素内部前置函数返回的内容
prependTo(content)	content 表示被前置（里）的内容	把选择的元素前置到 content 元素中

（2）外部插入节点方法

表 9-11 列出了外部插入节点的有关方法及其语法格式。

表 9-11　外部插入节点

语法格式	参数说明	功能描述
after(content)	content 表示追加到目标外后面的内容	向所选择的元素外追加 content 元素
after(function)	function 函数返回值作为追加的内容	向元素外部追加函数返回的内容
before(content)	content 表示前置到目标外的内容	向所选择的元素外前置 content 元素
before(function)	function 函数返回值作为前置的内容	向元素外部前置函数返回的内容
insertAfter(content)	content 表示被追加（外）的内容	把选择的元素追加到 content 元素后
insertBefore(content)	content 表示被前置（外）的内容	把选择的元素前置到 content 元素外

【**例 9-17**】 插入节点示例。该示例在选择的元素位置添加新的元素。注意响应函数与 HTML 各元素之间的对应关系。

代码如下：

```
<%@ page pageEncoding="UTF-8"%>
<html>
    <head>
        <script src="js/jquery-3.3.1.min.js"></script>
        <script>
            function f1() {
                var div1 = $("<div>div1</div>");
                $("body").append(div1);        //或者 div1.appendTo($("body"));
            }
            function f2() {
                var div2 = $("<div id='div2'>div2</div>");
                $("body").prepend(div2);        //或者 div2.prependTo($("body"));
            }
            function f3() {
                var div3 = $("<div id='div3'>div3</div>");
                $("#div2").before(div3);        //或者 div3.insertBefore(div2);
            }
            function f4() {
                var div4 = $("<div>div4</div>");
                $("#div3").after(div4);        //或者 div4.insertAfter(div3);
            }
        </script>
    </head>
    <body>
        <input type="button" value="在 body 里追加 div1" onclick="f1()">
        <input type="button" value="在 body 里前置 div2" onclick="f2()"><br>
        <input type="button" value="在 div2 外前置 div3" onclick="f3()">
        <input type="button" value="在 div3 外后置 div4" onclick="f4()">
    </body>
</html>
```

3．复制节点

复制节点使用方法 clone()或 clone(true)，前者只复制元素本身，后者连同元素的行为也同时复制。

【**例 9-18**】 复制节点示例。该示例选择要复制的元素，然后复制到指定的位置。注意响应函数与 HTML 各元素之间的对应关系。

代码如下：

```
<%@ page pageEncoding="UTF-8"%>
<html>
    <head>
        <script src="js/jquery-3.3.1.min.js"></script>
        <script>
            $(function() {
                $("img").click(function() {
                    $(this).clone(true).appendTo($("span"));
```

```
                });
            });
        </script>
    </head>
    <body>
        <span> <img src="image/pic1.jpg" width="=100" height="100"></span>
    </body>
</html>
```

📖 说明：当点击图片时，将复制一个新的图片并显示，由于使用的是 close(true)方法，它同时复制了原图片的事件处理功能，因此点击新图片时仍然能再复制出一个新的图片。读者可以将 true 去掉再运行页面，比较两者的不同。

4．替换节点

替换节点可以使用 replaceWith()和 replaceAll()方法。

1）replaceWith(content)：将选择的元素用参数 content 替换。

2）replaceAll(selector)：将参数 selector 元素用选择的元素替换，正好和 replaceWith()相反。

【例 9-19】 替换节点示例。该示例选择要替换的元素，然后利用 replaceWith()或者 replaceAll()方法替换原元素，注意两者使用的格式差异。另外，注意响应函数与 HTML 各元素之间的对应关系。

代码如下：

```
<%@ page pageEncoding="UTF-8"%>
<html>
    <head>
        <script src="js/jquery-3.3.1.min.js"></script>
        <script>
            function f1() { $("#div1").replaceWith("<div>new div1</div>"); }
            function f2() { $("<div>new div2</div>").replaceAll($("#div2")); }
        </script>
    </head>
    <body>
        <div id="div1">div1</div>
        <div id="div2">div2</div>
        <input type="button" value="用 replaceWith 替换 div1" onclick="f1()">
        <input type="button" value="用 replaceAll 替换 div2" onclick="f2()">
    </body>
</html>
```

5．包裹节点

在 jQuery 中可以实现对节点的包裹，常用方法如下。

1）wrap(html)：将所选元素用 html 元素包裹起来。

2）wrapAll(html)：将所有选择的元素整体用 html 包裹起来。

3）wrapInner(html)：将所选择元素的子内容用 html 包裹起来。

【例 9-20】 包裹节点示例。该示例选择要包裹节点的元素，然后利用包裹节点的有关方法对相关的节点元素实现包裹。注意响应函数与 HTML 各元素之间的对应关系。

代码如下:

```
<%@ page pageEncoding="UTF-8"%>
<html>
  <head>
    <script src="js/jquery-3.3.1.min.js"></script>
    <script>
        function f1() { $("#li1").wrap("<strong></strong>"); }
        function f2() { $(".li2").wrapAll("<strong></strong>"); }
        function f3() { $("#li4").wrapInner("<strong></strong>"); }
    </script>
  </head>
  <body>
    <ul>
        <li id="li1">Item1</li>          <li class="li2">Item2</li>
        <li class="li2">Item3</li>       <li id="li4">Item4</li>
    </ul>
    <input type="button" value="wrap item1" onclick="f1()"/>
    <input type="button" value="wrapAll 类别为 li2 的元素" onclick="f2()"/>
    <input type="button" value="wrapInner item4" onclick="f3()"/>
  </body>
</html>
```

📖 说明: 在浏览器中按下〈F12〉键可以看到 DOM 变化情况。

在本实例中:

1) 执行 wrap 函数时:

```
<li id="li1">Item1</li>
```

改变为:

```
<strong><li id="li1">Item1</li></strong>;
```

2) 执行 wrapAll 时:

```
<li class="li2">Item2</li><li class="li2">Item3</li>
```

改变为:

```
<strong> <li class="li2">Item2</li> <li class="li2">Item3</li></strong>
```

3) 执行 wrapInner 时:

```
<li id="li4">Item4</li>
```

改变为:

```
<li id="li4"><strong>Item4</strong></li>
```

9.4 jQuery 中的事件

jQuery 提供了对事件处理的良好支持，常见事件如表 9-12 所示。

表 9-12 常见 DOM 事件

鼠标事件	键盘事件	表单事件	文档/窗口事件
click（单击）	keypress（单击）	submit（提交）	load（装载）
dblclick（双击）	keydown（键按下）	change（值改变）	resize（调整大小）
mouseenter（进入）	keyup（键弹起）	focus（获得焦点）	scroll（滚动）
mouseleave（离开）		blur（失去焦点）	unload（卸载）

大多数 DOM 事件都有一个等效的 jQuery 方法，例如，加载页面时会触发 load 事件，其等效的 jQuery 方法是 ready()方法，该方法类似于 JavaScript 中的 onload()方法，只不过在事件执行时间上有区别：onload()方法必须是页面中全部元素完全加载到浏览器后才触发，而用 ready()方法加载页面，则只要页面中的 DOM 模型加载完毕就会触发。Ready()方法的几种写法如下：

1）$(document).ready(function(){})。

2）$(function(){})。

3）jQuery(document).ready(function(){})。

4）jQuery(function(){})。

其中第二种方法简单明了，应用较为广泛。其他事件的使用方法同 ready()类似，参数都是一个 function，将事件处理代码写在里面。

对于鼠标单击事件，前面多个例题都给出了应用示例，例 9-21 给出了键盘事件及其应用。

【例 9-21】 键盘事件举例：页面产生一个指定范围的随机整数，让用户去猜，猜完后按〈Enter〉键，系统会给出大或小的提示，用户根据提示继续猜，直到猜中为止。注意响应函数与 HTML 各元素之间的对应关系。

代码如下：

```
<%@ page pageEncoding="UTF-8"%>
<html>
  <head>
    <script src="js/jquery-3.3.1.min.js"></script>
    <script>
      var n = Math.floor(Math.random() * 201);
      var count = 0;
      $(function() {
        $("#num").focus();
        $("#num").keyup(function(event) {
          if (event.keyCode == 13) {
            var a = $("#num").val();
            count++;
            if (a < n) {
```

```
                $("#info").html(a + "too small");
                    $("#num").val("");
                    $("#num").focus();
                } else if (a > n) {
                    $("#info").html(a + "too large");
                    $("#num").val("");
                    $("#num").focus();
                } else {
                    var b="正确！猜了"+count +"次<a href='ch09_21.jsp'>再来一次</a>"
                $("#info").html(b);
                }
            }
        });
    });
    </script>
    </head>
    <body>
        <div >程序随机产生了一个 0～200 的整数，请猜一猜，输入数值后按〈Enter〉键</div>
        在文本框内输入你猜的数值：<input type="text" id="num" />
        <div id="info"></div>
    </body>
</html>
```

9.5 jQuery 综合案例

本节给出 jQuery 使用的两个综合案例。

9.5.1 案例 1——图片预览与数据删除

【例 9-22】 图片预览与数据删除：在页面中创建一个表格，记录间隔行变色，记录可以实现单选、全选和取消全选，并能删除所选记录。将鼠标指针移动到某行记录的小图片上，可以在右下角出现与之对应的放大图片，以实现图片预览的效果。效果如图 9-5 所示。

图 9-5 图片预览与数据删除效果图

实现代码如下：

```
<%@ page pageEncoding="UTF-8"%>
```

```html
<html>
<head>
<title>图片预览与数据删除应用</title>
<script src="js/jquery-3.3.1.min.js"></script>
<style type="text/css">
table {width: 360px;border-collapse: collapse;text-align: center;font-size: 12px;}
table th, td {border: solid 1px #666;}
table span {float: left;padding-left: 12px;}
table th {background-color: #ccc;height: 32px}
table img {border: solid 1px #ccc;   padding: 3px;      width: 42px;height: 60px;}
.clsImg {position: absolute;   border: solid 1px #ccc;  padding: 3px;width: 85px;
        height: 120px;display: none}
</style>
<script type="text/javascript">
    $(function() {
        $("table tr:nth-child(odd)").css("background-color", "#eee");      //隔行变色
        /**全选复选框单击事件**/
        $("#chkAll").click(function() {
            $("table tr td input[type=checkbox]").attr("checked", this.checked);
        })
        /**删除按钮单击事件**/
        $("#btnDel").click(function() {
            //获取除全选复选框外的所有选中项
            var intL = $("table tr td input:checked:not('#chkAll')").length;
            if (intL != 0) { //如果有选中项
                //遍历除全选复选框外的行
              $("table tr td input[type=checkbox]:not('#chkAll')").each(function(index){
              if (this.checked) { //如果选中
                        //获取选中的值，并删除该值所在的行
                        $("table tr[id=" + this.value + "]").remove();
                    }
                })
            }
        })
        /**小图片鼠标移动事件**/
        var x = 5;
        var y = 15; //初始化提示图片位置
        $("table tr td img").mousemove(function(e) {
            $("#imgTip")
                .attr("src", this.src)      //设置提示图片 scr 属性
                .css({   "top" : (e.pageY + y) + "px",   //设置提示图片的位置
                    "left" : (e.pageX + x) + "px"
                }).show(2000); //显示图片
        })
        /**小图片鼠标移出事件**/
        $("table tr td img").mouseout(function() {$("#imgTip").hide(); //隐藏图片})
    })
</script>
</head>
<body>
    <table>
        <tr>    <th>选项</th>  <th>编号</th>   <th>封面</th>
```

```
            <th>购书人</th><th>性别</th><th>购书价</th> </tr>
        <tr id="0">
            <td><input id="Checkbox1" type="checkbox" value="0" /></td>
            <td>1001</td>
            <td><img src="image/img01.jpg" alt="" /></td>
            <td>张三</td>    <td>男</td><td>35.60 元</td>     </tr>
        <tr id="1">
            <td><input id="Checkbox2" type="checkbox" value="1" /></td>
            <td>1002</td>
            <td><img src="image/img02.jpg" alt="" /></td>
            <td>李四</td>    <td>女</td><td>37.80 元</td>     </tr>
        <tr id="2">
            <td><input id="Checkbox3" type="checkbox" value="2" /></td>
            <td>1003</td>
            <td><img src="image/img03.jpg" alt="" /></td>
            <td>王五</td>    <td>女</td><td>45.60 元</td>     </tr>
    </table>
    <table>
      <tr> <td style="text-align:left;height:28px">
            <span> <input id="chkAll" type="checkbox" />全选</span>
            <span><input id="btnDel" type="button" value="删除" class="btn" /></span>
        </td>
      </tr>
    </table>
    <img id="imgTip" class="clsImg" />
</body>
</html>
```

9.5.2　案例2——垂直二级导航菜单

【例 9-23】　垂直二级导航菜单：在网页页面的表单中，分别展示某类产品的所有子类。当用户将鼠标指针移到某个子类时，在该子类右边以浮动形式展示该类全部产品。效果如图 9-6 所示。

图 9-6　垂直二级导航菜单效果图

实现代码如下：

```
<%@ page    pageEncoding="UTF-8"%>
<html>
<head>
<title>二级导航菜单应用</title>
```

```
<script src="js/jquery-1.11.1.js"></script>
<style type="text/css">
  body{font-size:12px;}
  ul,li{list-style-type:none;padding:0px;margin:0px;}
  .menu{width:190px;border:solid 1px #E5D1A1;background-color:#FFFDD2;}
  .optn{width:190px;line-height:28px;border-top:dashed 1px #ccc;}
  .content{padding-top:10px;clear:left;}
  a{text-decoration:none;color:#666;padding:10px;}
  .optnFocus{background-color:#fff;font-weight:bold;}
  div{padding:10px;}
  div img{float:left;padding-right:6px;}
  span{padding-top:3px;font-size:14px;font-weight:bold;float:left;}
  .tip{width:190px;border:solid 2px #ffa200;position:absolute;padding:10px;
       background-color:#fff;display:none;}
  .tip li{line-height:23px;}
  #sort{position:absolute;display:none;}
</style>
<script type="text/javascript">
$(function() {
    var curY;                        //获取所选项的 Top 值
    var curH;                        //获取所选项的 Height 值
    var curW;                        //获取所选项的 Width 值
    var srtY;                        //设置提示箭头的 Top 值
    var srtX;                        //设置提示箭头的 Left 值
    var objL;                        //获取当前对象
    //设置当前位置数值，参数 obj 为当前对象名称
    function setInitValue(obj) {
        curY = obj.offset().top
        curH = obj.height();
        curW = obj.width();
        srtY = curY + (curH / 2) + "px";        //设置提示箭头的 Top 值
        srtX = curW - 5 + "px";                 //设置提示箭头的 Left 值
    }
    $(".optn").mouseover(function() {            //设置当前所选项的鼠标滑过事件
        objL = $(this);                         //获取当前对象
        setInitValue(objL);                     //设置当前位置
        var allY = curY - curH + "px";          //设置提示框的 Top 值
        objL.addClass("optnFocus");             //增加获取焦点时的样式
        objL.next("ul").show().css({ "top": allY, "left": curW })    //显示并设置提示框的坐标
        $("#sort").show().css({ "top": srtY, "left": srtX });        //显示并设置提示箭头的坐标
    })
    .mouseout(function() {                       //设置当前所选项的鼠标移出事件
        $(this).removeClass("optnFocus");       //删除获取焦点时的样式
        $(this).next("ul").hide();              //隐藏提示框
        $("#sort").hide();                      //隐藏提示箭头
    })
    $(".tip").mousemove(function() {
        $(this).show();                         //显示提示框
        objL = $(this).prev("li");              //获取当前的上级 li 对象
        setInitValue(objL);                     //设置当前位置
```

```
        objL.addClass("optnFocus");                    //增加上级 li 对象获取焦点时的样式
        $("#sort").show().css({ "top": srtY, "left": srtX }); //显示并设置提示箭头的坐标
    })
    .mouseout(function() {
        $(this).hide();                                 //隐藏提示框
        $(this).prev("li").removeClass("optnFocus");    //删除获取焦点时的样式
        $("#sort").hide();                              //隐藏提示箭头
    })
})
</script>
</head>
<body>
<ul>
    <li class="menu">
        <div>
            <img alt="" src="image/icon.gif" />
            <span>电脑数码类产品</span>
        </div>
        <ul class="content">
            <li class="optn"><a href="#">笔记本</a></li>
            <ul class="tip">
                <li><a href="#">笔记本 1</a></li>    <li><a href="#">笔记本 2</a></li>
                <li><a href="#">笔记本 3</a></li>    <li><a href="#">笔记本 4</a></li>
                <li><a href="#">笔记本 5</a></li>
            </ul>
            <li class="optn"><a href="#">移动硬盘</a></li>
            <ul class="tip">
                <li><a href="#">移动硬盘 1</a></li>   <li><a href="#">移动硬盘 2</a></li>
                <li><a href="#">移动硬盘 3</a></li>   <li><a href="#">移动硬盘 4</a></li>
                <li><a href="#">移动硬盘 5</a></li>
            </ul>
            <li class="optn"><a href="#">电脑软件</a></li>
            <ul class="tip">
                <li><a href="#">电脑软件 1</a></li>   <li><a href="#">电脑软件 2</a></li>
                <li><a href="#">电脑软件 3</a></li>   <li><a href="#">电脑软件 4</a></li>
                <li><a href="#">电脑软件 5</a></li>
            </ul>
            <li class="optn"><a href="#">数码产品</a></li>
            <ul class="tip">
                <li><a href="#">数码产品 1</a></li>   <li><a href="#">数码产品 2</a></li>
                <li><a href="#">数码产品 3</a></li>   <li><a href="#">数码产品 4</a></li>
                <li><a href="#">数码产品 5</a></li>
            </ul>
        </ul>
        <img id="sort" src="image/sort.gif" alt=""/>
    </li>
</ul>
</body>
</html>
```

本章小结

本章简单地介绍了 jQuery 框架的基本用法，重点讲述了 jQuery 选择器、操作 DOM 的方法及 jQuery 常用事件。jQuery 对 Ajax 的支持会在 Ajax 编程一章中介绍，jQuery 动画特效和 UI 插件没有涉及，读者可参阅相关书籍。

习题

1. 比较使用 jQuery 框架和直接使用 JavaScript 编写代码有哪些异同点，体会 jQuery 的"Write Less，Do More"的特点。

2. 利用 JavaScript 获取的对象能否使用 jQuery 提供的方法？反之，利用 jQuery 选择器获取的对象能否使用 JavaScript 的方法？

3. 扩展【例 9-22】，增加添加记录、修改记录的功能。

4. 利用 jQuery 实现水平二级导航菜单。

5. 自学 jQuery 的其他知识，如动画特效、UI 及其他插件等。

第 10 章　Ajax 编程技术

Ajax（Asynchronous JavaScript and XML）是运用 JavaScript 和可扩展标记语言（XML）实现浏览器与服务器通信的一种技术。本章介绍 Ajax 编程的两种实现方式：传统方式和利用 jQuery 框架提供的方法实现方式。

10.1　Ajax 技术简介

Ajax 是实现浏览器与服务器异步交互的技术，对用户请求的响应不需要刷新整个页面，只需要刷新局部页面即可。

Ajax 技术是一系列技术的集合，主要涉及的技术有：

● 使用 XHTML(HTML)和 CSS 构建标准化的展示层。
● 使用 DOM 进行动态显示和交互。
● 使用 XML 和 XSLT 进行数据交换和操作。
● 使用 XMLHttpRequest 异步获取数据。
● 使用 JavaScript 将所有元素绑定在一起。

对于这些技术，大部分在前面章节中已介绍，本章主要介绍 XMLHttpRequest 对象及其使用。

10.2　XMLHttpRequest 对象

XMLHttpRequest 对象是 Ajax 的核心技术之一，在 Ajax 中，通过该对象实现与服务器端通信。XMLHttpRequest 对象由 JavaScript 创建，在不同的浏览器中有不同的创建方法，但创建成功后，其使用方法是相同的。下面重点介绍该对象的创建及常用属性和方法。

1．XMLHttpRequest 对象的创建

不同的浏览器创建 XMLHttpRequest 对象使用的语句是不同的。为了在不同的浏览器下都能成功创建 XMLHttpRequest 对象，需要针对不同的浏览器进行创建。

XMLHttpRequest 对象是通过 JavaScript 创建的，代码如下：

```
var xmlHttpRequest=null;                          //声明 XMLHttpRequest 对象 xmlHttpRequest
if(window.XMLHttpRequest){                         //针对 Mozilla,Safari,Opera,IE7 等浏览器创建
    xmlHttpRequest = new XMLHttpRequest();
}else if(window.ActiveXObject){
  try{
    xmlHttpRequest= new ActiveXObject("Msxml2.XMLHTTP");        //针对 IE 较新版本创建
  }catch(e){
      try {
          xmlHttpRequest= new ActiveXObject("Microsoft.XMLHTTP");//IE 较老版本
      }catch(e){}
```

```
        }
    }
```

2. XMLHttpRequest 的方法和属性

在创建 XMLHttpRequest 对象后，就可以对该对象进行各种不同的操作，从而完成和服务器的通信。XMLHttpRequest 对象的常用方法和属性如下。

（1）open(string request-type,string url,boolean asynch,string name,string password)方法

该方法用于建立到服务器的连接，下面介绍参数的含义。

- request-type：发送请求的类型。该参数的取值为：get、post 或 head 方法。要特别注意参数的汉字乱码问题（处理方法在前面章节中已介绍）。
- url：要连接的服务器的 URL。
- asynch：若使用异步连接为 true，否则为 false。该参数是可选的，默认为 true。
- username：若需要身份验证，则在此指定用户名。
- password：若需要身份验证，在此指定口令。

通常使用其中的前 3 个参数。

（2）send(String content)方法

该方法向服务器发送请求。参数 content 表示发送的内容。

（3）setRequestHeader(string label,string value)

该方法在发送请求前，先设置请求头。

例如，若在 open 方法中使用的 request-type 的值是 "post"，则需要设置请求头：

```
xmlHttpRequest.setRequestHeader("Content-type","application/x-www-form-urlencoded");
```

（4）readyState 属性

提供当前 HTML 的就绪状态，用于确定该请求是否已经开始、是否得到了响应或者请求/响应模型是否已经完成。它还可以帮助确定读取服务器提供的响应文本或数据是否安全。在 Ajax 应用程序中，5 种就绪状态如下所示。

- 0：请求没有发出（在调用 open()之前）。
- 1：请求已经建立但还没有发出（调用 send()之前）。
- 2：请求已经发出正在处理之中（这里通常可以从响应得到内容头部）。
- 3：请求已经处理，响应中有部分数据可用，但是服务器还没有完成响应。
- 4：响应已完成，可以访问服务器响应并使用它。

对于 Ajax 编程，需要直接处理的唯一状态就是就绪状态 4，它表示服务器响应已经完成，可以安全地使用响应数据了。

（5）status 属性

status 属性用于设置服务器响应的状态代码。服务器响应完成后（readyState=4），从完成的响应信息中可获得状态代码。

例如，输入了错误的 URL 请求，将得到 404 错误码，它表示该页面不存在；403 和 401 错误码表示所访问的数据受到保护或者禁止访问；200 状态码表示一切顺利。

因此，如果就绪状态是 4 而且状态码是 200，就可以处理服务器的数据了，而且这些数据应该就是要求的数据（而不是错误或者其他有问题的信息）。

（6）onreadystatechange 属性

用于指定 XMLHttpRequest 对象的状态改变函数（类似于按钮对象的 onclick 属性），当 XMLHttpRequest 对象状态（readyState 的值）改变时，该函数将被触发，该函数也称回调函数。

假设回调函数为 callback，则它的代码通常为：

```
function callback(){
    if (xmlHttpRequest.readyState == 4){
        if (xmlHttpRequest.status == 200){
            //事件响应代码
        }
    }
}
```

（7）responseText 属性和 responseXML 属性

XMLHttpRequest 对成功返回的信息有两种处理方式。

responseText：服务器返回的请求响应文本，将传回的信息当作字符串使用。

responseXML：服务器端返回的 XML 类型的响应，将传回的信息当作 XML 文档使用，可以用 DOM 处理。这种情形下，通过如下代码设置：

```
response.setContentType("text/xml;charset=UTF-8");
```

3．XMLHttpRequest 对象的运行周期

整个 Ajax 技术紧紧围绕 XMLHttpRequest 对象，XMLHttpRequest 对象的运行周期就是 Ajax 应用的运行。其运行过程如下。

1）Ajax 应用总是从创建 XMLHttpRequest 对象开始的，XMLHttpRequest 对象允许通过客户端脚本来发送 HTTP 请求，这种请求可以是 GET 方式的，也可以是 POST 方式的。

2）XMLHttpRequest 对象发送完后，服务器的响应何时到达？应该何时处理服务器的响应呢？这需要借助于 JavaScript 的事件机制。XMLHttpRequest 对象也是一个普通的 JavaScript 对象，就如同一个普通按钮或一个普通文本框一样，可以触发事件；而 XMLHttpequest 对象触发的事件就是 onreadystatechange，当 XMLHttpRequest 对象的状态改变时，将触发它。为 XMLHttpRequest 对象的 onreadystatechange 事件指定事件处理函数，该函数将在 XMLHttpRequest 状态改变时被执行，这个事件处理函数也叫回调函数。

3）XMLHttpRequest 状态改变，且 readyState=4&&status=200 时，表明服务器响应已经完成且是正确的响应状态，此时可以开始处理服务器响应。

4）进入事件处理函数后，XMLHttpRequest 依然不可或缺，事件处理函数借助于 XMLHttpRequest 的 responseText 或 responseXML 属性获取服务器的响应。至此，XMLHttpequest 运行周期结束。

5）JavaScript 通过 DOM 操作将响应动态加载到 XHMTL 页面中。

10.3　Ajax 应用案例

Ajax 技术应用开发的处理步骤如下：

1）创建 XMLHttpRequest 对象。

2）从 Web 表单中获取需要发送的数据。

3）设置要连接的 URL。

4）建立到服务器的连接。

5）设置服务器在完成后要运行的回调函数。

6）发送请求。

7）在回调函数中，获取服务器的响应数据（text 或 xml）并显示。

注意，通常将创建 XMLHttpRequest 对象和发送请求封装为两个 JS 函数放在 ajax.js 中（该文件一般存放在 Web 工程的 js 文件夹下），在页面中导入使用。代码如下：

```
//声明 XMLHttpRequest 对象
var httpRequest=null;
//创建 XMLHttpRequest 对象实例的方法
function createXHR(){
    if(window.XMLHttpRequest){                                   //Mozilla,Safari,Opera,IE7 等
        httpRequest = new XMLHttpRequest();
    }else if(window.ActiveXObject){
        try{httpRequest = new ActiveXObject("Msxml2.XMLHTTP");    //IE 较新版本
        }catch(e){
        try {httpRequest = new ActiveXObject("Microsoft.XMLHTTP"); //IE 较老版本
        }catch(e){httpRequest = null;}
        }
    }
    if(!httpRequest){
        alert("fail to create httpRequest");
    }
}
//发送客户端的请求，该方法有 4 个参数
//参数 url 设置要连接的 URL，建立到服务器的连接并执行
//参数 params 为从 Web 表单中获取需要发送的数据集合
//参数 method 取值为 POST 或 GET
//参数 handler 为指定的响应函数（服务器在完成后要运行的回调函数）
function sendRequest(url,params,method,handler){
    createXHR();
    if(!httpRequest) return false;
    httpRequest.onreadystatechange = handler;
    if(method == "GET"){
        httpRequest.open(method,url+ '?' + params,true);
        httpRequest.send(null);
    }
    if(method == "POST"){
        httpRequest.open(method,url,true);
        httpRequest.setRequestHeader("Content-type",
                                    "application/x-www-form-urlencoded");
        httpRequest.send(params);
    }
}
```

10.3.1 案例——异步表单验证

在传统的 Web 应用中，用户的身份验证是通过向服务器提交表单，服务器对表单中的用户信息进行验证，然后再返回验证的结果，在这样的处理方式中，用户端必须等待到服务器端返回处理结果才能进行别的操作，而且在这个过程中会刷新整个页面。

在 Ajax 的处理方式中，可以把用户的信息通过 XMLHttpRequest 对象异步发送给服务器，在服务器端完成对用户身份的验证后，把处理结果通过 XMLHttpRequest 对象返回用户，从而以异步的方式，在不刷新整个页面的情况下完成对用户身份的验证。

【例 10-1】 利用 Ajax 技术实现登录数据的检验，假设正确的用户名和密码分别是张三和 123，要求在输入完用户名后立即判断用户名是否存在。

【设计关键】表单数据验证的问题用其他技术已经实现过，用 Ajax 实现的不同点是发送请求的方式、响应及获取响应的方式。

1）设计页面 form.html，该页面是提交表单页面，并在该页面中利用 JavaScript 设计有关的函数：

- function formCheck(): 发送请求，并调用 showResult()将获取的响应显示出来。
- function showResult(): 获取响应并显示出来。

2）设计检验表单数据的 Servlet：FormCheck.java（采用注解配置 Servlet，映射地址是 formcheckservlet）。

【实现】

1）创建 Web 工程 ch10_01，并将上面创建的 ajax.js 文件复制到 Web 工程的 js 文件夹下。

2）表单页面 form.html 的实现。

注意：利用<script type="text/javascript" src="js/ajax.js"></script>将 ajax.js 文件添加到网页内。

其实现代码如下：

```
<!DOCTYPE html>
<html>
  <head>
      <title>表单验证</title>
      <meta http-equiv="content-type" content="text/html; charset=UTF-8">
      <script type="text/javascript" src="js/ajax.js"></script>
      <script type="text/javascript">
          function formcheck(){
              var url="formcheckservlet";              引用 Servlet 的配置地址
              var userid=document.getElementById("userid").value;
              var userpwd=document.getElementById("userpwd").value;
              var params="userid="+userid+"&userpwd="+userpwd;
              sendRequest(url,params,'POST',showresult);
          }
          function showresult(){
              if(httpRequest.readyState == 4) {
                  if(httpRequest.status == 200) {
                      var info=httpRequest.responseText;
```

```
                                document.getElementById("result").innerHTML=info;
                            }
                        }
                    }
                </script>
        </head>
        <body>
            <form action="">
                用户名称：<input type="text" name="userid" id="userid" onblur="formcheck()"/><br/>
                用户密码：<input type="password" name="userpwd" id="userpwd" /><br/>
                <input type="button" value="登录"    onclick="formcheck()"/>
                <div id="result"></div>                   ← 为显示响应数据设置的标签
            </form>
        </body>
    </html>
```

3）检验表单数据的 Servlet：FormCheck.java，其关键代码：

```
    package servlets;
    //省略了导入包
    @WebServlet("/formcheckservlet")          ← 配置 Servlet
    public class FormCheck extends HttpServlet {
        public void doPost(HttpServletRequest request, HttpServletResponse response)
                throws ServletException, IOException {
            response.setContentType("text/html;charset=UTF-8");
            PrintWriter out = response.getWriter();
            request.setCharacterEncoding("UTF-8");
            String userid=request.getParameter("userid");
            if(!"张三".equals(userid)){out.print("用户名不存在");
            }else{
                String userpwd=request.getParameter("userpwd");
                if(!"".equals(userpwd)){
                    if("123".equals(userpwd)){
                        out.print("欢迎您");
                    }else{
                        out.print("密码错误");
                    }
                }
            }
        }
    }
```

运行结果如图 10-1 所示。

a)   b)   c)

图 10-1 例 10-1 的运行结果

a) 输入用户名称错误时的运行界面   b) 输入用户密码错误时的运行界面   c) 用户名称和用户密码输入正确时的运行界面

234

10.3.2 案例——实现级联列表

在 Web 应用程序的开发中，经常会遇到联动动态列表的需求，尤其是在查询条件的选择中，所有下拉列表中的选项都是从数据库中动态取出的，当选择第一个下拉列表的时候，后面的下拉列表要以这个选择为条件从数据库中取出满足条件的内容，从而调整显示选项的内容。下面给出采用 Ajax 实现级联列表的方法。

【例 10-2】 实现级联列表。当在第一个列表框中输入省名时，在第二个列表框中显示该省包含的城市。

【设计关键】 采用 Ajax 实现级联列表是最合理的技术，第一个列表项变化时发送请求，让服务器查找并返回第二个列表框要显示的值，在客户端将信息更新到第二个列表框中。为此，需要在网页 select.html 中设计函数：function refresh()和 function show()。

【实现】

1）级联列表页面 select.html 的代码如下：

```html
<html>
    <head>
        <script src="js/ajax.js"></script>
        <script >
            function refresh(){
                var p=document.getElementById("prov").value;
                var city=document.getElementById("city");
                if(p==""){
                    city.options.length=0;
                    city.options.add(new Option("--请选择城市--"))
                }else{
                    var url="list";            这里使用的是 Servlet 的访问地址
                    var params="proc="+p ;     list，在 Servlet 中配置 list 的值
                    sendRequest(url,params,'POST',show);
                }
            }
            function show(){
                var city=document.getElementById("city");
                if (httpRequest.readyState == 4) {
                    if (httpRequest.status == 200) {
                        var citylist=httpRequest.responseText.split(",");
                        var citynum=citylist.length;
                        city.options.length=0;
                        for(i=0;i<citynum;i++)
                            city.options.add(new Option(citylist[i]))
                    }
                }
            }
        </script>
    </head>
    <body>
        <form action="">
            <select name="prov" id="prov" onchange="refresh();">
                <option value="">--请选择省份--</option>
                <option value="山东">山东</option>
```

```
                    <option value="江苏">江苏</option>
                    <option value="广东">广东</option>
                </select>
                <select name="city" id="city">
                    <option>--请选择城市--</option>
                </select>
            </form>
        </body>
    </html>
```

2）查找指定省份的城市列表的 Servlet：List.java，主要代码如下：

```
package servlet;
//省略了导入包
@WebServlet("/list")
public class List extends HttpServlet {
    public void doPost(HttpServletRequest request, HttpServletResponse response)
            throws ServletException, IOException {
        Map<String, String> pm = new HashMap<String, String>();
        pm.put("山东", "济南,青岛,泰安,潍坊,烟台,聊城,枣庄,菏泽,莱芜,临沂");
        pm.put("江苏", "南京,苏州,无锡,徐州,南通,连云港,镇江,常州,淮安,扬州");
        pm.put("广东", "广州,深圳,珠海,汕头,佛山,东莞,湛江,江门,中山,惠州");
        response.setContentType("text/html;charset=UTF-8");
        request.setCharacterEncoding("UTF-8");
        PrintWriter out = response.getWriter();
        String s1 = request.getParameter("proc");
        out.print(pm.get(s1));
    }
    public void doGet(HttpServletRequest request, HttpServletResponse response)
            throws ServletException, IOException {
        doPost(request,response);
    }
}
```

在服务器上运行 select.html，当选中"山东"
后，其运行结果如图 10-2 所示。

图 10-2　例 10-2 运行结果

10.4　使用 JSON 实现数据传输

当客户端和服务器端传输的信息（参数信息和
响应信息）比较简单时，可以采取一般的文本格
式，10.3 节的两个实例都是这样，客户端向服务器
端传递的参数是键值对字符串，服务器端返回的也
是普通的字符串（例 10-2 稍微复杂，是带定界符
"，"的字符串）。当传输的数据量很大且结构复杂
时，可以考虑使用结构化的字符串进行数据传输，
如 XML 或 JSON 等，在 Ajax 技术中，一般使用 JSON 实现数据传输。

10.4.1 JSON 简介

JSON（JavaScript Object Notation）是一种轻量级的数据交换格式，它是基于 JavaScript 的。JSON 采用完全独立于语言的文本格式，这使得 JSON 成为理想的数据交换语言。

JSON 包括两种基本结构。

1）对象：对象表示为"{}"括起来的内容，格式为{key1:value1,key2:value2,…}的键值对集合。通过"对象.key"获取属性值，属性值类型可以是数值、字符串、数组、对象等。

2）数组：数组表示为"[]"括起来的内容，格式为["java","javascript","vb",…]，通过"数组名.[index]"获取数组元素，元素类型可以是数值、字符串、数组、对象等。

经过对象、数组两种结构的嵌套可以组成更复杂的数据结构。

JSON 数据结构示例如下。

（1）简单的名称/值对的 JSON 结构

```
{"firstName":"Brett"}
```

（2）多个名称/值对的 JSON 结构

```
{"firstName":"Brett","lastName":"McLaughlin","email":"brett@newInstance.com"}
```

（3）对象数组的 JSON 结构

```
[ { "firstName": "Brett", "lastName":"McLaughlin", "email": "brett@newInstance.com" },
    { "firstName": "Jason", "lastName":"Hunter", "email": "jason@servlets.com" },
    { "firstName": "Elliotte", "lastName":"Harold", "email": "elharo@macfaq.com" }]
```

（4）对象属性值是数组的 JSON 结构

```
{"employees":[
    {"firstName":"Brett","lastName":"McLaughlin",email:"brett@newInstance.com"},
    {"firstName": Jason","lastName":"Hunter","email":"jason@servlets.com" },
    {"firstName":"Elliotte","lastName":"Harold", "email":"elharo@macfaq.com"}]}
```

10.4.2 在 JavaScript 中使用 JSON

1. 创建和访问 JSON 对象

JSON 是 JavaScript 的原生格式，在 JavaScript 中处理 JSON 数据不需要任何特殊的 API 或工具包。

（1）创建一个 JSON 对象

```
var company ={"employees":[
    {"firstName":"Brett","lastName":"McLaughlin","email": brett@newInstance.com"},
    {"firstName":"Jason","lastName":"Hunter","email":jason@servlets.com},
    {"firstName":"Elliotte",lastName":"Harold","email":"elharo@macfaq.com"}
];
```

（2）访问 JSON 对象，获取第一个雇员的 firstName 信息

```
company.employees[0].fristName
```

（3）访问 JSON 对象，修改第一个雇员的 firstName 信息数据

```
                     company.employees[0].fristName="Vincent"
```

2．将 JSON 字符串转换为 JSON 对象

当服务器端返回 JSON 字符串时，客户端需要将 JSON 字符串 JsonStr 转换为对象再访问，常用解析方法有两种：

1）使用 JSON.parse(JsonStr)方法（推荐）。

2）使用 eval(" ("+JsonStr+")")方法。

例如，

```
<script>
    var jsonStr='{"name":"runoob1","alexa":10000,"site":"www.runoob.com"}';
    var obj1 = eval("("+jsonStr+")");                //方法一
    var obj2 = JSON.parse(jsonStr);                  //方法二
</script>
```

注意：两种方法推荐使用第一种，因为 eval 方法不会检查所给的字符串是否符合 JSON 的格式，同时如果给的字符串中存在 JS 代码，eval 也会一并执行，存在安全风险。

10.4.3　Java 对象与 JSON 的转化

服务器端响应的结果通常是一个 Java 对象，在 Ajax 编程模式下需要将它转化成字符串发送给客户端，一般利用开源类库完成两者的转化，包括 JackSon、FastJson、Google-Gson、JSON-lib 类库等。

本书使用 JSON-lib 类库，下载地址为：https://sourceforge.net/projects/json-lib/。另外，还需要 commons-beanutils-1.8.0.jar、commons-collections-3.2.1.jar、commons-lang-2.5.jar、commons-logging-1.1.1.jar、ezmorph-1.0.6.jar 这 5 个包的支持，可以自行从网上下载。主要用到 JSONObject（JSON 对象）和 JSONArray（JSON 数组）两个类。

1．Java 对象、集合/数组转换为 JSON 字符串

主要方法：

```
    JSONObject.fromObject();        //对象=>字符串
    JSONArray.fromObject();         //集合/数组=>字符串
```

2．JSON 字符串转换为 Java 对象、集合

主要方法：

```
    JSONObject.toBean();            //json 对象=>java 对象
    JSONArray.toCollection();       //json 集合=>java 集合
```

【例 10-3】该例题实现了 Java 对象与 JSON 的转化。

在设计程序时，注意加载如下 JAR 包：

```
    commons-beanutils-1.7.0.jar          commons-collections-3.2.jar
    commons-lang-2.4.jar                 commons-logging-1.1.jar
    ezmorph-1.0.4.jar                    json-lib-2.2.2-jdk15.jar
```

测试类代码如下：

```java
package javaTojson;
//这里省略了 import 语句
public class JsonToJavaTest {
public class JsonlibTest {
    public static void main(String[] args){
        Student student1=new Student("20181234","张三","男");
        System.out.print("将 student1 对象转换成 json 字符串:");
        JSONObject jso1=JSONObject.fromObject(student1);
        System.out.println(jso1.toString());
        System.out.print("将 studentList1 对象转换成 json 字符串:");
        Student student2=new Student("20185678","李四","女");
        List<Student> studentList1=new ArrayList<Student>();
        studentList1.add(student1);studentList1.add(student2);
        JSONArray jsa1=JSONArray.fromObject(studentList1);          将 Java 的 List 对象集合转
        System.out.println(jsa1.toString());                       换为 JSON 对象并输出
        System.out.print("将 Map 转换为 json 字符串:");
        Map<String,String> map1=new HashMap<String,String>();
        map1.put("sno", "20181111");
        map1.put("sname","王五");                                   将 Java 的 Map 类型对象
        map1.put("sex","男");                                       转换为 JSON 对象并输出
        JSONObject jso2=JSONObject.fromObject(map1);
        System.out.println(jso2.toString());
        System.out.print("将 json 字符串转换成 student3 对象:");        将 JSON 字符串转换成
        String jsonStr1="{'sex':'男','sname':'张三','sno':'20181234'}"; Java 类的 Student 对象
        JSONObject jso3=JSONObject.fromObject(jsonStr1);
        Student student3=(Student)JSONObject.toBean(jso3,Student.class);
        System.out.println(student3);
        System.out.print("将 json 字符串转换成 studentList2 对象:");
        String jsonStr2="[{'sex':'男','sname':'张三','sno':'20181234'},
                    {'sex':'女','sname':'李四','sno':'20185678'}]";
        JSONArray jsa2=JSONArray.fromObject(jsonStr2);
        List<Student> studentList2
                    =(List<Student>)JSONArray.toCollection(jsa2,Student.class);
        for(Student student:studentList2){
            System.out.print(student+";");
        }
    }
}
}
```

Student 类代码如下：

```java
public class Student{
    String sno,sname,sex;
    public Student() {}
    public Student(String sno, String sname, String sex) {
        this.sno = sno;this.sname = sname;this.sex = sex;
    }
    public String toString(){
        return "学号："+sno+",姓名："+sname+",性别："+sex;
    }
    //这里省略了各属性的 setter/getter 方法
}
```

程序运行结果如图 10-3 所示。

图 10-3　例 10-3 的运行结果

10.4.4　案例——基于 Ajax+JSON 的表格数据浏览

【例 10-4】　利用 Ajax 方式将服务器端返回的 JSON 格式的表格数据显示到页面上，运行结果如图 10-4 所示，当单击图 10-4a 中的"获取表格数据"超链接后，得到图 10-4b 所示结果。

<table>
<tr><td>文件(F) 编辑(E) 查看(V) 历史(H) 书签(B) 工具(T) ...</td><td>文件(F) 编辑(E) 查看(V) 历史(H) 书签(B) 工具(T) ...</td></tr>
<tr><td>localhost:8080/ch10_04/10- ×</td><td>localhost:8080/ch10_04/10- ×</td></tr>
<tr><td>← → C ⓘ localhost:8080/ch10 ⋅ ≫ ≡</td><td>← → C ⓘ localhost:8080/ch10 ⋅ ≫ ≡</td></tr>
</table>

a)　b)

图 10-4　基于 Ajax+JSON 的表格数据浏览

a) 单击链接前　b) 单击链接后

【分析】为了阐述清楚思路，减小代码篇幅，这里使用了前面的 ajax.js 里的函数和例 10-3 中的实体类 Sutdent.java，并且省略了数据库操作代码，直接创建了 List 对象作为返回的表格数据，下面给出页面 ch10-4.jsp 和 Servlet（Query.java）的代码。

页面 ch10-4.jsp 代码如下：

```jsp
<%@ page    pageEncoding="UTF-8"%>
<html>
  <head>
    <script src="js/ajax.js"></script>
    <script>
      function query(){ sendRequest("query",null,'POST',show); }
      function show(){
          if (httpRequest.readyState == 4) {
              if (httpRequest.status == 200) {
                  var tBody=document.getElementById("tBody");
                  tBody.innerHTML="";
                  var studentList=JSON.parse(httpRequest.responseText);
                  for(var index in studentList){
                    var newTr=tBody.insertRow();
                    var newTd1=newTr.insertCell();
                    var newTd1.innerHTML=studentList[index].sno;
```

240

```
                    var newTd2=newTr.insertCell();
                    var newTd2.innerHTML=studentList[index].sname;
                    var newTd3=newTr.insertCell();
                    var newTd3.innerHTML=studentList[index].sex;
                }
            }
        }
    }
    </script>
    <style>
        table,th,td{border:1px solid red;padding:10px;}
        table{border-collapse:collapse;margin:0 auto;}
        body{text-align:center;}
    </style>
</head>
<body>
    <a href="javascript:query()">获取表格数据</a><br/><br/>
    <table id="studentTable">
        <tr><th>学号</th><th>姓名</th><th>性别</th></tr>
        <tbody id="tBody"> </tbody>
    </table>
</body>
</html>
```

Servlet 代码如下:

```
package servlet;
//这里省略了 import 语句
@WebServlet("/query")
public class Query extends HttpServlet {
    public void doPost(HttpServletRequest request, HttpServletResponse response)
            throws ServletException, IOException {
        response.setContentType("text/html;charset=UTF-8");
        PrintWriter out = response.getWriter();
        Student student1=new Student("20181234","张三","男");
        Student student2=new Student("20185678","李四","女");
        List<Student> studentList1=new ArrayList<Student>();
        studentList1.add(student1);studentList1.add(student2);
        JSONArray jsa=JSONArray.fromObject(studentList1);
        out.print(jsa.toString());
    }
    //省略了 doGet()方法
}
```

10.5 jQuery 框架中的 Ajax 方法

在 jQuery 框架中提供了对 Ajax 编程的支持, 可以简化代码, 且能实现对各种浏览器的兼容。

10.5.1 jQuery 框架中常用的 Ajax 方法

常用的方法有 load()、get()、post()、serialize()和 serializeArray()方法等。

1. load()方法

1）功能：从服务器加载数据到当前页面的元素中。

2）格式：$(selector).load(URL,data,callback);

其中：URL 为必选项，设置加载的 URL。data 为可选项，请求字符串，键/值对集合（&隔开的字符串或 JSON 形式）。Callback 为可选项，设置 load()方法完成后所执行的函数。

3）load()方法应用示例。

【例 10-5】 在 JSP 页面内，利用 load()方法加载 Servlet：Load.java（假设 Servlet 映射地址为/load），将执行 Servlet 后返回的内容添加到 div 元素内。

页面 load.jsp 代码如下：

```
<%@ page pageEncoding="UTF-8"%>
<html>
  <head>
    <script src="js/jquery-3.3.1.min.js"></script>
    <script> function jiazai() {$("#div1").load("load", {"p" : "jsp 程序设计"}); } </script>
  </head>
  <body>
    <input type="button" value="加载数据" onclick="jiazai()">
    <div id="div1"></div>
  </body>
</html>
```

Servlet：Load.java 代码如下：

```
package servlet;
//省略了有关的 import 语句
@WebServlet("/load")
public class Load extends HttpServlet {
    public void doPost(HttpServletRequest request, HttpServletResponse response)
            throws ServletException, IOException {
        response.setContentType("text/html;charset=UTF-8");
        PrintWriter out = response.getWriter();
        out.println("传递过来的参数为:"+request.getParameter("p"));
        out.flush();
        out.close();
    }
    //省略了 doGet()方法
}
```

2. get()方法

1）功能：以 GET 方式从服务器请求数据。

2）格式：$.get(URL,data,callback);

其中：URL 为必选项，设置请求的 URL。data 为可选项，请求字符串，键/值对集合

（&隔开的字符串或 JSON 形式）。callback 为可选项，设置请求成功后所执行的函数。

3）get()方法应用示例。

【例 10-6】 在 JSP 页面内，利用 get()方法请求 Servlet：Get.java（假设 Servlet 映射地址为/get），将执行 Servlet 后返回的内容添加到 div 元素内。

页面 get.jsp 代码如下：

```jsp
<%@ page pageEncoding="UTF-8"%>
<html>
  <head>
    <script src="js/jquery-3.3.1.min.js"></script>
    <script>
      function getF() {
        //执行 servlet 的 get 方法
        $.get("get", {"p" : "abc"}, function(data, status) {
          $("#div1").html("数据为："  + data + "，状态为" + status);
        });
      }
    </script>
  </head>
  <body>
    <input type="button" value="get 方式请求数据" onclick="getF()">
    <div id="div1"></div>
  </body>
</html>
```

Servlet：Get.java 的代码如下：

```java
package servlet;
//省略了有关的 import 语句
@WebServlet("/get")
public class Get extends HttpServlet {
    public void doGet(HttpServletRequest request, HttpServletResponse response)
            throws ServletException, IOException {
        response.setContentType("text/html;charset=UTF-8");
        PrintWriter out = response.getWriter();
        out.print("发送的参数为："+request.getParameter("p"));
        out.flush();
        out.close();
    }
    //省略了 doPost()方法
}
```

3．post()方法

1）功能：以 POST 方式从服务器请求数据。

2）格式：$.post(URL,data,callback);

其中：URL 为必选项，设置请求的 URL。data 为可选项，请求字符串，键/值对集合（&隔开的字符串或 JSON 形式）。callback 为可选项，设置请求成功后所执行的函数。

3）方法 post()应用示例。

其设计思想与"get()"方法类似，读者可以给出设计。

4．serialize()和 serializeArray()方法

1）功能：两个方法功能类似，都用来序列化一组表单元素，前者返回一组键值对字符串，后者返回 JSON 对象。

2）serialize()和 serializeArray()方法应用示例。

【例 10-7】 在 JSP 页面中，利用 serialize()和 serializeArray()方法生成表单提交参数字符串。

页面 serialize.jsp 代码如下：

```
<%@ page pageEncoding="UTF-8"%>
<html>
  <head>
    <script src="js/jquery-3.3.1.min.js"></script>
    <script>
      function f1() {$("#result1").text($("#form1").serialize());}
      function f2() {$("#result2").text(JSON.stringify($("#form1").serializeArray()));      }
    </script>
  </head>
  <body>
    <form id="form1" method="post">
      学号: <input type="text" name="sno"/><br>
      姓名: <input type="text"name="sname"/><br>
      性别: 男<input type="radio" name="sex"value="男" checked />
           女<input type="radio" name="sex" value="女" /> <br>
    </form>
    <input type="button" value="serialize 序列化表单值" onclick="f1()">
    <input type="button" value="serializeArray 序列化表单值" onclick="f2()">
    <div id="result1"></div>
    <div id="result2"></div>
  </body>
</html>
```

📖 说明：JSON.stringify()方法的作用是将 JSON 对象转换为字符串。

该程序的运行结果如图 10-5 所示。注意两种方式的汉字编码方式不同。

图 10-5　表单元素序列化

10.5.2　案例——基于 Ajax+jQuery 的表格记录添加

【例 10-8】 利用 Ajax+jQuery 完成学生记录的添加，运行结果如图 10-6 所示。

图 10-6 基于 Ajax+jQuery 的表格记录添加

【分析】为了阐述清楚思路，减小代码篇幅，在此省略了数据库操作代码，页面和
Servlet 代码如下。

【实现】

1）页面 insert.jsp 的代码如下：

```jsp
<%@ page pageEncoding="UTF-8"%>
<html>
  <head>
    <script src="js/jquery-3.3.1.min.js"></script>
    <script>
        function add() {
            $.post("add", $("#form1").serialize(), function(data) {$("#result").text(data);});
        }
    </script>
  </head>
  <body>
    <form id="form1">
        学号: <input type="text" name="sno" /><br>
        姓名: <input type="text"name="sname"/><br>
        性别: 男<input type="radio" name="sex"value="男" checked />
            女<input type="radio" name="sex" value="女" /> <br>
        <input type="button" value="添加记录" onclick="add()">
    </form>
    <div id="result"></div>
  </body>
</html>
```

2）Servlet：Add.java 的代码如下：

```java
package servlet;
//省略了有关的 import 语句
@WebServlet("/add")
public class Add extends HttpServlet {
    public void doGet(HttpServletRequest request, HttpServletResponse response)
            throws ServletException, IOException {
        response.setContentType("text/html;charset=UTF-8");
        PrintWriter out = response.getWriter();
        String sno=request.getParameter("sno");
        String sname=request.getParameter("sname");
        String sex=request.getParameter("sex");
        out.print("刚添加的记录为：学号："+sno+",姓名："+sname+",性别："+sex);
```

```
                out.flush();
                out.close();
        }
        //省略了 doPost()方法
    }
```

本章小结

本章介绍了 Ajax 编程技术，包括 Ajax 与传统编程模式的比较、Ajax 的核心对象 XMLHttpRequest、Ajax 编程的实现步骤、使用 JSON 进行数据传输及 jQuery 框架中对 Ajax 的支持等内容。

习题

1．比较 Ajax 和前面学习的编程模式有何不同？

2．设计一个注册表单：当用户填写注册 id 时，页面即时给出该 id 是否可用，利用 Ajax 技术实现。

3．去网上下载我国省市区数据库，实现省、市、区三级级联列表。

4．基于 Ajax 功能实现表格的添加、修改、删除、查询功能。

5．利用 Ajax 简单地实现搜索引擎的"Search Suggest"功能。

第 11 章　过滤器和监听器技术

过滤器（Filter）和监听器（Listener）是两种特殊的 Servlet 技术。过滤器可以对用户的请求信息和响应信息进行过滤，常被用于权限检查和参数编码统一设置等。监听器可以用来对 Web 应用进行监听和控制，增强 Web 应用的事件处理能力。

本章主要介绍过滤器和监听器的编程接口、基本结构、信息配置、部署和运行，最后通过案例说明过滤器和监听器的典型应用。

11.1　过滤器技术

过滤器是在服务器上运行的，且位于请求与响应中间的起到过滤功能的程序，其工作原理如图 11-1 所示。在与过滤器相关联的 Servlet 或 JSP 运行前，过滤器先执行。一个过滤器可以与一个或多个 Servlet 或 JSP 绑定，可以检查访问这些资源的请求信息。检查请求信息后，过滤器可以选择下一个动作：

- 正常调用请求的资源（即 Servlet 或 JSP）。
- 用修改后的请求信息调用请求资源。
- 调用请求的资源，修改请求响应，再将响应发送到客户端。
- 禁止调用该资源，将请求重定向到其他的资源，或返回一个特定的状态码，或产生替换的输出。

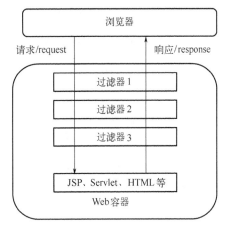

图 11-1　过滤器工作原理

11.1.1　过滤器编程接口

进行过滤器编程会用到 javax.servlet.jar 中的一组接口和类，表 11-1 只列出了与过滤器设计有关的 3 个重要接口，而与 Servlet 编程有关的接口、类请参考第 6 章。

表 11-1　Servlet 编程接口

功　能	类 和 接 口
Filter 实现	javax.servlet.Filter
Filter 配置	javax.servlet.FilterConfig
Filter 链	javax.servlet.FilterChain

设计过滤器必须实现 Filter 接口，并使用@WebFilter 标注或在 web.xml 中定义过滤器，

让 Web 服务器知道该加载哪些过滤器类。过滤器的信息配置将在 11.1.2 节中介绍。

Filter 接口有 3 个要实现的方法：init()、doFilter()与 destroy()，其接口源代码如下：

```
package javax.servlet;
import java.io.IOException;
public interface Filter {
    public void init(FilterConfig filterConfig) throws ServletException;
    public void doFilter(ServletRequest request,
                        ServletResponse response,
                        FilterChain chain) throws IOException, ServletException;
    public void destroy();
}
```

（1）init()方法

方法原型：

```
public void init(FilterConfig filterConfig) throws ServletException{}
```

该方法用于初始化过滤器，并获取@WebFilter 标注或 web.xml 文件中配置的过滤器初始化参数。默认情况下，服务器启动时就会加载过滤器，init 方法会自动执行。

该方法有一个 FilterConfig 类型的参数，如果在定义过滤器时设置了初始参数，则可以通过 FilterConfig 的 getInitParameter()方法来取得初始参数：

```
public String getInitParameter(String paraName)
```

（2）doFilter()方法

方法原型：

```
public void doFilter(ServletRequest request, ServletResponse response,
            FilterChain filterChain) throws IOException,ServletException{}
```

当请求地址和过滤地址匹配时将进行过滤操作，即该方法被执行。

第一个参数为 ServletRequest 对象，此对象给过滤器提供了对请求信息（包括表单数据、Cookie 和 HTTP 请求头）的完全访问。

第二个参数为 ServletResponse，用于响应请求。

第三个参数为 FilterChain 对象，使用该参数对象调用过滤器链中的下一个过滤器。调用方法格式为：

```
filterChain.doFilter(request, respouse);
```

（3）destroy()方法

方法原型：

```
public void destroy()
```

这个方法释放 Servlet 过滤器占用的资源。

这些方法构成了过滤器对象的生命周期：创建、执行过滤方法、销毁。

11.1.2　过滤器的设计与配置

设计过滤器必须实现 Filter 接口，根据处理的功能需要重写 Filter 接口中的有关方法（实现 init()方法读取过滤器的初始化函数，实现 doFilter()方法完成该过滤器所需要过滤功能），并使用@WebFilter 标注或在 web.xml 中定义过滤器（配置过滤器），让 Web 服务器知道该加载哪些过滤器类。

1．过滤器基本结构

一个过滤器程序的基本结构如下：

```
package …;
import …;
@WebFilter(filterName="performance", urlPatterns={"/*"})
public class Filter1 implements Filter{        //这里是给出 Filter 的一个实现类 Filter1
    public void destroy(){    //添加代码}
    public void doFilter(ServletRequest request, ServletResponse response,
        FilterChain filterChain) throws IOException,ServletException{
        //添加代码
    }
    public void init(FilterConfig filterConfig) throws ServletException{//添加代码}
}
```

> 基于"@WebFilter 标注"给出配置，也可以在 Web.xml 给出配置

> 设计过滤器重点是给出该方法的过滤功能实现

2．过滤器的建立

📖 **提示**：在 MyEclipse 2017 版本中，提供了直接新建 Filter 的菜单项，按提示依次完成有关的操作即可，并且默认采用注解的方法给出过滤器的配置。

在 MyEclipse 2017 版本的开发环境下，按如下步骤创建并配置过滤器：

1）第 1 步：创建 Web 工程，假设工程名称为 ch11，并选中创建 Web.xml 文件。

2）第 2 步：创建过滤器。

选中工程，右击工程 src 目录，选择"new"命令，再选择"Filter"命令，显示如图 11-2 所示的对话框，并按提示输入包名"filter"和过滤器类名"Ch11_Filter"，单击"Next"按钮进入图 11-3 所示的对话框，在该对话框中给出过滤器的有关配置信息。

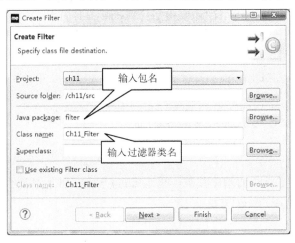

图 11-2　创建 Filter 对话框 1

单击图 11-3 中的 "Finish" 按钮后，就建立了过滤器程序的基本框架结构代码：

图 11-3　创建 Filter 对话框 2

```
package filter;
//省略了 import 语句
@WebFilter(
        dispatcherTypes = {
                DispatcherType.REQUEST, DispatcherType.FORWARD,
                DispatcherType.INCLUDE, DispatcherType.ERROR
        },
        description = "演示第一个过滤器创建过程",
        urlPatterns = { "/*" },
        initParams = {
                @WebInitParam(name = "x", value = "10"),
                @WebInitParam(name = "y", value = "20")
        })
public class Ch11_Filter implements Filter {
        public Ch11_Filter() {// TODO Auto-generated constructor stub }
        public void destroy() {// TODO Auto-generated method stub      }
        public void doFilter(ServletRequest request, ServletResponse response, FilterChain chain) throws
IOException, ServletException {
                // 输入代码
                chain.doFilter(request, response);
        }
        public void init(FilterConfig fConfig) throws ServletException {
                // TODO Auto-generated method stub
        }
}
```

3）第 3 步：若需要获取初始化参数，重写 init()方法，对于过滤行为放入 doFilter()方法中，按功能需要，实现 doFilter()方法。

3．过滤器的部署

当过滤器设计完成后，过滤器编译后的字节码文件必须部署到 Web 目录/WEB-INF/

classes 下才能起作用。

4．过滤器的配置说明

过滤器的配置与 Servlet 的配置类似。有两种配置方式：基于配置文件 web.xml 的配置和基于@WebFilter 注释配置。在创建过滤器的示例中，采用的就是@WebFilter 注释配置方式。配置过滤器一般可以配置的内容有：初始化参数配置、设定过滤器的过滤地址、过滤 Servlet 配置、过滤器触发时机配置等。

（1）设定过滤器的过滤地址

@WebFilter 中的 filterName 设置过滤器名称，urlPatterns 设置哪些 URL 请求必须经过过滤器的过滤，可带通配符"/*"，表示任何地址都要经过该过滤器。其配置格式如下：

```
@WebFilter(filterName="performance", urlPatterns={"/*"})
```

（2）设定过滤器过滤的 Servlet

在过滤器的请求应用上，除了指定 URL 模式之外，也可以指定 Servlet 名称，通过@WebServlet 的 servletNames 来设置：

```
@WebFilter(filterName="performance", servletNames={"SomeServlet1","SomeServlet2",…})
```

（3）初始化参数配置

如果在过滤器初始化时，想要读取一些参数，可以在@WebFilter 中使用@WebInitParam 设置 initParams。配置格式如下：

```
@WebFilter( filterName="performance",
            initParams={ @WebInitParam(name = "PARAM1", value = "VALUE1"),
                         @WebInitParam(name = "PARAM2", value = "VALUE2"), })
public class PerformanceFilter implements Filter {
    private String PARAM1;
    private String PARAM2;
    @Override
    public void init(FilterConfig config) throws ServletException {
        PARAM1 = config.getInitParameter("PARAM1");
        PARAM2 = config.getInitParameter("PARAM2");
    }
}
```

（4）触发过滤器的时机配置

触发过滤器的时机配置，默认是浏览器直接发出请求。若通过 Request-Dispatcher 的 forward()或 include()的请求，可设置@WebFilter 的 dispatcherTypes。配置格式如下：

```
@WebFilter( filterName="some",urlPatterns={"/some"},
    dispatcherTypes={ DispatcherType.FORWARD, DispatcherType.INCLUDE,
        DispatcherType.REQUEST, DispatcherType.ERROR, DispatcherType.ASYNC })
```

如果不设置任何 dispatcherTypes，则默认为 REQUEST。FORWARD 就是指通过 Request Dispatcher 的 forward()而来的请求可以套用过滤器。INCLUDE 就是指通过 RequestDispatcher 的 include()而来的请求可以套用过滤器。ERROR 是指由容器处理例外而转发过来的请求可以触发过滤器。ASYNC 是指异步处理的请求可以触发过滤器。

（5）基于 web.xml 的配置

过滤器的所有配置都可以在 web.xml 文件内配置，配置过滤器需要使用<filter>和<filter-mapping>元素，并且要放在<app>与</app>之间。其配置格式如下：

```
<filter>
    <filter-name> FilterName </filter-name>              //配置过滤器的名称
    <filter-class>package.className </filter-class>      //过滤器类全路径名
    <init-param>                                         //过滤器初始化参数配置
        <param-name>ParamName1</param-name>
        <param-value>ParamValue1</param-value>
    </init-param>
</filter>
<filter-mapping>                                         //过滤器过滤地址的配置
    <filter-name>FilterName </filter-name>
    <url-pattern>/path</url-pattern>
</filter-mapping>
<filter-mapping>
    <filter-name>FilterName </filter-name>               //过滤器过滤 Servlet 的配置
    <servlet-name>ServletName</servlet-name>
</filter-mapping>
<filter-mapping>                                         //触发过滤器的时机配置
    <filter-name>FilterName </filter-name>
    <servlet-name>*.do</servlet-name>
    <dispatcher>REQUEST</dispatcher>
    <dispatcher>FORWARD</dispatcher>
    <dispatcher>INCLUDE</dispatcher>
    <dispatcher>ERROR</dispatcher>
    <dispatcher>ASYNC</dispatcher>
</filter-mapping
```

📖 说明：在实际开发中，多采用@WebFilter 注释配置方式实现。

11.1.3 案例——基于过滤器的用户权限控制

【例 11-1】 在一个 Web 应用程序中，有些 JSP 页面或 Servlet 必须是注册用户登录后才有权访问。设计一个过滤器用于对用户是否是登录用户进行检验。

【分析】判断一个用户是否登录的方法通常是：当用户登录成功后，将用户名存放到 session 范围内（session.setAttribute("u_name",username)），判断时，从 session 中取出 u_name 属性（session.getAttribute("u_name")），若取值不为空就是登录用户；否则，就不是登录用户，可转入注册页面。

在每个需要登录用户才可以访问的页面或 Servlet 中加入登录检验代码很冗余，可以通过编写过滤器统一解决，过滤地址设为需要进行登录检验的那些 Servlet 或 JSP 的地址。这里假设对以/admin 打头的所有地址进行过滤，即：/admin/*。

【设计关键】在过滤器中获取 session 对象（HttpSession）：

```
HttpServletRequest requ = (HttpServletRequest)request;
HttpSession session = requ.getSession(true);
```

【实现】登录检验过滤器：LoginFilter.java，代码如下：

```
package filters;
//省略了 import 语句
@WebFilter(filterName="loginfilter", urlPatterns={"/admin/*"})
public class LoginFilter implements Filter{
    public void doFilter(ServletRequest request,ServletResponse response,
        FilterChain chain) throws IOException, ServletException{
        HttpServletRequest requ = (HttpServletRequest)request;
        HttpServletResponse resp = (HttpServletResponse)response;
        HttpSession session = requ.getSession(true);
        if (session.getAttribute("u_name") == null) {
            resp.sendRedirect("login.jsp");
        } else {
            chain.doFilter(request,response);
        }
    }
}
```

该程序还需要设计注册页面（login.jsp）、登录页面（login.jsp），以及登录处理页面（主要将请求参数 userName 保存到 session 的 u_name 属性中），具体实现请读者自己完成。

11.1.4 案例——基于过滤器的中文乱码解决

【例 11-2】 设计一个过滤器，统一处理 post 提交方式下参数值的中文乱码问题。

【分析】对于有汉字信息处理的 Servlet 或 JSP，可以通过编写过滤器实现请求和请求响应的统一汉字编码。过滤地址设为需要进行编码转换的那些 Servlet 或 JSP 的地址。这里假设是对以/servlet 打头的所有地址，即：/servlet/*。

【设计关键】解决 post 提交方式下参数值中文乱码：

```
request.setCharacterEncoding("UTF-8");
```

【实现】编码转换过滤器：EncodingFilter.java，代码如下：

```
package filter;
//这里省略了 import 语句
@WebFilter(filterName="EncodingFilter", urlPatterns={"/servlet/*"}
public class EncodingFilter implements Filter {
    public void doFilter(ServletRequest request,ServletResponse response,
            FilterChain chain) throws IOException,ServletException{
        request.setCharacterEncoding("UTF-8");
        chain.doFilter(request, response);
    }
}
```

11.1.5 案例——禁止未授权的 IP 访问站点过滤器

【例 11-3】 设计一个过滤器禁止未授权的 IP 访问站点。

【分析】使用过滤器禁止未授权的 IP 访问站点是过滤器常见的应用之一。其业务流程是：将需要禁止的 IP 地址在注解配置中配置，利用 init()方法读取该 IP 地址，并在 doFilter()中使用。

【设计关键】用 init()获取初始化配置参数——禁止的 IP 地址，需要将该值保存到过滤器的属性中，供 doFilter()使用。

1）需要设置一个私有属性 FilteredIP，用于存放被过滤的 IP 值。

2）在 init()方法中，利用 getInitParameter()获取 IP 地址信息。

3）在 doFilter()方法中，实现 IP 地址的过滤。如果是被禁止的 IP，转入禁止提示页面 ErrorInfo.jsp，否则，正常执行。

【实现】

1）创建一个过滤器操作类。

在 src 目录下，建立一个 IP 过滤操作 FilterIP 类，包名为 test，文件名为 FilterIP.java，代码如下：

```java
package test;
//这里省略了 import 语句
//通过过滤 IP 来控制访问操作
@WebFilter(filterName="FilterIP", urlPatterns={"/*"},
            initParams={@WebInitParam(name = "FilteredIP", value = "127.0.0.1")})
public class FilterIP implements Filter{
    private String FilteredIP;      //存放被过滤的 IP
    public void init(FilterConfig conf) throws ServletException{ //过滤器初始化
        FilteredIP=conf.getInitParameter("FilteredIP");
        if(FilteredIP==null) FilteredIP="";
    }
    public void doFilter( ServletRequest request, ServletResponse response,
        FilterChain chain) throws IOException, ServletException {//过滤操作
            String remoteIP = request.getRemoteAddr();
            if(remoteIP.equals(FilteredIP)){
                RequestDispatcher dispatcher = request.getRequestDispatcher("ErrorInfo.jsp");
            //读出本地 IP，将其与要过滤掉的 IP 比较，如果相同，就转移到错误处理页面
                dispatcher.forward(request,response);
            } else{
                chain.doFilter(request,response);    //将请求转发给过滤链上的其他对象
            }
        }
    }
```

2）新建一个 succeed.jsp 文件，其代码如下：

```jsp
<%@ page contentType="text/html; charset=UTF-8" %>
<%@ pagc import="java.util.*" %>
<html>
   <head> <title>欢迎登录</title></head>
   <body> <center><font size=4 color=blue>欢迎登录</font></center> </body>
</html>
```

3）新建一个 ErrorInfo.jsp 文件，其代码如下：

```jsp
<%@ page contentType="text/html; charset=UTF-8" %>
```

```
<%@ page import="java.util.*" %>
<html>
  <head><title>错误报告</title> </head>
  <body><center><font color=red>对不起,您的 IP 不能登录本站点!</font></center></body>
</html>
```

说明：运行 succeed.jsp，观察运行结果。

11.2 监听器技术

监听器是 Web 应用开发的一个重要组成部分。通过它可以监听 Web 应用的上下文信息、Servlet 请求信息、Servlet 会话信息，并自动根据不同的情况，在后台调用相应的处理程序。利用监听器来对 Web 应用进行监听和控制，极大地增强了 Web 应用的事件处理能力。

监听器运行机制：当启动服务器以后，会自动加载监听器（执行构造函数），当发生特定事件时，容器自动调用相应监听器中对应的事件处理方法。

11.2.1 监听器编程接口

监听器编程要用到 javax.servlet.jar 中的一组监听接口和事件类。根据监听对象的不同，监听器可分为 3 种。

1）ServletContext 事件监听器：监听应用程序环境对象（Web 应用的上下文）。

2）HttpSession 事件监听器：监听用户会话对象。

3）ServletRequest 事件监听器：监听请求消息对象。

这 3 种监听器共包含了 8 个监听接口及其对应的监听事件类，如表 11-2 所示。

表 11-2　监听器接口与事件类

监听对象	监听接口	监听事件
ServletRequest	ServletRequestListener （监听域对象自身的创建和销毁）	ServletRequestEvent
	ServletRequestAttributeListener （监听域对象中属性的增加和删除）	ServletRequestAttributeEvent
HttpSession	HttpSessionListener （监听域对象自身的创建和销毁）	HttpSessionEvent
	HttpSessionAttributeListener （监听域对象中属性的增加和删除）	HttpSessionAttributegEvent
	HttpSessionActivationListener （感知反序列化和序列化的事件）	HttpSessionEvent
	HttpSessionBindingListener （感知被绑定到 Session 中和删除绑定事件）	HttpSessionBindingEvent
ServletContext	ServletContextListener （监听域对象自身的创建和销毁）	ServletContextEvent
	ServletContextAttributeListener （监听域对象中属性的增加和删除）	ServletContextAttributeEvent

1. 监听 ServletContext 对象

对 ServletContext 对象实现监听，可以监听到 ServletContext 对象中属性的变化（增加、

255

删除、修改操作），也可以监听到 ServletContext 对象本身的变化（创建与销毁）。常用的监听方法如表 11-3 所示。

表 11-3   监听 ServletContext 对象的常用方法

接口名称	接口方法	激发条件
ServletContextAttributeListener	void attributeAdded(ServletContextAttributeEvent scab)	增加属性
	void attributeRemoved(ServletContextAttributeEvent scab)	删除属性
	void attributeReplaced(ServletContextAttributeEvent scab)	修改属性
ServletContext.Listener	void contextInitialized(ServletContextEvent sce)	创建对象
	void contextDestroyed(ServletContextEvent sce)	销毁对象

2．监听会话

对 HttpSession 对象进行监听，可以监听到 HttpSession 对象中属性的变化（增加、删除、修改操作）、HttpSession 对象本身的变化（创建与销毁），以及该对象的状态，还可以监听到 HttpSession 对象是否被绑定到该监听器对象上。常用监听方法如表 11-4 所示。

表 11-4   监听 HttpSession 对象的常用方法

接口名称	接口方法	激发条件
HttpSessionAttributeListener	void attributeAdded(HttpSessionAttribute sab)	增加属性
	void attributeRemoved(HttpSessionAttributeEvent sab)	删除属性
	void attributeReplaced(HttpSessionAttributeEvent sab)	修改属性
HttpSessionListener	void sessionCreated(HttpSessionEvent se)	创建对象
	void sessionDestroyed(HttpSessionEvent se)	销毁对象
HttpSessionActivationListener	void sessionDidActivate(HttpSessionEvent se)	会话刚被激活
	void sessionWillPssivate(HttpSessionEvent se)	会话将要钝化
HttpSessionBindingListener	valueBound(HttpSessionBindingEvent sbe)	被绑定到 Session 时
	valueUnbound(HttpSessionBindingEvent sbe)	删除绑定到 Session 时

📖 **说明**：活化（Activate，也称为反序列化）和钝化（Passivate，也称序列化）是 Web 容器为了更好地利用系统资源或者进行服务器负载平衡等原因而对特定对象采取的措施。会话对象的钝化指的是暂时将会话对象通过序列化的方法存储到硬盘上，而活化与钝化相反，是把硬盘上存储的会话对象重新加载到 Web 容器中。

3．监听请求

对 ServletRequest 对象进行监听，可以监听到 ServletRequest 对象中属性的变化（增加、删除、修改操作），以及 HttpSession 对象本身的变化（创建与销毁）。常用监听方法如表 11-5 所示。

表 11-5 监听 ServletRequest 对象的常用方法

接口名称	接口方法	激发条件
ServletContextAttributeListener	void attributeAdded(ServletRequestAttribute srab)	增加属性
	void attributeRemoved(ServletRequestAttributeEvent srabe)	删除属性
	void attributeReplaced(ServletRequestAttributeEvent srabe)	修改属性
ServletRequestListener	void requestInitialized(ServletRequestEvent sre)	创建对象
	void requestDestroyed(ServletRequestEvent sre)	销毁对象

11.2.2 监听器设计与配置

设计一个监听器一般需要以下步骤。

1）实现合适的接口：监听器需要根据监听对象的不同，实现表 11-2 中的某个监听接口。

2）实现有关事件的方法：按所选择的监听器接口，实现该接口中的有关方法。

3）获取对 Web 应用对象的访问：在事件处理方法中，可能会用到 11 个对象（分为 3 类）。

● Servlet 上下文、变化后的 Servlet 上下文属性的名称、变化后的 Servlet 上下文属性的值。

● 会话对象、变化后的会话属性的名称、变化后的会话属性的值。

● 请求对象、变化后的请求对象属性的名称、变化后的请求对象属性的值。

4）使用这些对象：需要根据具体应用，选择有关的对象。例如，对于 Servlet 上下文，可能会读取初始化参数（getInitParameter 方法），存储数据供以后使用（setAttribute 方法）和读取原先存储的数据（getAttribute 方法）。

5）配置监听器：有两种配置方式，一种是采用@WebListener 注释配置，另一种是在 web.xml 中利用 listener 元素和 listener-class 元素完成配置。目前一般都采用@WebListener 注释配置。

6）提供任何需要的初始化参数：Servlet 上下文监听器一般先读取 Servlet 上下文的初始参数，并将这些参数作为所有 Servlet 或 JSP 都可以使用的数据基础。

1. 监听器基本结构

一个监听器程序的基本结构如下：

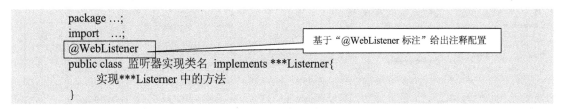

2. 监听器注册配置

有两种配置方式，一种是采用@WebListener 注释配置，另一种是在 web.xml 中，利用 listener 元素和 listener-class 元素完成配置。

【例 11-4】 监听器创建与配置示例：创建对 ServletRequestAttribute 进行监听的监听器

并配置采用@WebListener 注释配置。

其代码如下（注意，对各方法没有给出具体实现，在后面的案例中再给出实现）：

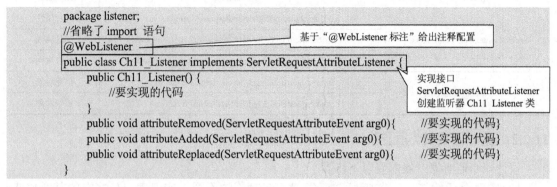

监听器的配置信息也可以在 web .xml 里配置，配置相对简单，不需要配置地址：

```
<listener>
    <listener-class>
        Listener.Ch11_Listener            //监听器的类全路径名
    </listener-class>
</listener>
```

📖 提示：在 MyEclipse2017 版本中，提供了直接新建 Listener 的菜单项，通过新建 Listener，按提示操作，自动实现对应的接口并给出注解配置。

3．在 MyEclipse2017 下创建监听器

在 MyEclipse2017 版本的开发环境下，按如下步骤创建并配置监听器。

第 1 步：创建 Web 工程，设置工程名称为 ch11_listener，并选中创建的 web.xml 文件。

第 2 步：创建监听器。

选中工程，右击工程 src 目录，选择"new"→"Listener"命令，显示如图 11-4 所示的对话框，按提示输入"包名：listener"和"监听器类名：Ch11_Listener"，单击"Next"按钮进入如图 11-5 所示的对话框，在该对话框中选择要实现的接口。最后单击图 11-5 中的"Finish"按钮生成例 11-4 的源代码。再根据功能需要对各方法给出具体实现。

图 11-4　创建监听器对话框 1　　　　　　　图 11-5　创建监听器对话框 2

4．监听器的部署与运行

将监听器编译后的字节码文件同样部署到 Web 目录/WEB-INF/classes 下。

11.2.3　案例——会话计数监听器的设计

【例 11-5】　使用监听器统计与显示在线用户数目。

【分析】在网站中经常需要进行在线人数的统计。过去的一般做法是结合登录和退出功能，即当用户登录的时候计数器加 1，当用户单击退出按钮时计数器减 1。这种处理方式存在两个缺点：一是用户正常登录后，可能会忘记单击退出按钮，而直接关闭浏览器，导致计数器减 1 的操作不会执行；二是该方法无法统计非登录的在线人数。

利用监听器可以实现更准确的在线人数统计功能。当一个浏览器第一次访问网站的时候，服务器会新建一个 HttpSession 对象，并触发 HttpSession 创建事件，如果注册了 HttpSessionListener 事件监听器，则会调用 HttpSessionListener 事件监听器的 sessionCreated 方法。相反，当这个浏览器用户注销或访问结束超时的时候，服务器会销毁相应的 HttpSession 对象，触发 HttpSession 销毁事件，同时调用所注册 HttpSessionListener 事件监听器的 sessionDestroyed 方法。这样，只需要在 HttpSessionListener 实现类的 sessionCreated 方法中让计数器加 1，在 sessionDestroyed 方法中让计数器减 1，就可以实现网站在线人数的统计功能。

【设计关键】选择正确的监听接口并实现相应的抽象方法：由上面的分析可以知道，要监听 HttpSession 对象的创建和销毁，监听器类要实现的接口为 HttpSessionListener。

【实现】

1）设计监听器类：OnlineListener.java，代码如下：

```
package listener;
//省略了 import 语句
@WebListener
public class OnlineListener implements HttpSessionListener {
    private static int onlineCount=0;
    public void sessionCreated(HttpSessionEvent sessionEvent) { onlineCount++;   }
    public void sessionDestroyed(HttpSessionEvent sessionEvent) {
        if(onlineCount>0)   onlineCount--;
    }
     public static int getOnlineCount(){return onlineCount;}
}
```

2）显示在线人数的页面 online.jsp，代码如下：

```
<%@ page   pageEncoding="UTF-8" %>
<%@page import="listener.OnlineListener"%>
<html>
    <head><title>在线人数显示页面</title>   </head>
    <body> <h2>当前的在线人数：<%=OnlineListener.getOnlineCount() %></h2> </body>
</html>
```

3）运行测试：运行页面程序 online.jsp，查看在线人数。

本章小结

本章介绍了过滤器和监听器。过滤器主要用来拦截用户请求，实现如权限检查、编码转换、加密等通用的"横向"模块；监听器主要用来监听 Web 应用的上下文信息、Servlet 请求信息、Servlet 会话信息，并根据不同的情况，在后台调用相应的处理程序。本章给出了过滤器和监听器的设计方法及其应用案例。

习题

1. 编写过滤器实现：只允许客户端 IP 地址是 219.218.*.*形式的访问站点，否则转到 Error 页面。

2. 编写监听器监听请求对象的创建和销毁。

3. 假设已经开发好应用程序的主要功能了，但现在有几个新的需求：

1）针对所有的 Servlet，产品经理想要了解从请求到响应之间的时间差。

2）针对某些特定的页面，客户希望只有特定几个用户才可以浏览。

3）基于安全方面的考量，用户输入的特定字符必须过滤并替换为无害的字符。

4）请求与响应的编码从 Big5 改用 UTF-8。

请采用过滤器技术设计实现所要的新需求（注意：不要改变已经设计完成的模块）。

第12章　Java Web 实用开发技术

在很多 Web 应用程序中都存在着一些通用的模块，如文件的上传和下载、邮件的收发、信息的分页浏览、在线编辑器的使用等。本章介绍这些通用的模块及其相关的实用开发技术。

本章主要介绍：验证码与二维码的设计与使用、MD5 加密算法的实现、在线编辑器 CKEditor 的使用、文件上传下载组件 Cos 的使用、使用 Jxl 组件操作 Excel 文档、使用 JavaMail 进行邮件的发送、信息分页浏览的实现等。

12.1　图形验证码

很多网站为了安全起见，在登录或注册的时候使用图形验证码，下面介绍验证码的作用和具体实现。

12.1.1　图形验证码简介

在 Web 应用程序的登录中，主要通过对用户密码进行验证来识别用户。为了增加密码被破解的难度，提出了图形验证码，就是在用户登录时除了输入用户名和密码外，需要额外输入服务器端生成的图形验证码的信息，对于破解程序，识别这些验证码比较困难，而且验证码是随机产生的，更增加了破解的难度。同样，在注册模块下引入验证码，也可以有效地防止通过程序恶意注册大量用户。

验证码就是在用户界面上以图形的方式显示的一些符号，通常是字母、数字或汉字组成的一个随机字符串，它是如何产生和验证的呢？它通常是由服务器端程序（如 Servlet）产生并保存的（保存在 session 范围内），登录或注册时将用户输入的验证码和服务器端保存的验证码进行比对。

12.1.2　图形验证码的实现

图形验证码的实现包括如下 3 个部分。

（1）图形验证码的生成

可通过一个 Servlet 完成该任务，也可通过 JSP 或 JavaBean，其思路是一样的，以 Servlet 为例，核心代码如下：

```java
package servlet;
//省略了 import 语句
@WebServlet("/checkcode")
public class CheckCode extends HttpServlet {
    public void doPost(HttpServletRequest request, HttpServletResponse response)
            throws ServletException, IOException {
        doGet(request, response);
```

```java
    }
    public void doGet(HttpServletRequest request, HttpServletResponse response)
            throws ServletException, IOException {
        response.setContentType("image/jpeg");
        HttpSession session = request.getSession();
        int width = 60;
        int height = 20;
        // 设置浏览器不要缓存此图片
        response.setHeader("Pragma", "No-cache");
        response.setHeader("Cache-Control", "no-cache");
        response.setDateHeader("Expires", 0);
        // 创建内存图像并获得其图形上下文
        BufferedImage image = new BufferedImage(width, height,
                                                BufferedImage.TYPE_INT_RGB);
        Graphics g = image.getGraphics();
        // 产生随机验证码
        // 定义验证码的字符表
        String chars = "0123456789ABCDEFGHIJKLMNOPQRSTUVWXYZ";
        char[] rands = new char[4];
        for (int i = 0; i < 4; i++) {
            int rand = (int) (Math.random() * 36);
            rands[i] = chars.charAt(rand);
        }
        // 产生图像
        // 画背景
        g.setColor(new Color(0xDCDCDC));
        g.fillRect(0, 0, width, height);
        // 随机产生 120 个干扰点
        for (int i = 0; i < 120; i++) {
            int x = (int) (Math.random() * width);
            int y = (int) (Math.random() * height);
            int red = (int) (Math.random() * 255);
            int green = (int) (Math.random() * 255);
            int blue = (int) (Math.random() * 255);
            g.setColor(new Color(red, green, blue));
            g.drawOval(x, y, 1, 0);
        }
        g.setColor(Color.BLACK);
        g.setFont(new Font(null, Font.ITALIC | Font.BOLD, 18));
        // 在不同的高度上输出验证码的不同字符
        g.drawString("" + rands[0], 1, 17);
        g.drawString("" + rands[1], 16, 15);
        g.drawString("" + rands[2], 31, 18);
        g.drawString("" + rands[3], 46, 16);
        g.dispose();
        // 将图像输出到客户端
        ServletOutputStream sos = response.getOutputStream();
        ByteArrayOutputStream baos = new ByteArrayOutputStream();
        ImageIO.write(image, "JPEG", baos);
        byte[] buffer = baos.toByteArray();
        response.setContentLength(buffer.length);
        sos.write(buffer);
```

```
        baos.close();
        sos.close();
        // 将验证码放到 session 中
        session.setAttribute("checkCode", new String(rands));
    }
}
```

（2）在页面中的使用

通过 img 标签来显示 Servlet 产生的图形验证码，代码如下：

```
<img border=0 src="checkcode"/>
```

其中 checkcode 是产生验证码的 Servlet 的访问地址。

（3）验证

获取用户输入的验证码，从 session 中获取保存的验证码，对比验证。

12.1.3 案例——带图形验证码的登录模块

【例 12-1】 设计登录程序，要求登录时输入图形验证码，假设正确的用户名和密码是"张三"和"123"。登录界面如图 12-1 所示。

【设计关键】 验证码的产生和验证过程上节已经介绍过，这里不再重复。当用户单击"换一

图 12-1 带图形验证码的登录界面

张"按钮时应该如何处理呢？可以重新请求产生验证码的 Servlet 并传递一个随机参数以强制服务器端刷新。

【实现】

1）登录页面 login.jsp 的代码如下：

```
<%@ page pageEncoding="UTF-8"%>
<html>
    <head><title>带图形验证码的登录</title></head>
    <script>
    function refresh(){
        document.getElementById("img1").src="checkcode?a="+Math.random();
    }
    </script>
    <body>
    <form method="post" name="form1">
        用户名<input type="text" name="userid"
                onclick="mes.innerHTML="" value="${param.userid }"/><br/>
        密码<input type="password" name="userpwd" value="${param.userpwd }"/><br/>
        验证码<input type="text" name="checkcode" />
        <img border="0" src="checkcode" id="img1"/>
        <input type="submit" value="换一张" onclick="refresh()"/> <br/>
        <input type="submit" value="登录" onclick="form1.action='logcheck'"/>
        <input type="reset" value="重置"/>
```

```
            <div id="mes">${info} </div>
        </form>
    </body>
</html>
```

2）产生验证码的 Servlet（地址为 checkcode），见 12.1.2 节。

3）处理登录请求的 Servlet（地址为 logcheck），关键代码如下：

```
package servlet;
//省略了 import 语句
@WebServlet("/logcheck")
public class LogCheck extends HttpServlet {
    public void doGet(HttpServletRequest request, HttpServletResponse response)
            throws ServletException, IOException {
        request.setCharacterEncoding("UTF-8");
        String userid = request.getParameter("userid");
        String userpwd = request.getParameter("userpwd");
        String usercheckcode = request.getParameter("checkcode");
        String info = "";
        HttpSession session = request.getSession();
        String servercheckcode = (String) session.getAttribute("checkCode");
        if (!servercheckcode.equalsIgnoreCase(usercheckcode)) {
            info = "验证码不正确，请重新输入";
        } else if ("张三".equals(userid) && "123".equals(userpwd)) {
            info = "登录成功";
        } else {      info = "用户名或密码不正确";}
        request.setAttribute("info", info);
        RequestDispatcher rd = request.getRequestDispatcher("/Login.jsp");
        rd.forward(request, response);
    }
    public void doPost(HttpServletRequest request, HttpServletResponse response)
            throws ServletException, IOException {
        doGet(request, response);
    }
}
```

【运行测试】启动服务器，再启动浏览器，在地址栏中输入：http://localhost:8080/ch12_01/login.jsp，出现如图 12-1 所示的运行界面。

12.2   二维码

二维码又称二维条码，常见的二维码为 QR Code，QR 全称 Quick Response，是近几年在移动设备上流行的一种编码方式，它比传统的 Bar Code 条形码能保存更多的信息，也能表示更多的数据类型。通常可以将一个 URL 生成一个二维码，用户通过"扫一扫"功能快速跳转到该地址。

12.2.1   二维码图形生成方法

生成二维码的方法有很多，可使用 Google 的 ZXing 组件、Denso 公司的 QRCode 组件或 jQuery 插件等，这里介绍 QRCode 组件，需要从网上下载 QRCode.jar，并加载到工程的 lib 目录下。仍以编写生成二维码图形的 Servlet 为例，关键代码如下：

```java
package servlet;
//省略了 import 语句
@WebServlet("/qrcode")
public class QRCodeServlet extends HttpServlet {
    public void doPost(HttpServletRequest request, HttpServletResponse response)
            throws ServletException, IOException {
        String code = request.getParameter("code");
        Qrcode testQrcode = new Qrcode();
        // 设置二维码排错率，可选 L(7%)、M(15%)、Q(25%)、H(30%)
        // 排错率越高可存储的信息越少，但对二维码清晰度的要求越低
        testQrcode.setQrcodeErrorCorrect('M');
        // 设置编码模式：Numeric 为数字，Alphanumeric 为英文字母
        //Binary 为二进制，Kanji 为汉字（第一个大写字母表示）
        testQrcode.setQrcodeEncodeMode('B');
        //设置二维码尺寸，取值范围为 1~40，值越大，尺寸越大，可存储的信息越多。
        testQrcode.setQrcodeVersion(7);
        byte[] d = code.getBytes("UTF-8");
        BufferedImage image = new BufferedImage(100, 100,
                BufferedImage.TYPE_BYTE_BINARY);
        Graphics2D g = image.createGraphics();
        g.setBackground(Color.WHITE);
        g.clearRect(0, 0, 100, 100);
        g.setColor(Color.BLACK);
        if (d.length > 0 && d.length < 120) {
            boolean[][] s = testQrcode.calQrcode(d);
            for (int i = 0; i < s.length; i++) {
                for (int j = 0; j < s.length; j++) {
                    if (s[j][i]) {g.fillRect(j * 2 + 3, i * 2 + 3, 2, 2);}
                }
            }
        }
        g.dispose();
        image.flush();
        ImageIO.write(image, "jpg", response.getOutputStream());
    }
}
```

12.2.2 案例——二维码生成器

【例 12-2】 设计一个页面，用户输入要生成二维码的文本信息，由 Servlet 生成它的二维码图形，界面如图 12-2 所示。

【分析】 该例题由两个组件构成：网页 index.jsp 和 Servlet（QRCodeServlet.Java，其配置的访问地址为：/qrcode）。

【实现】

1）页面 index.jsp 的代码如下：

图 12-2　简单二维码生成器

```
<%@ page pageEncoding="UTF-8"%>
<html>
  <body>
    <form action="qrcode" method="post" target="qrcodeframe">
        输入文本:<input type="text" name="code"/><input type="submit" value="转换"/>
    </form>
    <iframe name="qrcodeframe" frameborder="no" border="0"></iframe>
  </body>
</html>
```

2）Servlet：QRCodeServlet.Java，配置访问地址为：/qrcode，代码见上一小节。

【运行测试】

启动服务器和浏览器，在地址栏中输入：http://localhost:8080/ch12_02/index.jsp，出现如图 12-2 所示的运行界面。

思考：当扫描该二维码时，应该如何识别与处理呢？

12.3　MD5 加密

在一个 Web 系统中，如果注册用户的密码直接以明文存储，则数据库管理员可以查看所有用户的密码；而且，如果数据库被黑客侵入，则会造成用户信息的泄露。为了避免这样的情况发生，通常采用加密技术将用户密码加密后再存储到数据库中，现在比较流行的加密算法是 MD5。

12.3.1　MD5 加密算法

MD5（Message Digest 5）是一种加密算法，能够对字节数组进行加密，有如下特点：

1）不能根据加密后的信息（密文）得到加密前的信息（明文）。

2）对于不同的明文，加密后的密文也是不同的。

该算法的原理和具体步骤这里不做讨论，感兴趣的读者可查阅相关资料。

12.3.2　MD5 算法实现

在 Java 类库中，java.security.MessageDigest 和 sun.misc.BASE64Encoder 类提供了对 MD5 算法实现的支持，因此不用了解 MD5 算法的细节也能实现它。基本过程如下：

1）把要加密的字符串转换成字节数组。

2）获取 MessageDigest 对象，利用该对象 digest 方法完成加密，返回字节数组。

3）将字节数组利用 base64 算法转换成等长字符串。

具体代码如下：

```
//省略了 import 语句
public class MD5_Test{
    public static void main(String[] args){System.out.println(MD5("abc"));}
    public static String MD5(String oldStr){
        byte[] oldBytes=oldStr.getBytes();
        MessageDigest md;
        try {  md = MessageDigest.getInstance("MD5");
```

```
                byte[] newBytes=md.digest(oldBytes);
                BASE64Encoder encoder=new BASE64Encoder();
                  String newStr=encoder.encode(newBytes);
                return newStr;
            } catch (NoSuchAlgorithmException e) {
                return null;
            }
        }
    }
}
```

上述代码中，MD5 是加密方法，将字符串加密后的结果是一个 24 位的字符串。

例如，将"abc"加密后结果为"kAFQmDzST7DWlj99KOF/cg=="。可以将该算法用于注册模块中，实现对密码或其他信息进行加密，读者不妨自己尝试。

12.4 在线编辑器 CKEditor

在实现诸如留言簿、论坛、新闻发布等 Web 模块时，经常会用到在线编辑器，就像 Word 一样在线编辑留言或新闻内容。在线编辑器是一种通过浏览器等来对文字、图片等内容进行在线编辑修改的工具，让用户在网站上获得"所见即所得"的效果。

常见的在线编辑器有 FreeTextBox、CKEditor（其旧版本为 FCKeditor）、KindEditor、eWebEditor 和 WebNoteEditor 等。本节以比较流行的 CKEditor 为例介绍在线编辑器的使用，如图 12-3 所示（使用的版本是 CKEditor 3.6.1）。

图 12-3 CKEditor 工具栏

12.4.1 CKEditor 的使用

1．CKEditor 的下载

在 CKEditor 的官方网站 http://www.ckeditor.com 下载 CKEditor 压缩包（如 ckeditor_3.6.1.zip），解压后就可以使用了。

2．CKEditor 的创建

将 CKEditor 工具嵌入到网页中有多种方法，可以用 JavaScript 或 JSP 标签完成 CKEditor 对象的创建，这里介绍一种最简单的方法。

1）先将解压后的 ckeditor 目录复制到 Web 工程的 WebRoot 下。

2）在 WebRoot 下创建页面 editor.html，关键步骤有两个：一是导入 ckeditor.js 文件，导入语句<script type="text/javascript" src="ckeditor/ckeditor.js"></script>；另一个是创建 textarea 元素，将其 class 属性设置为 ckeditor。具体代码如下：

```
<!DOCTYPE html>
<html>
  <head>
    <meta http-equiv="content-type" content="text/html; charset=UTF-8">
    <script type="text/javascript" src="ckeditor/ckeditor.js"></script>
  </head>
  <body>
    <form method="post">
        <textarea class="ckeditor" cols="80" name="editor1" rows="10"></textarea>
        <input type="submit" value="提交" />
    </form>
  </body>
</html>
```

3）预览该页面看到类似图 12-3 的画面，CKEditor 工具成功嵌入到网页中。

当提交表单时，得到 textarea 的值是编辑内容的源代码，图 12-3 中的源代码如下：

```
<p>
    <strong>好久不见了</strong>
    <img alt="smiley" height="20"
        src="http://localhost:8080/editor/ckeditor/plugins/smiley/images/regular_smile.gif"
        title="smiley" width="20" />
</p>
```

3．CKEditor 的配置

CKEditor 编辑器可以自由配置，如编辑器的语言、工具集、界面背景色等。CKEditor 的配置都集中在 ckeditor/config.js 文件中，该文件格式如下：

```
CKEDITOR.editorConfig = function( config ){
    // Define changes to default configuration here. For example:
    // config.language = 'fr';
    // config.uiColor = '#AADC6E';
};
```

可以在{}中对 CKEditor 进行配置，常用参数如下。

● config.language：界面语言，常见取值为'en'、' zh-cn'。

● config.width，config.height：编辑器宽度和高度，以像素为单位。

● config.skin：编辑器样式，取值有 3 个，'kama'（默认）、'office2003'、'v2'。

● config.uiColor：编辑器背景颜色。

● config.toolbar：定义工具栏，有基础'Basic'、全能'Full'、自定义 3 个取值。

更详细的配置信息可以查看官方网站的相关文档。

12.4.2 案例——使用 CKEditor 编辑公告内容

【例 12-3】 设计公告板模块，使用 CKEditor 编辑公告内容，界面如图 12-4 所示。

【设计关键】使用 CKEditor 编辑公告，可以实现"所见即所得"，用户在编辑器中编辑的结果就是最终发布的结果。设计两个页面，一个是公告编辑页面 edit.jsp，一个是显示发布结果页面 show.jsp。另外，修改 CKEditor 下的 config.js 文件定制编辑器的工具栏。

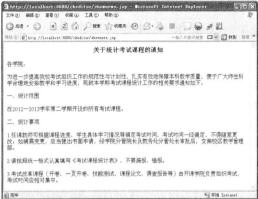

图 12-4　例 12-3 运行界面

【实现】

1）公告编辑页面 edit.jsp 的代码如下：

```
<%@ page pageEncoding="UTF-8"%>
<html>
    <head><script type="text/javascript" src="ckeditor/ckeditor.js"></script></head>
    <body>
        <center>
            <form method="post" action="show.jsp">
                编辑公告内容<textarea class="ckeditor" cols="80"
                                name="board" rows="10"> </textarea>
                <input type="submit" value="显示公告内容" />
            </form>
        </center>
    </body>
</html>
```

2）公告显示页面 show.jsp 的代码如下：

```
<%@ page    pageEncoding="UTF-8"%>
<html>
    <head><title>显示公告内容</title></head>
    <body>
        <% request.setCharacterEncoding("UTF-8"); %>
        ${param.board }
    </body>
</html>
```

3）CKEditor 配置文件 config.js 的代码如下：

```
CKEDITOR.editorConfig = function( config )
{   config.width = 800;
    config.height = 400;
    config.toolbar_Full = [ ['Bold','Italic'],['NumberedList','BulletedList','-','Outdent','Indent'],
                ['JustifyLeft','JustifyCenter','JustifyRight','JustifyBlock'],
                ['Styles','Format','Font','FontSize'],['TextColor','BGColor']];
};
```

12.5　文件的上传与下载

文件的上传与下载是一个 Web 应用程序的常见模块，通过文件的上传可将个人资源上传到服务器上保存或供大家共享；通过文件的下载可将网络上的资源保存到本地离线查看。本节介绍如何实现文件的上传和下载功能。

12.5.1　常见文件的上传与下载

使用 Java 技术实现文件的上传和下载，需要借助于输入、输出流类实现，比较复杂。而借助于一些上传、下载组件来实现则非常简单，而且效率比较高。常见的上传、下载组件有 FileUpload、jspSmartUpload、Cos 等。

在本书中使用 Cos 组件实现文件的上传和下载。Cos 是一个性能优良的上传、下载组件，非常容易实现文件的上传、下载功能。要使用它首先从网上下载 cos.jar 并导入到工程的 lib 目录下。

12.5.2　文件上传的实现

要实现文件的上传，需要获取要上传的文件。另外，需要指明上传文件所存放到服务器的位置。通常需要两个组件完成：上传文件的提交页面（upload.jsp），实现上传并保存上传文件的 Servlet（UpLoad.java，其配置的映射地址为 "/upload"）。下面给出两个组件的基本结构和 Servlet 的改进。

1）文件上传页面 upload.jsp 的代码如下：

```
<%@ page    pageEncoding="utf-8"%>
<html>
  <body>
    <form method="post" action="upload" enctype="multipart/form-data">
        <input type="file" name="file1"/><br/>
        <input type="submit" value="上传"/>
    </form>
  </body>
</html>
```

在页面中一定要注意表单的 method 属性的值必须为 post，enctype 属性的值必须设置为 multipart/form-data，upload 为执行上传操作的 Servlet 的地址。

2）执行上传操作的 Servlet 的核心代码如下：

```
public void doPost(HttpServletRequest request, HttpServletResponse response)
                throws ServletException, IOException {
        String saveDirectory ="d:\\tools\\upload";        //注意，该地址为上传服务器的 d 盘目录
        File savedir=new File(saveDirectory);
        if(!savedir.exists()){                             //如果上传的路径不存在，则创建它
            savedir.mkdirs();
        }
        int maxPostSize = 5 * 1024 * 1024 ;                //上传大小限制：5MB
        MultipartRequest multi;
        multi= new MultipartRequest(request, saveDirectory, maxPostSize,"utf-8");
```

270

```
        }
```

在上述代码中，saveDirectory 是上传到服务器的路径，maxPostSize 是上传大小限制，以字节为单位。如果上传文件重名，默认会覆盖原先的文件。

下面这段代码则不会覆盖原来的文件，而会自动为新文件重新命名（文件名后加序号 01，02，03，…）。

```
public void doPost(HttpServletRequest request, HttpServletResponse response)
            throws ServletException, IOException {
    String saveDirectory ="d:\\tools\\upload";
    File savedir=new File(saveDirectory);
    if(!savedir.exists()){ savedir.mkdirs();}
    int maxPostSize =3 * 5 * 1024 * 1024 ;                //总上传大小限制：15MB
    FileRenamePolicy policy =(FileRenamePolicy)new DefaultFileRenamePolicy();
    MultipartRequest multi;
    multi = new MultipartRequest(request, saveDirectory, maxPostSize,"utf-8",policy);
}
```

3）要获得上传的文件和表单的其他元素的信息，可借助于 MultipartRequest 类型的对象 multi，典型代码如下：

```
Enumeration<String> files = multi.getFileNames();
while(files.hasMoreElements()) {
    String name=files.nextElement();
    File f = multi.getFile(name);
    if(f!=null){
        String fileName = multi.getFilesystemName(name);
        String lastFileName= saveDirectory+"\\" + fileName;
        out.println("上传的文件:"+lastFileName);
        out.println("<hr>");
    }
}
```

读者可以在此基础上，根据实际的业务需要，修改所给组件的有关值，实现文件的上传和查看。

12.5.3　文件下载的实现

文件的下载一般需要从服务器指定的文件中选择需要下载的文件，然后利用 Servlet 程序将文件下载到本地计算机上并保存。同样，文件的下载一般也需要两个组件：选择要下载文件的 JSP 网页，Servlet 实现下载。在这里只给出下载实现的 Servlet。

实现下载操作的 Servlet（Servlet 的映射配置地址："/download"）代码如下：

```
public void doGet(HttpServletRequest request, HttpServletResponse response)
        throws ServletException, IOException {
    String filepath="d:/";                          //下载路径
    String filename="1.jpg";                        //下载的文件名
    String guessCharset="UTF-8";
    try {                                           //使用 iso8559_1 编码方式
        String isofilename = new String(filename.getBytes(guessCharset),"iso-8859-1");
        response.setContentType("application/octet-stream");
```

```
                response.setHeader("Content-Disposition","attachment; filename=" + isofilename);
                ServletOutputStream out = null;
                out = response.getOutputStream();
                ServletUtils.returnFile(filepath+filename,out);        //下载文件
            }catch (UnsupportedEncodingException ex) {                 //iso8559_1 编码异常
                    ex.printStackTrace();
            }catch(IOException e){                                     //getOutputStream()异常
                    e.printStackTrace();
            }
        }
```

12.5.4　案例——使用 Cos 组件实现作业的上传

【例 12-4】　设计作业上传程序，要求上传的作业文件命名格式为"学号-题号"，上传到服务器后，将文件重命名为"客户端 IP 地址-学号-题号"的形式，同一题目可上传多次，后上传的将覆盖先前上传的文件。文件上传路径为 Web 目录下的 upload 文件夹。

图 12-5　例 12-4 运行界面

【设计关键】该例要求对上传文件重新命名，这就需要借助于 MultipartRequest 对象获得上传的文件信息，并对它进行重命名。需要设计文件上传页面 upload.jsp 和处理上传的 Servlet：UpLoad.java。

【实现】

1）上传页面 upload.jsp 的代码如下：

```
<%@ page    pageEncoding="UTF-8"%>
<html>
  <body>
    <form method="post" action="upload" enctype="multipart/form-data">
        <input type="file" name="file1" contenteditable="false"
                    onclick="info.innerHTML=""/><br/>
        <input type="submit" value="上传"/>
    </form>
    <div id="info">${message}</div>
  </body>
</html>
```

2）处理上传的 Servlet：UpLoad.java，其地址为 upload。核心代码如下：

```
package servlet;
//省略了 import 语句
@WebServlet("/upload")
public class UpLoad extends HttpServlet {
        public void doPost(HttpServletRequest request, HttpServletResponse response) throws Servlet
```

```
Exception, IOException {
            String requestip = request.getRemoteAddr();
            String saveDirectory = this.getServletContext().getRealPath("") + "\\upload";
            File savedir = new File(saveDirectory);
            if (!savedir.exists()) {                    // 如果上传目录不存在则创建它
                savedir.mkdirs();
            }
            int maxPostSize = 5 * 1024 * 1024;          // 上传大小限制：5MB
            MultipartRequest multi;
            multi = new MultipartRequest(request, saveDirectory, maxPostSize, "UTF-8");
            Enumeration<String> files = multi.getFileNames();
            String name = files.nextElement();
            File f = multi.getFile(name);
            if (f != null) {
                String fileName = f.getName();
                File sServerFile=new File(saveDirectory + "\\" + requestip + "-" + fileName);
                if (sServerFile.exists()){              //将先前的文件删除，重命名才能成功
                    sServerFile.delete();
                }
                f.renameTo(sServerFile);                // 重命名文件
                String message="文件上传成功！文件名为："+requestip +"-" +fileName;
                request.setAttribute("message", message);
            }
            request.getRequestDispatcher("/upload.jsp").forward(request, response);
        }
    }
```

12.6 利用 Java 操作 Excel 文档

在 Web 应用程序的开发中，如果需要将 Excel 文档的信息导入到数据库或将数据库的信息导出到 Excel 文档中，需要应用程序访问 Excel 文件。目前，操作 Excel 文档的 Java 组件主要有 Jxl 和 POI 两种，本节介绍 Jxl 的用法，对于 POI 的用法可以查阅相关文献。

12.6.1 利用 Jxl 操作 Excel 文档

使用 Jxl 组件需要先从网上下载 jxl.jar，并加载到 Web 工程的 lib 目录下，对 Excel 文档一般需要读取 Excel 电子表、写入 Excel 电子表、修改 Excel 电子表。下面给出 3 种操作实现的关键代码。读者在此基础上可以根据业务需求修改完善。

1. 读取 Excel 电子表

读取电子表的操作过程一般需要用电子表工作簿创建 Workbook 对象，然后基于 Workbook 对象获取工作簿的工作表，形成 Sheet 对象，最后由 Sheet 对象获取工作表的行、列，并基于行、列值对工作表的单元格实现读操作。其实现代码如下：

```
//省略了 import 语句
public class Test {
    public static void main(String[] args) throws Exception {
        Workbook workbook = Workbook.getWorkbook(new File("c:/student.xls"));
        Sheet sheet = workbook.getSheet(0);             // 第一个工作表
```

```
            int r = sheet.getRows();
            int c = sheet.getColumns();
            for (int i = 0; i < r; i++) {
                    for (int j = 0; j < c; j++)
                            // 注意 getCell()方法第一个参数是列，第二个参数是行
                            System.out.print(sheet.getCell(j, i).getContents() + " ");
                    System.out.println();
            }
            workbook.close();
        }
    }
```

2．写入 Excel 电子表

写入 Excel 电子表的工作过程与读取电子表类似，其工作过程是：需要用电子表工作簿创建 Workbook 对象，然后基于 Workbook 对象获取工作簿的工作表，形成 Sheet 对象，再创建单元格并添加到 Sheet 对象中，最后将 Sheet 对象写入 Workbook 对象中。其实现代码如下：

```
//省略了 import 语句
public class Test {
    public static void main(String[] args) throws Exception {
        WritableWorkbook wwb = Workbook.createWorkbook(new File("c:/student1.xls"));
        WritableSheet ws = wwb.createSheet("TESTSHEET1", 0);
        Label label = new Label(2, 3, "abc");                           // 3 列 4 行
        ws.addCell(label);
        jxl.write.Number number = new jxl.write.Number(1, 0, 555.12541);   // 2 列 1 行
        ws.addCell(number);
        wwb.write();
        wwb.close();
    }
}
```

3．修改已有的 Excel 电子表

修改已有的 Excel 电子表，其实现代码如下（注意理解每条语句的作用）：

```
public class Test {
    public static void main(String[] args) throws Exception{
        Workbook wb = Workbook.getWorkbook(new File("d:/1.xls"));
        // 打开一个文件的副本，并且指定数据写回到原文件
        WritableWorkbook book = Workbook.createWorkbook(new File("d:/1.xls"), wb);
        // 添加一个工作表
        WritableSheet sheet = book.getSheet(0);
        sheet.addCell(new Label(4, 1, " ab "));
        sheet.addCell(new Label(5, 1, " cd "));
        sheet.addCell(new Label(4, 2, " eg "));
        sheet.addCell(new Label(5, 2, " gh "));
        book.write();
        book.close();
    }
}
```

12.6.2 案例——Cos+Jxl 实现 Excel 表格的数据导入和导出

【例 12-5】 实现数据库表格数据的导入（从 Excel 导入到数据库）和导出（从数据库导出到 Excel）功能。界面如图 12-6 所示。

【分析】导入功能实现：用户选择本地的 Excel 文件将其上传到服务器，然后从服务器导入；导出功能实现：先将数据库数据导出到服务器，再下载到客户端。

图 12-6　数据库表格的导入和导出

【主要代码】数据库表格结构 student(sno,sname, sex)，字段均是字符串类型。实体类 Student(sno, sname,sex)及数据库操作工具类省略。只给出页面、DAO 和 Servlet 代码。

1）页面 daorudaochu.jsp 的代码如下：

```
<%@ page pageEncoding="UTF-8" import="dao.StudentDao,vo.Student,java.util.List"%>
<%@ taglib prefix="c" uri="http://java.sun.com/jsp/jstl/core" %>
<html>
    <head><title>表格数据的导入和导出</title>
    <style>
        table,th,td{ border:2px solid red;padding:10px;margin:20px;}
        body{text-align:center;}
        table{border-collapse:collapse;margin:0 auto;}
    </style>
    </head>
    <body>
    <%      StudentDao studentDao=new StudentDao();
            List<Student> studentList=studentDao.query();
            pageContext.setAttribute("studentList",studentList);
    %>
    <table>
    <tr><th>学号</th><th>姓名</th><th>性别</th></tr>
    <c:forEach items="${studentList}" var="student">
        <tr><td>${student.sno}</td><td>${student.sname}</td><td>${student.sex}</td></tr>
    </c:forEach>
    </table>
        <form action="${pageContext.request.contextPath}/daorudaochu?action=daoru"
                    method="post" enctype="multipart/form_data">
        <input type="file" name="file1"/>
        <input type="submit" value="excel->mysql（导入）"/>
        </form>
        <a href="daorudaochu?action=daochu">mysql->excel(导出)</a>
    </body>
</html>
```

2）DAO 代码（提供了导入、导出和查询方法，import 语句省略）如下：

```
public class StudentDao {
    //导出方法
    public void exportToExcel(File excelPath, String condition) throws Exception {
```

```java
        Connection conn = JdbcUtil.getConnection();
        String sql = "select sno,sname,sex from student "+ condition;
        PreparedStatement ps = conn.prepareStatement(sql);
        ResultSet rs = ps.executeQuery();
        WritableWorkbook wwb = Workbook.createWorkbook(excelPath);
        WritableSheet ws = wwb.createSheet("student", 0);
        String[] titles = { "学号", "姓名", "性别" };
        int columnCount = titles.length;
        for (int i = 0; i < columnCount; i++) {
                ws.addCell(new Label(i, 0, titles[i]));
        }
        int count = 1;
        while (rs.next()) {
                for (int j = 0; j < columnCount; j++) {
                        ws.addCell(new Label(j, count, rs.getString(j + 1)));
                }
                count++;
        }
        wwb.write();
        if (wwb != null) wwb.close();
        JdbcUtil.free(rs, ps, conn);
}
//导入方法
public void importFromExcel(File excelPath, int sheetNo) throws Exception {
        Connection conn = JdbcUtil.getConnection();
        String sql = "insert into student (sno,sname,sex)    values (?,?,?) ";
        PreparedStatement ps = conn.prepareStatement(sql);
        Workbook workbook = Workbook.getWorkbook(excelPath);
        Sheet sheet = workbook.getSheet(sheetNo - 1);
        int r = sheet.getRows();
        int c=sheet.getColumns();
        for (int i = 1; i < r; i++) {
                for (int j = 1; j <= c; j++) {
                        ps.setString(j, sheet.getCell(j-1, i).getContents().trim());
                }
                ps.addBatch();
        }
        ps.executeBatch();
        if (workbook != null) workbook.close();
        JdbcUtil.free(null, ps, conn);
}
//查询方法
public List<Student> query() throws Exception {
        List<Student> studentList = new ArrayList<Student>();
        Connection conn = JdbcUtil.getConnection();
        String sql = "select * from student ";
        PreparedStatement ps = conn.prepareStatement(sql);
        ResultSet rs = ps.executeQuery();
        while (rs.next()) {
                Student student = new Student();
                student.setSno(rs.getString("sno"));
                student.setSname(rs.getString("sname"));
```

```
                    student.setSex(rs.getString("sex"));
                    studentList.add(student);
                }
                JdbcUtil.free(rs, ps, conn);
                return studentList;
            }
        }
```

3）Servlet 代码如下：

```
package servlet;
//省略了 import 语句
@WebServlet("/daorudaochu")
public class Daorudaochu extends HttpServlet {
    public void doGet(HttpServletRequest request, HttpServletResponse response)
            throws ServletException, IOException {
        String action=request.getParameter("action");
        StudentDao studentDao=new StudentDao();
        //导入或导出使用的临时目录，要提前建好
        String saveDirectory =this.getServletContext().getRealPath("/file");
        if("daoru".equals(action)){                          //先利用 cos 上传，再导入
            int maxPostSize =5   * 1024 * 1024 ;             //总上传大小限制：5MB
            MultipartRequest multi=new MultipartRequest(request,saveDirectory,
                                                        maxPostSize,"utf-8");
            File excelFile=multi.getFile("file1");
            if(excelFile!=null){
                try {  studentDao.importFromExcel(excelFile,1);
                    excelFile.delete();
                } catch (Exception e) { e.printStackTrace();}
            }
            response.sendRedirect("daorudaochu.jsp");
        }
        else if("daochu".equals(action)){
            //先导出到服务器端，再下载到客户端
            String fileName="student.xls";
            try {
                studentDao.exportToExcel(new File(saveDirectory+"/"+fileName), "");
                String isofilename = new String(fileName.getBytes("gbk"),"iso-8859-1");
                response.setContentType("application/octet-stream");
                response.setHeader("Content-Disposition",
                                "attachment;filename="+isofilename);
                ServletOutputStream out = null;
                out = response.getOutputStream();
                ServletUtils.returnFile(saveDirectory+"/"+fileName,out);     //下载文件
                new File(saveDirectory+"/"+fileName).delete();
            } catch (Exception e) {e.printStackTrace();}
        }
    }
    public void doPost(HttpServletRequest request, HttpServletResponse response)
            throws ServletException, IOException {
        this.doGet(request, response);
    }
}
```

12.7　Java Mail 编程

在开发项目或软件产品功能的过程中，经常遇到需要将数据、提醒、公告等通过邮件的方式发送给客户或者管理人员，也就是通过邮件驱动来执行业务规则。本节介绍如何利用Java Mail 实现邮件的发送。

Java Mail 用来建立邮件和消息应用程序。它可以方便地执行一些常用的邮件传输，支持POP3、IMAP、SMTP，既可以作为 JavaSE 平台的可选包，也可以在 JavaEE 平台中使用。

12.7.1　使用 Java Mail 发送邮件

直接使用 Java Mail 实现邮件的发送比较复杂，这里采用 Commons-Email 实现。Commons-Email 是 Apache 提供的一个开源的 API，是对 Java Mail 的封装，使用它时用到的Jar 包括：mail.jar、activation.jar、additionnal.jar 和 commons-email-1.2.jar，主要包括SimpleEmail、MultiPartEmail、HtmlEmail、EmailAttachment 这 4 个类。

- SimpleEmail: 发送简单的 Email，不能添加附件。
- MultiPartEmail: 发送文本邮件，可以添加多个附件。
- HtmlEmail: 发送 HTML 格式的邮件，同时具有 MultiPartEmail 类的所有功能。
- EmailAttchment: 附件类，可以添加本地资源，也可以指定网络资源，在发送时自动将网络资源下载发送。

1）发送简单的文本邮件，核心代码片段如下：

```
SimpleEmail email=new SimpleEmail();
email.setHostName("smtp.163.com");                          //设置邮箱服务器
email.setAuthentication("javalesson2011", "java2011");      //设置用户名和密码
email.addTo("***@**.com");                                  //收件人
email.setFrom("javalesson2011@163.com");                    //发件人
email.setSubject("Subject");                                //邮件主题
email.setMsg("你好");                                        //邮件内容
email.send();                                               //发送邮件
```

2）发送带附件的邮件，核心代码片段如下：

```
EmailAttachment attachment = new EmailAttachment();
attachment.setPath("d:\\201301.txt");                       //附件路径
attachment.setDisposition(EmailAttachment.ATTACHMENT);
MultiPartEmail email = new MultiPartEmail();
email.setHostName("smtp.163.com");                          //设置邮箱服务器
email.setAuthentication("javalesson2011", "java2011");      //设置用户名和密码
email.addTo("***@**.com");                                  //收件人
email.setFrom("javalesson2011@163.com");                    //发件人
email.setSubject("Subject");
email.setMsg("你好");
email.attach(attachment);
email.send();
```

3）发送 HTML 形式的邮件，核心代码片段如下：

```
HtmlEmail email = new HtmlEmail();
email.setHostName("smtp.163.com");                              //设置邮箱服务器
email.setAuthentication("javalesson2011", "java2011");          //设置用户名和密码
email.addTo("***@**.com");                                      //收件人
email.setFrom("javalesson2011@163.com");                        //发件人
email.setSubject("Subject");                                    //邮件主题
email.setHtmlMsg("<font color='red'>123</font>");              //HTML 格式的邮件内容
email.send();                                                   //发送邮件
```

12.7.2 案例——使用 JavaMail 实现邮件的发送

【例 12-6】 设计一个简单的邮件发送系统，运行界面如图 12-7 所示。

图 12-7 例 12-6 运行界面

【设计】该例需要设计邮件发送页面 mail.jsp 和处理邮件发送的 Servlet：SendSimple Mail.java。

【实现】

1）邮件发送页面 mail.jsp 的代码如下：

```
<%@ page pageEncoding="UTF-8"%>
<html>
    <head><title>发送文本格式的邮件</title></head>
    <body>
    <h1 align="center">发送文本格式的邮件</h1>
    <form name="form1" method="post" action="sendmail">
      <table width="48%" border="1" align="center" cellspacing="1">
        <tr > <td width="20%" height="30">收信人地址：</td>
          <td width="80%" height="30"> <input name="to" type="text" size="40"> </td>
        </tr>
         <tr > <td height="30">标题：</td>
            <td height="30"><input name="title" type="text" size="40"></td>
         </tr>
          <tr> <td height="30">邮件内容：</td>
            <td height="30">
               <textarea name="content" cols="60" rows="20" id="content"></textarea></td>
          </tr>
          <tr align="center">
            <td colspan="2" height="40">
```

```
                    <input type="submit"   value="发送">  
                    <input type="reset"   value="重输">   </td>
            </tr>
        </table>
        </form>
        </body>
    </html>
```

2）处理邮件发送的 Servlet：SendSimpleMail.java，其地址为 sendmail。核心代码如下：

```
public void doPost(HttpServletRequest request, HttpServletResponse response)
                throws ServletException, IOException {
        response.setContentType("text/html;charset=UTF-8");
        PrintWriter out = response.getWriter();
    request.setCharacterEncoding("UTF-8");
        SimpleEmail email=new SimpleEmail();
        email.setHostName("smtp.163.com");                      //设置邮箱服务器
        email.setAuthentication("javalesson2011", "java2011");  //设置用户名和密码
        try {
            email.addTo(request.getParameter("to"));            //收件人
            email.setFrom("javalesson2011@163.com");            //发件人
            email.setSubject(request.getParameter("title"));    //邮件主题
            email.setMsg(request.getParameter("content"));      //邮件内容
            email.send();                                       //发送邮件
            out.print("邮件发送成功");
        } catch (EmailException e) {
            e.printStackTrace();
            out.print("邮件发送失败");
        }
    }
```

12.8 页面分页技术

在设计信息浏览页面时，如果信息量很大，则经常需要分页显示信息，本节将介绍分页技术的设计思想和具体实现。

12.8.1 分页技术的设计思想

这里仍然按照"表示层—控制层—DAO 层—数据库"的分层设计思想实现：首先在 DAO 对象中提供分页查询的方法；在控制层调用该方法查询指定页的数据；然后在表示层通过 EL 表达式和 JSTL 将该页数据显示出来。

12.8.2 分页的具体实现

假设要实现如图 12-8 所示的用户信息分页浏览，数据库使用 MySQL。

1）在 DAO 对象（UserDao）中提供两个方法用来计算总页数和查询指定页数据，核心代码如下（其中，JdbcUtils 类在 JavaBean 中已经介绍过）：

所有用户信息

共有3页，这是第2页。 第一页 上一页 下一页 最后一页

用户编号	用户名	性别
20130006	李红	女
20130007	周良	男
20130008	谭亮	女
20130009	陈军	男
20130010	冯胜	男

图 12-8　分页浏览用户信息

```java
public int getPageCount() throws Exception{
    int recordCount=0,t1=0,t2=0;
    Connection conn = JdbcUtils.getConnection();
    String sql = "select count(*) from user";
    PreparedStatement ps =conn.prepareStatement(sql);
    ResultSet rs = ps.executeQuery();
    rs.next();
    recordCount=rs.getInt(1);
    t1=recordCount%5;
    t2=recordCount/5;
    JdbcUtils.free(rs, ps, conn);
    return t1==0?t2:t2+1;
}
public List<User> listUser(int pageNo) throws Exception{
    int pageSize=5;
    int startRecno=(pageNo-1)*pageSize;
    ArrayList<User> userList=new ArrayList<User>();
    Connection conn = JdbcUtils.getConnection();
    String sql = "select * from user    order by userid limit ?,?";
    PreparedStatement ps =conn.prepareStatement(sql);
    ps.setInt(1,startRecno);
    ps.setInt(2,pageSize);
    ResultSet rs rs=ps.executeQuery();
    while(rs.next()){
        User user=new User();
        user.setUserid(rs.getString(1));
        user.setUsername(rs.getString(2));
        user.setSex(rs.getString(3));
        userList.add(user);
    }
    JdbcUtils.free(rs, ps, conn);
    return userList;
}
```

2）控制层提供一个 Servlet 调用 DAO 对象查询数据并指派页面显示数据，其访问地址是 listUser，核心代码如下：

```java
public void doGet(HttpServletRequest request, HttpServletResponse response)
                throws ServletException, IOException {
    int pageNo = 1;int pageSize=5;
    String strPageNo = request.getParameter("pageNo");
    if(strPageNo != null){
```

```
        pageNo = Integer.parseInt(strPageNo);          // 把字符串转换成数字
    }
    UserDao userDao = new UserDao();
    try{
        List<User> userlist = userDao.listUser(pageNo);
        request.setAttribute("userlist",userlist);
        Integer pageCount = new Integer(userDao.getPageCount());
        request.setAttribute("pageCount",pageCount);
        request.setAttribute("pageNo",pageNo);
        RequestDispatcher rd = request.getRequestDispatcher("userlist.jsp");
        rd.forward(request,response);
    }catch(Exception e){e.printStackTrace();}
}
```

3）输出页面 userlist.jsp 使用 EL 和 JSTL 输出查询结果，代码如下：

```
<%@ page pageEncoding="UTF-8"%>
<%@ taglib prefix="c" uri="http://java.sun.com/jsp/jstl/core"%>
<html>
    <head>
        <title>用户列表</title>
        <style>
            th,td{width:150px;border:2px solid gray;text-align:center;padding:2px 10px;}
            table{border-collapse:collapse;}
            body{text-align:center;}
            a{text-decoration:none;}
        </style>
    </head>
    <body>
    <c:if test="${pageCount>0}">
        <h2>所有用户信息</h2>
        共有${pageCount}页，这是第${pageNo}页。
        <c:if test="${pageNo>1}">
            <a href="listUser?pageNo=1">第一页</a>
            <a href="listUser?pageNo=${pageNo-1}">上一页</a>
        </c:if>
        <c:if test="${pageNo!=pageCount}">
            <a href="listUser?pageNo=${pageNo+1}">下一页</a>
            <a href="listUser?pageNo=${pageCount}">最后一页</a>
        </c:if>
        <table >
            <tr><th>用户编号</th><th>用户名</th><th>性别</th></tr>
            <c:forEach items="${userlist}" var="user" >
            <tr><td>${user.userid}</td><td>${user.username}</td><td>${user.sex}</td></tr>
            </c:forEach>
        </table>
        <br>
    </c:if>
    <c:if test="${pageCount==0}">
        <p>目前没有记录</p>
    </c:if>
    </body>
</html>
```

本章小结

本章介绍了一些在 Java Web 开发中经常用到的开发技术，包括：图形验证码及二维码的使用、MD5 加密算法、在线编辑器、文件的上传和下载、Excel 文件的操作、使用 Java Mail API 实现邮件的发送及分页浏览技术。在我们的实际应用中，可以利用这些技术，实现软件项目所要求的功能需求。

习题

1. 设计功能完善的登录、注册程序。要求：登录使用图形验证码，用户密码要加密。
2. 设计一个留言板系统。要求：留言使用 CKEditor 进行编辑。
3. 设计一个文件管理系统。要求：可进行文件的上传和下载，并能分页浏览文件信息。
4. 为 CKEditor 增加本地图片的上传功能。

第13章 Struts2 框架技术

Struts2 框架提供了一种基于 MVC 体系结构的 Web 程序的开发方法，具有组件模块化、灵活性和重用性等优点，使基于 MVC 模式的程序结构更加清晰，同时也简化了 Web 应用程序的开发。本章主要介绍 Struts2 框架的使用方法，以及使用 Struts2 开发 Web 程序的过程和设计案例。

13.1　Struts2 简介

Struts2 是整合了当前动态网站技术中 Srvlet、JSP、JavaBean、JDBC、XML 等相关开发技术基础之上的一种主流 Web 开发框架，是一种基于经典 MVC 的框架。采用 Struts2 可以简化 MVC 设计模式的 Web 应用开发工作，很好地实现代码重用。

13.1.1　Struts2 的组成与工作原理

Struts2 是基于 MVC 模式的 Web 框架，Struts2 框架按照 MVC 的思想主要有：控制器层，包括核心控制器 FilterDispatcher、业务控制器 Action；模型层，包括业务逻辑组件和数据库访问组件；视图组件。如图 13-1 所示。

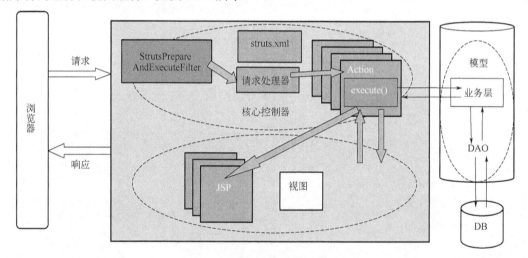

图 13-1　Struts2 框架的组成结构图

1）模型组件：模型组件是实现业务逻辑的模块，由 JavaBean 或者 EJB 构成。

2）视图组件：视图组件主要有 HTML、JSP 和 Struts2 标签，以及 FreeMarker、Velocity 等模板视图技术。

3）控制器组件：控制器组件主要由一个 StrutsPrepareAndExecuteFilter 核心控制器和业务控制器 Action 组成。

- StrutsPrepareAndExecuteFilter: 核心控制器，负责接收所有请求，在 web.xml 配置文件中配置，系统启动时，自动创建该控制器。
- Action: 负责处理单个特定请求。在系统设计中，需要设计有关业务处理的 Action 类。

另外，一个 struts.xml 配置文件实现视图（页面 JSP）与业务逻辑组件（Action）之间关系的声明。

StrutsPrepareAndExecuteFilter 是 Struts2 框架的核心控制器，当用户请求到达时，该核心控制器会过滤用户的请求。当请求转入 Struts2 框架处理时会先经过一系列的拦截器，然后再到 Action。Struts2 对用户的每一次请求都会创建一个 Action，所以 Struts2 中的 Action 是线程安全的。Struts2 的处理流程如图 13-2 所示。

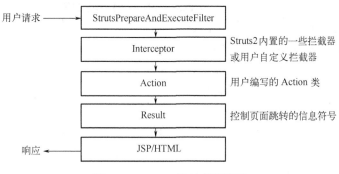

图 13-2 Struts2 的处理流程图

13.1.2 搭建 Struts2 开发环境

Struts2 必须与 JDK（JDK1.4 以上版本）和 Web 服务器（如 Tomcat）结合使用。对于 JDK 和 Tomcat 的安装与配置已在第 1 章介绍，这里主要介绍 Struts2 的安装与配置。

📖 **特别提示**：由于 Struts2 框架是一个不断改进完善的框架，新版本不断推出，不同的版本在使用上有一定的差异，若没有分清自己所使用的 Struts2 版本，可能会在系统设计中出现一系列问题，对于不同的版本，关键要注意以下 3 点：（1）在 web.xml 配置的 Struts2 的核心过滤器配置问题，不同的版本配置不同，这一点必须注意；（2）使用 Struts2，不同的版本需要导入 Web 工程的支持 Jar 包不同，一定要知道自己所下载使用的 Struts2 版本，从中选择合适的 Jar 包导入工程中；（3）不同版本的 Struts2，其配置文件 struts.xml 中需要配置的基本信息不同。明白了以上三点，更换新版本的 Struts2 或学习 Struts2 就会避免很多错误。另外，在学习时，根据选择的 Struts2 版本，下载对应该版本的帮助文档查看有关的说明。

1. 下载 Struts2

在搭建 Struts2 环境之前，首先下载 Struts2 包文件。下载网址为：http://struts.apache.org/download，下载压缩文件 struts-2.x.x-all.zip（目前较新的版本为 Strut-2.5.16-all-zip）。（为了与第 1 版教材中的源代码一致，这里仍使用 Strut-2.3.8-all-zip 版本），下载后，解压该文件，其目录下包含 4 个子目录。

- apps：该文件夹下包含基于 Struts2 的示例，这些示例对于学习者是非常有用的资料。
- docs：该文件夹下包含 Struts2 的相关文档，包括 Struts2 的快速入门、Struts2 的文档，以及 API 文档等内容。
- lib：该文件夹下包含 Struts2 框架的核心类库，以及 Struts2 的第三方插件类库，在开发应用程序时，要将需要的 Jar 文件导入工程中。
- src：该文件夹下包含 Struts2 框架的全部源代码。

2．搭建 Struts2 环境

对于一个应用程序（Web 工程），搭建其所需要的 Struts2 环境，一般需要以下两步工作：首先，找到开发 Struts2 应用所需要使用到的 Jar 文件，并导入工程中；其次，修改配置文件 web.xml，在 web.xml 文件中加入 Struts2 MVC 框架启动配置。

（1）导入开发 Struts2 应用所依赖的 Jar 文件

开发 Struts2 应用程序至少需要的 Jar 包：

- struts2-core-2.x.x.jar：Struts2 框架的核心类库。
- xwork-core-2.x.x.jar：XWork 类库。
- ognl-2.6.x.jar：对象图导航语言，Struts2 框架通过其读写对象的属性。
- freemarker-2.3.x.jar：Struts2 的 UI 标签的模板使用 FreeMarker 编写。
- commons-logging-1.x.x.jar：支持 Log4J 和 JDK 1.4 以上的日志记录。
- commons-fileupload-1.2.1.jar：文件上传组件。
- javassist-3.11.0.GA.jar：对象图导航语言类库。
- commons-validator-1.3.1.jar：验证类库。

📖 **说明**：在 Struts 2.5.16 版本中，需要 Jar 包：
asm-5.2.jar、asm-commons-5.2.jar、asm-tree-5.2.jar、commons-fileupload-1.3.3.jar、commons-io-2.5.jar、commons-lang3-3.6.jar、commons-logging-1.1.3.jar、freemarker-2.3.26-incubating.jar、javassist-3.20.0-GA.jar、log4j-api-2.10.0.jar、ognl-3.1.15.jarstruts2-core-2.5.16.jar

---

将这些 Jar 文件复制到 Web 应用的 WEB-INF/lib 路径下。如果 Web 应用需要使用 Struts2 的更多特性，则需要将有关的 Jar 文件复制到 Web 应用的 WEB-INF/lib 路径下。

📖 **提示**：大部分情况下，使用 Struts2 的 Web 应用并不需要用到 Struts2 的全部特性，因此，没有必要依次将 Struts2 的全部 Jar 文件复制到 Web 应用的 WEB-INF/lib 路径下。另外，Struts2 的 lib 目录中包含插件 Jar 文件，在没有配置插件前，不要复制到应用程序的 lib 目录下，否则会出现错误。

（2）在配置文件 web.xml 中配置 Struts2 的启动信息

Struts2 通过 StrutsPrepareAndExecuteFilter 过滤器来启动，在 web.xml 文件中添加如下配置：

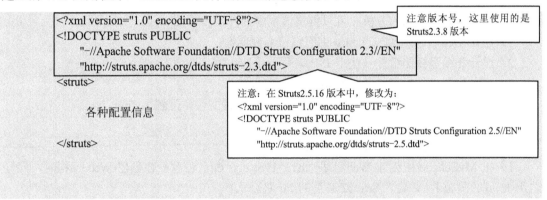

```
        <filter>
            <filter-name>struts2</filter-name>
            <filter-class>
                org.apache.struts2.dispatcher.ng.filter.StrutsPrepareAndExecuteFilter
            </filter-class>
        </filter>
        <filter-mapping>
            <filter-name>struts2</filter-name>
            <url-pattern>/*</url-pattern>
        </filter-mapping>
```

注意：在 Struts2.5.16 版本中，修改为：
org.apache.struts2.dispatcher.filter.StrutsPrepareAndExecuteFilter

另外，对于基于 Struts2 的 Web 工程，还必须建立一个 Struts2 应用的配置文件，Struts2默认的配置文件为 struts.xml（对于 MyEclipse 开发环境，需要建立在 scr 子目录下）。对于刚建立的 Web 应用程序，struts.xml 文件的配置信息模板如下：

```
<?xml version="1.0" encoding="UTF-8"?>
<!DOCTYPE struts PUBLIC
    "-//Apache Software Foundation//DTD Struts Configuration 2.3//EN"
    "http://struts.apache.org/dtds/struts-2.3.dtd">
<struts>

    各种配置信息

</struts>
```

注意版本号，这里使用的是 Struts2.3.8 版本

注意：在 Struts2.5.16 版本中，修改为：
```
<?xml version="1.0" encoding="UTF-8"?>
<!DOCTYPE struts PUBLIC
    "-//Apache Software Foundation//DTD Struts Configuration 2.5//EN"
    "http://struts.apache.org/dtds/struts-2.5.dtd">
```

在以后的设计中，需要对该文件进行修改，添加有关的配置信息。

对于一个应用程序，通过上面的处理，就具有了 Struts2 基本的运行环境，但在以后进一步设计中，还需要对 web.xml 和 struts.xml 配置文件进行修改。具体修改内容和修改方式将在后面几节介绍。

13.1.3　Struts2 入门案例——基于 Struts2 实现求任意两数据的代数和

在本节中，将基于 Struts2 实现求任意两个数的代数和并显示结果的案例，展现 Struts2的使用方法。

【例 13-1】　设计一个简单的 Web 程序，其功能是让用户输入两个整数，并提交给Action，在 Action 中计算这两个数的代数和，如果代数和为非负数，则跳转到 ch13_1_Positive.jsp 页面，否则跳转到 ch13_1_Negative.jsp 页面。

【分析】由于 Struts2 基于 MVC 模式，该问题可以设计成由 3 个大组件构成：视图组件、模型组件和控制组件，但该问题较简单，只需要视图组件和控制组件。其中，视图组件有 3 个 JSP 页面：输入数据页面（ch13_1_Input.jsp）；当和值为非负数，跳转到 ch13_1_Positive.jsp 页面，否则跳转到 ch13_1_Negative.jsp 页面；控制器有一个 Action：Ch13_1_Action，该类有 3 个属性（int x、int y、int sum），分别存放加数、被加数及和值。其逻辑关系如图 13-3 所示。

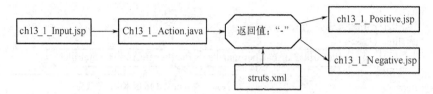

图 13-3 例 13-1 的各组件之间的逻辑关系

📖 提示：对于 Struts2，各组件之间的数据共享是通过 Action 的属性（int x、int y、int sum）实现的，提交页面给输入域 x，y 提供值，提交后，进入 Action，Action 接收数据并赋值给自身属性，然后自动执行方法 execute()，并返回一个字符串，在配置文件 struts.xml 中，根据字符串的值，转向不同的处理。

【设计步骤】由上面的分析，可以得出该程序的开发步骤如下：

1）建立 Web 工程并在 web.xml 中配置核心控制器。

2）设计和编写视图组件（使用 JSP 编写页面）。

3）编写视图组件对应的业务控制器组件 Action。

4）配置业务控制器 Action，即修改 struts.xml 配置文件，配置 Action。

5）部署及运行程序。

【系统的实现】按设计步骤，依次实现以下功能。

1）在 MyEclipse 中创建 Web 工程 ch13_1_StrutsAdd（注意：在创建 Web 工程时，最好选用 JavaEE 规范），并导入 Struts2 必需的 Jar 包。

2）修改 web.xml 配置文件，在 web.xml 中添加如下配置信息：

```
<filter>
    <filter-name>struts2</filter-name>
    <filter-class>
        org.apache.struts2.dispatcher.ng.filter.StrutsPrepareAndExecuteFilter
    </filter-class>
</filter>
<filter-mapping>
    <filter-name>struts2</filter-name>
    <url-pattern>/*</url-pattern>
</filter-mapping>
```

3）编写 JSP 页面。

由图 13-3 可知，该系统需要 3 个页面：ch13_1_Input.jsp、ch13_1_Positive.jsp、ch13_1_Negative.jsp 页面。

① 提交数据页面 ch13_1_Input.jsp 的代码如下：

```
<%@ page language="java" import="java.util.*" pageEncoding="UTF-8"%>
<html>
    <head> <title>提交两数据页面</title> </head>
    <body>
        <form action="add" method="post">          提交后要执行的 Action，要
        请入两个整数：<br><br>                        在 struts.xml 中配置
        加数：<input name="x"/><br><br>
```

```
            被加数：<input name="y"/><br><br>
            <input type="submit" value="求和">
        </form>
    </body>
</html>
```

② 代数和为非负数时要跳转到页面 ch13_1_Positive.jsp 的代码如下：

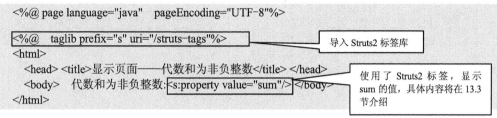

```
<%@ page language="java"    pageEncoding="UTF-8"%>
<%@    taglib prefix="s" uri="/struts-tags"%>                    导入 Struts2 标签库
<html>
    <head> <title>显示页面——代数和为非负整数</title> </head>
    <body>    代数和为非负整数:<s:property value="sum"/> </body>      使用了 Struts2 标签，显示
</html>                                                          sum 的值，具体内容将在 13.3
                                                                 节介绍
```

③ 代数和为负数时要跳转到页面 ch13_1_Negative.jsp 的代码如下：

```
<%@ page language="java"    pageEncoding="UTF-8"%>
<%@    taglib prefix="s" uri="/struts-tags"%>
<html>
    <head> <title>显示页面——代数和为负整数</title> </head>
    <body>    代数和为负整数:<s:property value="sum"/> </body>
</html>
```

4）设计控制类（Action 类）：Ch13_1_Action.java，代码如下：

该控制器的属性 x、y 用于接受用户提交的数据，而 sum 用于保存计算结果，并将信息
转发给 ch13_1_Positive.jsp 或 ch13_1_Negative.jsp，其代码如下：

```
package Action;
public class Ch13_1_Action {
    private int x,y,sum;                                利用 setter 方法，将接受提交页面的
    public int getX() {return x;}                        数据赋值给相应的属性
    public void setX(int x) {this.x = x;}
    public int getY() {return y;}
    public void setY(int y) {this.y = y;}                利用 getter 方法，将属性 sum 的值
    public int getSum() {return sum;}                    传给要跳转到的视图中
    public String execute() {
        sum=x+y;
        if(sum>=0) {return "+";}
        else{ return "-";}
    }
}
```

5）修改 struts.xml 配置文件，配置 Action，代码如下：

```
<?xml version="1.0" encoding="UTF-8" ?>
<!DOCTYPE struts PUBLIC
    "-//Apache Software Foundation//DTD Struts Configuration 2.3//EN"
    "http://struts.apache.org/dtds/struts-2.3.dtd">

<struts>                                                         Action 配置信
    <package name="default" namespace="/" extends="struts-default">   息，以及页面
        <action name="add" class="Action.Ch13_1_Action">              的跳转配置
            <result name="+">/ch13_1_Positive.jsp </result>
```

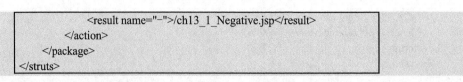

```
            <result name="-">/ch13_1_Negative.jsp</result>
        </action>
    </package>
</struts>
```

6）部署该程序到服务器 Tomcat 中并运行，运行界面如图 13-4 所示。

图 13-4　例 13-1 的运行界面

📖 **提示**：各组件实现数据共享是通过 Action 属性实现的，所以，在提交页面和 Action 实现类以及跳转页面中所共享的数据必须与 Action 属性一样，并且 Action 类的这些属性具有 setter/getter 方法。

从该案例可以看出，基于 Struts2 开发 Web 程序的关键是 Action 的设计以及 struts.xml 配置文件。本节将在 13.2 节和 13.3 节中详细介绍 Action 的设计及 struts.xml 配置文件。

13.1.4　Struts2 的中文乱码问题处理

注意：在 Struts2 中默认页面提交的代码的编码格式是 UTF-8，因此如果编写的 JSP 页面的编码格式不是 UTF-8，则会出现乱码问题。

中文乱码问题一般指的是当请求参数有中文时，无法在 Action 中得到正确的中文。Struts2 中有两种方法可以解决这个问题：

1）设置 JSP 页面的 pageEncoding="UTF-8"，就不会出现中文乱码。

2）如果 JSP 页面的 pageEncoding="GBK"，那么需要在源包（src）下，建立一个属性文件 struts.properites，并在该文件内填写如下内容，修改相关的属性值：

```
struts.locale=zh_CN
struts.i18n.encoding=gbk
```

思考：修改例 13-1 实现两个汉字串的连接，当连接后的串长度大于 10 时，显示连接结果并显示"串太长"；当连接串的长度小于 10 时，显示连接结果并显示"串长度较短"。

13.2 Struts2 的配置文件与 Action 配置

在 Struts2 中所设计的 Action 类必须给出配置,其配置方式有两种:基于 Struts2 配置文件 struts.xml 的配置和基于注解的配置。本节分别介绍它们配置的说明与使用方法。

13.2.1 Struts2 的配置文件与配置内容

Struts2 的核心配置文件是 struts.xml,Struts2 应用的各个组件及其关系均在该文件中声明。所有用户请求被 Struts2 核心控制器拦截,然后业务控制器代理通过配置管理类查询配置文件 struts.xml 由哪个 Action 处理。

struts.xml 配置文件的基本结构如下:

```
<?xml version="1.0" encoding="UTF-8" ?>
<!DOCTYPE struts PUBLIC
"-//Apache Software Foundation//DTD Struts Configuration 2.3//EN"
"http://struts.apache.org/dtds/struts-2.3.dtd">
<struts>
    <!-- Bean 配置-->
    <bean name="Bean 的名字" class="自定义的组件类"/>
    <!--常量配置-->
    <constant name="struts.custom.i18n.resources" value="messageResource"/>
    <!--导入配置文件-->
    <include file="example.xml"/>
    <!--包配置-->
    <package name="p1" namespace="/"extends="struts-default">
        <!--对 Action 的配置,可以有多对-->
        <action name="login" class="ch01Action.LoginAction">
            <!-- 定义逻辑视图和物理资源之间的映射-->
            <result name="error">/login/login.jsp</result>
            …
        </action>
    </package>
</struts>
```

> 注意版本号,这里使用的是 Struts2.3.*版本

1. Bean 配置
Bean 配置格式如下:

```
<bean name="Bean 的名字" class="自定义的组件类"/>
```

元素的主要属性如下:

- name: 指定 Bean 实例化对象名字,该项是可选项。
- class: 指定 Bean 实例的实现类,即对应的类,该项是必选项。

2. 常量配置
常量配置格式如下:

```
<constant name="属性名" value="属性值"/>
```

元素的常用属性有:

- name：指定常量（属性）的名字。
- value：指定常量的值。

例如，在 struts.xml 文件中配置国际化资源文件名和字符集编码方式为"UTF-8"，代码如下：

```
<!--常量配置，指定 Struts2 国际化资源文件 Bean 的名字 messageResource-->
<constant name="struts.custom.i18n.resources" value="messageResource"/>
<!--常量配置，指定国际化编码方式-->
<constant name="struts.custom.i18n.encoding" value="UTF-8"/>
```

3．包含配置

Struts2 的配置文件 struts.xml 提供了<include/>元素能够把其他程序员开发的配置文件包含过来，但是被包含的每个配置文件必须和 struts.xml 格式一样。Struts2 框架将按照顺序加载配置文件。

包含配置格式如下：

```
<include file="文件名"/>
```

元素的属性只有 flie：指定文件名，此为必选项。

4．包配置

在 Struts2 框架中使用包来管理 Action，包的作用和 Java 中的类包是非常类似的，它主要用于管理一组业务功能相关的 Action。在实际应用中，应该把一组业务功能相关的 Action 放在同一个包下。包配置格式如下：

```
<package name="包名称" namespace="/包的命名空间名" extends="struts-default">
        //在该包下的 Action 配置
</package>
```

其中：

（1）name 属性

配置包时必须指定 name 属性，该 name 属性值可以任意取名，但必须唯一。如果其他包要继承该包，必须通过该属性进行引用。

（2）namespace 属性

包的 namespace 属性用于定义该包的命名空间，命名空间作为访问该包下 Action 的路径的一部分。

假设有如下的包配置及该包下的 Action 配置信息：

```
<package name="abcd" namespace="/xyz" extends="struts-default">
    <action name="helloworld" class="Action 对应的类" >…</action>
</package>
```

则访问上面例子的 Action，其访问路径为：/xyz/helloworld.action。

namespace 属性可以不配置，如果不指定该属性，默认的命名空间为"/"。

（3）extends 属性

通常每个包都应该继承 struts-default 包，因为 Struts2 的很多核心功能都是拦截器来实现的。当包继承了 struts-default 时才能使用 Struts2 提供的核心功能。struts-default 包是在

struts2-core-2.x.x.jar 文件中的 struts-default.xml 中定义的。struts-default.xml 也是 Struts2 的默认配置文件。Struts2 每次都会自动加载 struts-default.xml 文件。

5．Action 配置

Struts2 中 Action 类的配置能够让 Struts2 知道 Action 的存在，并且可以通过调用该 Action 来处理用户请求。Struts2 使用包来组织和管理 Action。

Action 的一般配置格式如下：

```
<action name="名称" class="Action 对应的类" method="Action 中某方法名" >
    <result name="success">/page/hello.jsp</result>
</action>
```

<action>元素的常用属性有：

- name：指定客户端发送请求的地址映射名称，必选项。
- class：指定 Action 对应的实现类，默认值为 ActionSupport 类。
- method：指定 Action 类中的处理方法名，默认值为 Action 中的 execute 方法。
- converter：指定 Action 类型转换器的完整类名，可选项。

6．结果配置

Action 的 result 子元素用于配置 Action 跳转的目的地，结果配置格式如下：

```
<result name="resultName" type="resultType">跳转的目的地</result>
```

<result>元素的常用属性有：

- name：指定 Action 返回的逻辑视图，默认值为 success。
- type：指定结果类型定向到其他文件，可以是 JSP 文件或者 Action 类，默认值为 JSP 页面程序。

7．result 类型——type 属性及其属性值

type 可以有多种选择，Struts2 支持各种视图技术，例如 JSP、JSF、XML 等，默认的是 JSP 页面的转发。常见的 type 类型配置有：dispatcher、redirect、chain、redirectAction 等。

（1）dispatcher

dispatcher 是默认类型，表示转发到 JSP 页面，和<jsp:forward/>的效果一样。

例如，

```
<result name="success" type="dispatcher">
    <param name="location">/common/message.jsp</param>
    <param name="parse">true</param>
</result>
```

其中，location 指定了该逻辑视图对应的实际视图资源。parse 指定是否允许在实际视图名字中使用 OGNL 表达式，该参数值默认为 true。若设置为 false，则不允许在实际视图名字中使用表达式。

省略默认值，其简化格式为：

```
<result name="success">/common/message.jsp</result>
```

由于 name 的默认值为 success，所以还可以简化为：

```
<result>/common/message.jsp</result>
```

（2）redirect

类型 redirect 表示重定向，其配置方法与 dispatcher 类型的配置方法类似。

（3）chain

类型 chain 表示转发到 Action，形成 action-chain。可以指定两个属性值：actionName 指定转向的 Action 名；namespace 指定转向的 Action 所在的命名空间。

格式：

```
<result name="resultName" type="chain">
    <!-- 指定 Action 的命名空间 -->
    <param name="namespace">/其他的命名空间名</param>
     <!-- 指定 Action 名 -->
    <param name="actionName">/其他的 Action 名</param>
</result>
```

若在一个命名空间下，可以简写为：

```
<result name="resultName" type="chain">/其他的 Action 名</result>
```

（4）redirectAction

类型 redirectAction 表明是重定向 Action，其配置方法与 chain 类似。

（5）其他类型

除上述类型外，Struts2 还支持如下 result 类型。

● char: 用于整合 JFreeChar 的 result 类型。

● freemarker: 用于整合 FreeMarker 的 result 类型。

● httpheader: 用于处理特殊 http 行为的 result 类型。

● jsf: 用于整合 JSF 的 result 类型。

● tiles: 用于整合 Tiles 的 result 类型。

● velocity: 用于整合 Velocity 的 result 类型。

● xslt: 用于整合 XML/XSLT 的 result 类型。

对这些视图技术的支持，有些需要导入相应的插件包，即 Struts2 提供的含有 plugin 字样的 Jar 包。

8．如何访问 Action

上面介绍了有关的配置，特别是包配置和 Action 配置，配置这些信息后，实际上就制定了访问使用 Action 的方式。

访问 struts2 中 Action 的 URL 路径由两部分组成：包的命名空间+Action 的名称。

例如下面的配置信息：

```
<package name="abcd" namespace="/xyz" extends="struts-default">
    <action name="helloworld" class="Action 对应的类" >...</action>
</package>
```

其访问 URL 路径为：/xyz/helloworld（注意，完整路径为：http://localhost:端口/内容路径/xyz/helloworld）。另外，可加上.action 后缀访问此 Action，即/xyz/helloworld.action。

假设 Action 的请求路径的 URL 为：http://server/struts2/path1/path2/path3/test.action，则按以下次序寻找 Action 访问。

1）Step1：首先寻找 namespace 为/path1/path2/path3 的 package，如果不存在这个 package，则执行步骤 Step2；如果存在这个 package，则在这个 package 中寻找名字为 test 的 Action，当在该 package 下寻找不到 Action 时，就会直接跑到默认 namespace 的 package 里面去寻找 Action（默认的命名空间为空字符串" "），如果在默认 namespace 的 package 里面还寻找不到该 action，页面提示找不到 Action。

2）Step2：在 namespace 为/path1/path2 的 package 里寻找。若不存在这个 package，则转至步骤 Step3；如果存在这个 package，其查找过程与 Step1 类似。

3）Step3：在 namespace 为/path1 的 package 里寻找，如果不存在这个 package，则执行步骤 Step4；如果存在这个 package，其查找过程与 Step2 类似。

4）Step4：寻找 namespace 为/的 package，如果存在这个 package，则在这个 package 中寻找名字为 test 的 Action。当在 package 中寻找不到 Action 或者不存在这个 package 时，都会在默认 namaspace 的 package 里面寻找 Action，如果还是找不到，页面提示找不到 Action。

13.2.2　基于注解的 Action 配置

前面所介绍的 Action 定义和应用都是采用 XML 配置文件实现 Action 的配置与调用的，当应用程序较复杂时，配置文件会很庞大、复杂。

Struts2 提供了注解开发 Jar 包：struts2-convention-plugin-2.*.*.jar，实现了注释配置。使用时，需要复制 struts-2.*.*\lib\struts2-convention-plugin-2.*.*.jar 到当前 Web 应用的 web-INF 的 lib 目录下。

Struts2 使用注解开发必须遵循的规范：第一，Action 必须继承 ActionSupport 父类；第二，Action 所在的包名必须以"\.action"结尾。

基于注解的配置，分为在类级别上的注解和在方法级别上的注解两种。

（1）标注在 Action 类上方的注释——实现包注解配置

其注释格式：

```
@ParentPackage(value="要继承的包名称")        //表示继承的父包
@Namespace(value="/命名空间名称")            //表示当前 Action 所在命名空间
```

其中：

- @ParentPackage：对应 xml 配置文件中的 package 的父包，一般需要继承 struts-default。
- @Namespace：对应配置文件中的 nameSpace，命名空间。

（2）标注在 Action 类中方法上面的注解——实现 Action 注解配置

其注释格式为：

```
@Action( //表示请求的 Action 及处理方法
        value="login",  //表示 Action 的请求名称
        results={  //表示结果跳转
                @Result(name="success",location="/success.jsp",type="redirect"),
```

```
                        @Result(name="login",location="/login.jsp",type="redirect"),
                        @Result(name="error",location="/error.jsp",type="redirect")
                },
        )
```

其中，该注释中的属性有：

- value="名称"：表示 Action 的请求名称，也就是<action>节点中的 name 属性。
- results={}：表示 Action 的多个 result，是一个数组（集合）属性。

（3）对于 Action 中的属性 results 中@Result 的注解

其注释格式：

```
        @Result(name=" ",location=" ",type=" "),
```

其中属性：

- name="名称"：表示 Action 方法返回值，即<result>节点的 name 属性，默认为 "success"。
- location="路径名"：表示要跳转的新响应位置，可以是相对路径，也可以是绝对路径。
- type="跳转类型"：框架默认的是 dispatcher。

通过注解开发，可以代替配置 xml 的编写。

在本书中仍采用在 struts.xml 配置 Action，读者可以将有关的例题修改为采用注释方式配置 Action。

13.3 Struts2 的业务控制器——Action 类设计

开发基于 Struts2 的 Web 应用程序时，Action 是程序的核心，需要编写大量的 Action 类，并在 struts.xml 文件中配置 Action。Action 类中包含了对用户请求的处理逻辑，因此，也把 Action 称为 Action 业务控制器。

13.3.1 Action 实现类

Struts2 中对 Action 类没有特殊要求，可以是任意的 Java 类。Action 类的实现有 3 种方式：普通的 Java 类作为 Action、继承 ActionSupport 实现 Action、对象属性驱动的 Action。

1. 普通的 Java 类作为 Action

一个普通的 Java 类可作为 Action 使用，但该类除所必需的属性外，通常包含一个 execute()普通方法，该方法并没有任何参数，并返回字符串类型。

Action 中属性定义要符合 JavaBean 规范，包含 setter 方法的属性接受请求参数，Action 能自动将请求参数传递给对应的包含 setter 方法的属性；包含 getter 方法的属性用于将数据转发给视图，需要验证的属性需要定义 getter 方法。

在例 13-1 中所设计的 Action：Ch1_1_Action 就是一般的 Java 类。其中，属性 x、y 用于接受用户提交的数据（请求参数）；而 sum 用于保存计算结果，并将信息转发给 ch13_1_Positive.jsp 或 ch13_1_Negative.jsp 页面。

2．继承 ActionSupport 实现 Action

为了能够开发出更加规范的 Action 类，Struts2 提供了 Action 接口，该接口定义了 Struts2 的 Action 类中应该使用的规范。

Struts2 类库中的 Action 接口（Action.java），其代码如下：

```
public interface Action {
    //声明常量
    public static final String SUCCESS = "success";
    public static final String NONE = "none";
    public static final String ERROR = "error";
    public static final String INPUT = "input";
    public static final String LOGIN = "login";
    public String execute() throws Exception;    //声明方法
}
```

Struts2 为 Action 接口提供一个实现类 ActionSupport。ActionSupport 类是一个默认的 Action 实现类，该类提供了许多默认的方法，其中的 3 个主要方法如下。

1）void addFieldError(String fieldname,String errorMessage)：添加错误信息。

2）String exeute()：请求时，执行的方法，需要重载。

3）void validate()：用于输入验证。

在编写业务控制器类时，采用继承 ActionSupport 类，会大大简化业务控制器类的开发，建议在实际开发中，采用继承 ActionSupport 实现 Action 类，但该类中一般需要重写 exeute()方法。

对于例 13-1 中所设计的 Action：Ch13_1_Action.java，可以按如下代码实现：

```
package Action;
import com.opensymphony.xwork2.ActionSupport;
public class Ch13_1_Action extends ActionSupport {
    private int x,y, sum;
    //这里省略了属性 x、 y 、sum 的 setter/getter 方法
    public String execute() throws Exception {       ┐——— 重写 execute()方法
        sum=x+y;
        if(sum>=0){ return "+";}
        else{ return "-";}
    }
}
```

其他组件都不需要修改，运行情况与例 13-1 一样。

3．对象属性驱动的 Action

Struts2 中的 Action 能自动将请求参数传递给对应的包含 setter 方法的属性，但当页面请求参数较多时，把过多的参数属性定义在 Action 中不符合 Struts2 所倡导的松耦合原则，较好的方法是使用 JavaBean 来封装参数，在 Action 中定义该 JavaBean 对象作为属性，在表单中使用对象的属性作为表单域的名字。

对于例 13-1 中的 Action：Ch13_1_Action.java，可以这样实现：首先定义一个包含两数据属性的 JavaBean：Add.java；然后再设计普通的 Java 类作为 Action 或利用继承 ActionSupport 实现 Action。这里使用继承 ActionSupport 设计 Ch13_1_Action.java。其实现代码如下。

1）JavaBean 类：Add.java 的代码如下：

```
package JavaBeans;
public class Add {
    private int x;
    private int y;
    //这里省略了属性 x、 y 的 setter/getter 方法
    public int sum() {return x+y; }
}
```

2）重新设计 Ch13_1_Action.java，其代码如下：

```
package Action;
//这里省略了 import 语句
public class Ch13_1_Action extends ActionSupport {
    private Add s;
    private int sum;
    //这里省略了属性 s、sum 的 setter/getter 方法
    public String execute() throws Exception {
        sum=s.sum();
        if(sum>=0) {return "+";}else{ return "-";}
    }
}
```

3）修改提交页面，提交信息的属性，采用 s.x 和 s.y，ch13_1_Input.jsp 的代码如下：

```
<%@ page language="java" import="java.util.*" pageEncoding="UTF-8"%>
<html>
  <head>    <title>提交数据页面</title> </head>
  <body>
    <form action="add" method="post">
      请输入两个整数： <br><br>
      加  数： <input name="s.x"/><br><br>
      被加数： <input name="s.y"/><br><br>
      <input type="submit" value="求和">
    </form>
  </body>
</html>
```

其他组件都不需要修改，运行情况与例 13-1 一样。

13.3.2 通过 Action 访问 Web 对象

在 Struts2 中，Action 类和 Web 对象之间没有直接关系，但可以通过 Action 访问 Web 对象，在 Action 中访问 Web 对象有 4 种方式：

1）直接访问 Web 对象——Servler 依赖容器方式。

2）通过 ActionContext 访问——Map 依赖容器方式。

3）通过 IoC 访问 Servlet 对象——Map IoC 方式。

4）通过 IoC 访问 Servlet 对象——Servler IoC 方式。

下面通过例 13-2，分别给出这 4 种访问方式的实现方法。

【例 13-2】 修改例 13-1，将提交的加数 x 保存到 request 中，被加数 y 保存到 session

中，而和值 sum 保存在 application 中，并在显示页面中，分别从 request、session 和 application 中获取数据并显示出来。

【分析】对于该题目，需要在 Action 中访问 Web 对象，并实现数据的保存，所以只需要修改例 13-1 的 Action，即重新设计 Ch13_1_Action.java。另外，需要修改显示页面（ch13_1_Positive.jsp 和 ch13_1_Negative.jsp）。

【实现】由于有 4 种方式通过 Action 访问 Web 对象，所以可以有 4 种实现方式，下面分别给出介绍和实现过程。

1．直接访问 Web 对象——Servlet 依赖容器方式

Struts2 框架提供 org.apache.struts2.ServletActionContext 辅助类来获得 Web 对象。

- HttpServletRequest request = ServletActionContext.getRequest()。
- HttpServletResponse response = ServletActionContext.getResponse()。
- ServletContext application = ServletActionContext.getServletContext()。
- PageContext pagecontext = ServletActionContext.getPageContext()。

而 HttpSession session 的获取需要两步：

```
HttpServletRequest request = ServletActionContext.getRequest();
HttpSession session = request.getSession();
```

【实现方式 1】

1）对于例 13-2，设计 Action：Ch13_1_Action.java，其代码如下：

```
package Action;
//这里省略了 import 语句
public class Ch13_1_Action {
    private HttpServletRequest request;
    private HttpSession session;
    private ServletContext application;
    private int x, y, sum;
    public Ch13_1_Action() {
        request = ServletActionContext.getRequest();        直接获取 3 个 Web 对象
        session = request.getSession();
        application = session.getServletContext();
    }
    //这里省略了属性 x、y、sum 的 setter/getter 方法
    public String execute() {
        sum=x+y;
        request.setAttribute("x2", x);
        session.setAttribute("y2", y);
        application.setAttribute("sum2",sum);
        if sum>= 0){ return "+";}else{ return "-";}
    }
}
```

2）修改显示页面 ch13_1_Positive.jsp，其代码如下：

```
<%@ page language="java"   pageEncoding="UTF-8"%>
<%@   taglib prefix="s" uri="/struts-tags"%>
<html>
```

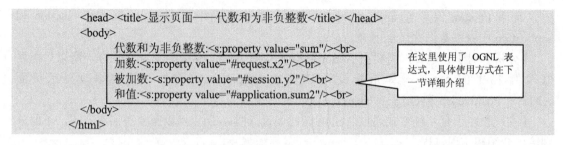

```
<head> <title>显示页面——代数和为非负整数</title> </head>
<body>
        代数和为非负整数:<s:property value="sum"/><br>
    加数:<s:property value="#request.x2"/><br>
    被加数:<s:property value="#session.y2"/><br>
    和值:<s:property value="#application.sum2"/><br>
</body>
</html>
```

在这里使用了 OGNL 表达式,具体使用方式在下一节详细介绍

3)对于 ch13_1_Negative.jsp 的修改与 ch13_1_Positive.jsp 类似,请读者自己给出。

2. 通过 ActionContext 访问——Map 依赖容器方式

ActionContext 类位于 com.opensymphony.xwork2 中,提供了一系列相关的方法用于访问保存在 ServletContext、HttpSession、HttpServletRequest 中的信息,并将访问结果存储在 Map 中。

ActionContext 类中的常用方法如下:

- public static ActionContext getContext():获得 ActionContext 对象。
- public Object get(Object key):在 ActionContext 中查找 key 的值。
- public void put(Object key,Object value):向当前 ActionContext 中存入值。
- public void setApplication(Map application):设置 application 的值。
- public void setSession(Map session):设置 session 的值。
- public Map getParameters():从请求对象中获取请求参数。
- public Map getApplication():获取 ServletContext 中保存的 Attribute。
- public Map getSession():获取 HttpSession 中保存的 Attribute。

若要实现 Web 的访问,首先需要获取 ActionContext 对象,然后利用该对象获取 request、session 和 application 这 3 个对象,这 3 个对象的类型是 Map 类型的元素。

【实现方式2】

1)对于例 13-2,要重新设计 Ch13_1_Action.java,其代码如下:

```
package Action;
//这里省略了 import 语句
public class Ch13_1_Action{
    private Map<String, Object> request;
    private Map<String, Object> session;
    private Map<String, Object> application;
    private int x, y, sum;
    public Ch13_1_Action() {
        ActionContext context = ActionContext.getContext();
        request = (Map<String, Object>) context.get("request");
        session = context.getSession();
        application = context.getApplication();
    }
    //这里省略了属性 x、y、sum 的 setter/getter 方法
    public String execute() {
        sum=x+y;
        request.put("x2", x);
        session.put("y2", y);
        application.put("sum2", sum);
```

利用构造方法,获取 3 个 Web 对象

```
        if (sum>= 0) {return "+";}else{ return "-";}
    }
}
```

2）对于显示页面 ch13_1_Positive.jsp 和 ch13_1_Negative.jsp，与【实现方式 1】中的页面一样。

3. 通过 IoC 访问 Servlet 对象——Map IoC 方式

在 Struts2 框架中，通过 IoC 方式将 Servlet 对象注入到 Action 中，需要在 Action 中实现以下接口。

（1）org.apache.struts2.interceptor.RequestAware

该接口有 void set.Request(Map map)方法，实现该接口的 Action 可以访问 HttpSession 对象。

（2）org.apache.struts2.interceptor.SessionAware

该接口有 void setSession(Map map)方法，实现该接口的 Action 可以访问 HttpSession 对象。

（3）org.apache.struts2.interceptor.ApplicationAware

该接口有 void setApplication(Map map)方法，实现该接口的 Action 可以访问 HttpSession 对象。

【实现方式 3】

1）对于例 13-2，重新设计 Action：Ch13_1_Action.java，其代码如下：

```
package Action;
//这里省略了 import 语句;
public class Ch13_1_Action implements RequestAware, SessionAware,ApplicationAware {
    private Map<String, Object> request;
    private Map<String, Object> session;
    private Map<String, Object> application;
    private int x, y, sum;
    //这里省略了属性 x、y、sum 的 setter/getter 方法
    public void setRequest(Map<String, Object> request) {this.request = request;}      [3 个方法的重写，并获取 3 个 Web 对象]
    public void setSession(Map<String, Object> session) {this.session = session;}
    public void setApplication(Map<String, Object> application) {
        this.application = application;
    }
    public String execute() {
        sum=x+y;
        request.put("x2", x);
        session.put("y2", y);
        application.put("sum2", sum);
        if (sum>= 0) {return "+";}else {return "-";}
    }
}
```

2）对于显示页面 ch13_1_Positive.jsp 和 ch13_1_Negative.jsp，与【实现方式 1】中的页面一样。

4. 通过 IoC 访问访问 Servlet 对象——Servlet IoC 方式

在 Struts2 框架中，通过 IoC 方式将 Servlet 对象注入到 Action 中，需要在 Action 中实现

以下接口。

（1）org.apache.struts2.interceptor.ServletContextAware

该接口有 void setServletContext(ServletContext servletContext)方法，实现该接口的 Action 可以直接访问 ServletContext 对象。

（2）org.apache.struts2.interceptor.ServletRequestAware

该接口有 void setServletRequest(HttpServletRequest ruquest)，实现该接口的 Action 可以直接访问 HttpServletRequest 对象。

（3）org.apache.struts2.interceptor.ServletResponseAware

该接口有 void setServleResponse (HttpServletResponse response)，实现该接口的 Action 可以直接访问 HttpServletResponse 对象。

【实现方式 4】

1）对于例 13-2，重新设计 Action：Ch13_1_Action.java，其代码如下：

```
package Action;
//这里省略了 import 语句
public class Ch13_1_Action implements ServletRequestAware {
    private HttpServletRequest request;
    private HttpSession session;
    private ServletContext application;
    private int x, y, sum;
    //这里省略了属性 x、y、sum 的 setter/getter 方法
    public void setServletRequest(HttpServletRequest request) {
        this.request = request;
        this.session = request.getSession();
        this.application = session.getServletContext();
    }
    public String execute() {
        sum=x+y;
        request.setAttribute("x2", x);
        session.setAttribute("y2", y);
        application.setAttribute("sum2", sum);
        if sum>= 0) {return "+";}else{ return "-";}
    }
}
```

2）对于显示页面 ch13_1_Positive.jsp 和 ch13_1_Negative.jsp，与【实现方式 1】中的页面一样。

13.3.3 多方法的 Action

前面所定义的 Action 都是通过 execute()方法处理请求的。在实际的应用中，如果为每个业务逻辑定义一个 Action，虽然实现方便，但是 Action 数量多，struts.xml 中需要配置的内容也多，使系统非常庞杂。实际上，可以用一个 Action 类处理多个业务请求，并在 struts.xml 中指定业务处理所采用的方法。

【例 13-3】 对于例 13-1，只实现了两个整数的求和运算。修改该程序，完成两个整数的四则运算（加、减、乘、除），系统的提交页面如图 13-5 所示，单击"求和"按钮，系统

完成求和运算并显示运行结果，对于其他 3 个提交按钮类似。

【分析】在提交页面中有 4 个提交按钮，分别完成不同的计算功能，但这 4 种运算可以在一个 Action 类中定义 4 个不同的方法，这些方法的格式和 execute()方法一样。

【实现】

1）设计一个具有 4 个方法的 Action：Ch13_3_Action.java，其代码如下：

图 13-5　例 13-3 的提交页面

```
package Action;
public class Ch13_3_Action{
    private int x, y;
    private int value;                              // 用于存放计算结果
    private String msg;                             // 用于存放计算信息
    //这里省略了各属性的 setter/getter 方法
    public String add() throws Exception {          // 求和方法
        value = x + y;
        msg = "你选择的是求和运算！ ";
        return "show";
    }
    public String sub()   throws Exception{         // 求差方法
        value = x - y;
        msg = "你选择的是求差运算！ ";
        return "show";
    }
    public String mul()   throws Exception{         // 求积方法
        value = x * y;
        msg = "你选择的是求积运算！ ";
        return "show";
    }
    public String div() throws Exception {          // 求商方法
        value = x / y;
        msg = "你选择的是求商运算！ ";
        return "show";
    }
}
```

2）设计提交数据页面：ch13_3_Input.jsp，其代码如下：

```
<%@ page language="java"    pageEncoding="UTF-8"%>
<html>
  <head>
    <title>提交数据页面，并根据不同的按钮选择不同的业务处理</title>
    <script type="text/javascript">
        function sub(){ document.aaa.action="sub";}      //动态修改表单的 action 属性
        function mul(){ document.aaa.action="mul";}      //动态修改表单的 action 属性
        function div(){ document.aaa.action="div";}      //动态修改表单的 action 属性
    </script>
  </head>
```

```
<body>
    <form action="add" method="post" name="aaa">
            请输入两个整数：<br><br>
            第 1 个运算数：<input name="x"/><br><br>
            第 2 个运算数：<input name="y"/><br><br>
        <input type="submit" value="求和"/>
        <input type="submit" value="求差" onclick="sub()";/>
        <input type="submit" value="求积" onclick="mul()";/>
        <input type="submit" value="求商" onclick="div()";/>
    </form>
</body>
</html>
```

3）设置显示运行结果的页面：ch13_3_Show.jsp，其代码如下：

```
<%@ page language="java"    pageEncoding="UTF-8"%>
<%@    taglib prefix="s" uri="/struts-tags"%>
<html>
    <head> <title>计算结果显示页面</title>   </head>
    <body>
        <s:property value="msg"/><br>
        第 1 个数为：<s:property value="x"/><br>
        第 2 个数为：<s:property value="y"/><br>
        运算结果为：<s:property value="value"/><br>
    </body>
</html>
```

对于例 13-3，在一个 Action 中，定义 4 个（多个）方法，在这种情况下，如何配置这种情况下的 Action 呢？这种 Action 的配置及调用有如下 3 种方式：为 Action 配置 method 属性、动态方法调用、使用通配符映射方式。

1．为 Action 配置 method 属性

在 Struts2 中为 Action 配置 method 属性是指，每个表单都有 method 属性，属性值指向在 Action 中定义的方法名。指定 method 属性的格式如下：

```
<form action="Action 名字"   method="方法名字">
```

指定 method 属性需要在 struts.xml 中配置 Action 中的每个方法，而且每个 Action 配置中都要指定 method 属性，该属性值和表单属性值一致。在 struts.xml 中配置格式如下：

```
<action name="Action 名字" class="包名.Action 类名" method="方法名字">
    <result name="***">/***.jsp</result>
    …
</action>
```

对于例 13-3，在 struts.xml 中配置 Action 的内容如下：

```
<struts>
    <package name="default" namespace="/" extends="struts-default">
        <action name="add" class="Action.Ch13_3_Action" method="add">
            <result name="show">/ch13_3_Show.jsp</result>
        </action>
        <action name="sub" class="Action.Ch13_3_Action" method="sub">
```

```
                <result name="show">/ch13_3_Show.jsp</result>
            </action>
            <action name="mul" class="Action.Ch13_3_Action" method="mul">
                <result name="show">/ch13_3_Show.jsp</result>
            </action>
            <action name="div" class="Action.Ch13_3_Action" method="div">
                <result name="show">/ch13_3_Show.jsp</result>
            </action>
        </package>
    </struts>
```

思考：该种配置方式有什么缺点？

2．动态方法调用

动态方法调用是指采用如下格式调用 Action 中对应的方法：

```
    <form action="Action 名字!方法名字">
```

注意：在默认情况下，Struts2 的动态方法调用处于禁用状态，若要使用动态方法调用，需要在配置文件内配置允许动态调用信息，注意标注的说明。

在 struts.xml 中只需配置该 Action，而不必配置每个方法，配置格式如下：

```
<constant name="struts.enable.DynamicMethodInvocation" value="true"/>
<constant name="struts.devMode" value="true"></constant>
<package name="default" namespace="/" extends="struts-default">
    <action name="Action 名字" class="Action 类的全类名">    ← 只配置 name 和 class 配置
        …                                                      值即可
    </action>
</package>
```

对于例 13-3，首先需要修改提交数据页面，修改的代码如下：

```
<%@ page language="java"   pageEncoding="UTF-8"%>
<html>
    <head>
        <title>提交数据页面，并根据不同的按钮选择不同的业务处理</title>
        <script type="text/javascript">
            function sub(){ document.aaa.action="FourOp!sub";}       ← 修改的内容
            function mul(){ document.aaa.action="FourOp!mul";}
            function div(){ document.aaa.action="FourOp!div"; }
        </script>
    </head>
    <body>
        <form action="FourOp!add" method="post" name="aaa">    ← 这部分内容与原来的基本一样。只
    </body>                                                       是需要修改提交表单的 Action
</html>
```

对于例 13-3，在 struts.xml 中配置 Action 的内容如下：

```
<constant name="struts.enable.DynamicMethodInvocation" value="true"/>
```

```
        <constant name="struts.devMode" value="true"></constant>
        <struts>
            <package name="default" namespace="/" extends="struts-default">
                <action name="FourOp" class="Action.ch13_3_Action">
                    <result name="show">/ch13_3_Show.jsp</result>
                </action>
            </package>
        </struts>
```

思考：这种配置方式与第一种配置方式对比，有什么优点？又有什么缺点呢？

3．使用通配符映射方式

在 struts.xml 文件中配置 Action 元素时，它的 name、class、method 属性都支持通配符。当使用通配符定义 Action 的 name 属性时，相当于用一个元素 Action 定义了多个逻辑 Action。配置格式如下：

```
        <action name="Action 名字_*" class="包名.Action 类名"  method="{1}">
            <result name="***">/***.jsp</result>
            …
        </action>
```

其中，用户请求的 URL 的模式是"Action 名字_*"，同时，method 属性值是一个表达式{1}，表示它的值为 name 属性值中第一个"*"的值。

对于例 13-3，在 struts.xml 中配置 Action 的内容如下：

```
        <struts>
            <package name="default" namespace="/" extends="struts-default">
                <action name="FourOp_*" class="Action.Ch13_3_Action"  method="{1}">
                    <result name="show">/ch13_3_Show.jsp</result>
                </action>
            </package>
        </struts>
```

同时，需要对例 13-3 修改提交数据页面 ch13_3_Input.jsp，修改的代码如下：

```
        <%@ page language="java"   pageEncoding="UTF-8"%>
        <html>
          <head>
            <title>提交数据页面，并根据不同的按钮选择不同的业务处理</title>
            <script type="text/javascript">
                function sub(){ document.aaa.action="FourOp_sub";}          修改的内容
                function mul(){ document.aaa.action="FourOp_mul";}
                function div(){ document.aaa.action="FourOp_div"; }
            </script>
          </head>
          <body>
            <form action=" FourOp_add" method="post" name="aaa">
                //其他内容与例 13_3_Input.jsp 一样
            </form>
          </body>
        </html>
```

思考： 对比 3 种配置方式，各自都有哪些优点和缺点？

13.4 Struts2 的 OGNL 表达式、标签库、国际化

Struts 视图除了可以使用 JSP、HTML、JavaScript 和样式表等技术外，Struts2 框架还专门给出了自己的标签库、OGNL 表达式和国际化处理方式。本节将对这 3 部分内容给出一个简单的介绍，若需要较详细的内容，可以参考有关的专业书籍。

13.4.1 Struts2 的 OGNL 表达式

对象图导航语言（Object-Graph Navigation Language，OGNL）是一种功能强大的表达式语言，可以通过简单的表达式来访问 Java 对象中的属性。它是 Struts2 框架的默认表达式语言。

📖 **提示：** OGNL 表达式类似于 EL 表达式，其使用方式也类似。

1. Struts2 的 OGNL 对象、属性及其访问

Struts2 框架中的 ActionContext 是 OGNL 的根对象，即 Action 对象是 OGNL 的根对象。假设在 Action 中有一个属性类型是对象 Student(name, age)，变量名是 stu，那么访问属性 name 的 OGNL 表达式为 stu.name。

访问其他 Context 中的对象的时候，由于不是根对象，在访问时需要加 "#" 前缀。

1）application：用于访问 ServletContext。

例如，#application.userName 或 #application['userNamer']，相当于调用 application.getAtrribute("userName")。

2）session：用于访问 HttpSession

例如，#session.userName 或 #session['userNamer']，相当于调用 session.getAtrribute(" userName")。

3）request：用于访问 HttpServletRequest

例如，#request.userName 或 #request['userNamer']，相当于调用 request.getAtrribute("userName")。

4）parameters：用于访问 Http 的请求参数

例如，#parameters.userName 或 #parameters['userNamer']，相当于调用 request.getParameter ("userName")。

5）attr：用于按 page→request→session→application 的顺序访问其属性。

例如，# attr.id。

2. Struts2 的 OGNL 集合及其访问

如果需要一个集合元素，如 List 对象或者 Map 对象，可以使用 OGNL 集合。

1）OGNL 中使用 List 对象的格式如下：

```
{e1,e2,e3,…}
```

该表达式直接生成一个 List 对象，该 List 对象中包含：e1, e2, e3, …元素。

2）OGNL 中使用 Map 对象的格式如下：

#{key1:value1, key2:value2, key3:value3,…}

该表达式直接生成一个 Map 对象。

OGNL 集合可以使用"in"和"not in"判定元素是否属于该集合。

- in: 用来判断某个元素是否在指定的集合对象中。
- not in: 用于判断某个元素是否不在指定的集合对象中。

例如，

除了 in 和 not in 之外，OGNL 还允许使用某些规则获取集合对象的子集，常用的相关操作有：

- ?: 用于获取多个符合逻辑的元素。
- ^: 用于获取符合逻辑的第一个元素。
- $: 用于获取符合逻辑的最后一个元素。

例如，

Student.sex{?#this.sex=='male'}//获取 Student 的所有 male 的 sex 集合

13.4.2 Struts2 的标签库

Struts2 框架提供了丰富的标签库用来构建视图组件。Struts2 标签库大大简化了视图页面的开发，并且提高了视图组件的可维护性。按照标签库提供的功能，可以把 Struts2 标签库分为：表单标签、非表单标签、数据标签、控制标签。

1. Struts2 的表单标签

Struts2 中大部分表单标签和 HTML 表单元素对应。常用表单标签如表 13-1 所示。

表 13-1　常用 Struts2 的表单标签

标签名称	说　　明	标签名称	说　　明
html	表示一个 HTML <html> 元素	radio	表示一个单选按钮
base	插入一个 HTML <base> 元素	form	定义 HTML 表单元素
textfield	表示输入类型为文本字段的 HTML <input> 元素	button	定义一个按钮输入字段
textarea	表示输入类型为文本区域的 HTML <input> 元素	cancel	表示一个取消按钮
password	表示生成一个密码域元素	checkbox	定义一个复选框输入字段
hidden	表示生成一个隐藏域元素	checkboxlist	一次创建多个复选框元素
file	用于在页面上生成一个上传文件的元素	frame	表示一个 HTML 框架元素

下面介绍其中几个元素的使用格式。

1）textfield 标签：生成一个单行的文本输入框。格式：

```
<s:textfield label="***" name="***" size= "***" maxlength="***"/>
```

其中，label 是文本框提示，size 是文本框宽度，maxlength 是最大字符数。

2）password 标签：生成一个密码域。格式：

```
<s:password label="***" name="***" size= "***" maxlength="***"/>
```

3）textarea 标签：生成一个多行文本框。格式：

```
<s:textarea label="***" name="***" cols= "***" rows="***"/>
```

4）hidden 标签：生成一个隐藏域。格式：

```
<s:hidden name="***" />
```

5）file 标签：用于在页面上生成一个上传文件的元素。格式：

```
<s:file name="***" label ="***"/>
```

6）radio 标签：为一个单选框。例如，

```
<s: radio label="性别" list="{'男','女'}" name="sex"></s: radio>
```

7）checkbox 标签：复选框标签。格式：

```
<s:checkbox label="***" name="***" value="true"/>
```

例如，

```
<s:checkbox label="学习" name="学习" value="true"/>
<s:checkbox label="电影" name="电影"/>
```

8）checkboxlist 标签：可以一次创建多个复选框。例如，

```
<s:checkboxlist label="个人爱好" list="{'学习','看电影','编程序'}" name="love">
</s:checkboxlist>
```

其中，list 指定集合为复选框命名，可以使用 List 集合或者 Map 对象，必选项。

9）select 标签：生成一个下拉列表框。例如，

```
<s:select label="选择星期" headerValue="---请选择---" headerKey="1"
list="{'星期一','星期二','星期三','星期四','星期五','星期六','星期日'}"/>
```

其中，list 属性用于指定下拉列表内容；size 用于指定下拉文本框中可以显示的选项个数，可选项；multiple 用于设置该列表框是否允许多选，默认值为 false，可选项。

2．Struts2 的非表单标签

非表单标签主要用于在页面中生成非表单的可视化元素。

1）a 标签：用于超链接。

例如，

```
<s:a href="register.action">注册</s:a>
```

2）action 标签：在 JSP 页面中直接调用 Action。

action 标签有以下常用属性。

- id: 指定被调用 Action 的引用 ID, 可选项。
- name: 指定 Action 的名字, 必选项。
- namespace: 指定被调用 Action 所在的 namespace, 可选项。
- executeResult: 指定将 Action 处理结果包含到当前页面中, 默认为 false, 即不包含。
- ignoreContextParams: 指定当前页面的数据是否需要传给被调用的 Action, 默认为 false, 即默认将页面中的参数传给被调用 Action, 可选项。

3) actionerror 和 actionmessage 标签。

actionerror 和 actionmessage 标签的作用基本一样, 这两个标签都是在页面上输出 Action 方法中添加的信息。其中, actionerror 标签输出 Action 中 addActinErrors()添加的信息; 而 actionmessage 标签输出的是 Action 中 AddActionMessage()添加的信息。

【例 13-4】 在 Action 中, 利用 addActinErrors()方法添加信息, 而在 JSP 中利用 actionerror 标签和 actionmessage 标签输出 Action 中添加的信息。

1) Action 类设计, 其代码如下:

```
//设计添加信息的 Action: ActionErrorActionMessage
public class ActionErrorActionMessage extends ActionSupport{
    public String execute(){
        //使用 addActionError()方法添加信息
        addActionError("使用 ActionError 添加错误信息! ");
        addActionMessage("使用 ActionMessage 添加普通信息! ");
        return SUCCESS;
    }
}
```

2) 设计 JSP 页面 showErrorActionMessage.jsp, 输出由 Action 中的 AddActionMessage() 方法添加的信息, 其代码如下:

```
<%@page contentType="text/html" import="java.util.*" pageEncoding="UTF-8"%>
<%@taglib prefix="s" uri="/struts-tags"%>
<html>
    <head>    <title>actionerror 标签和 actionmessage 标签的使用</title> </head>
        <body>
            <s:actionerror/> <br>
            <s:actionmessage/>
        </body>
</html>
```

3) 在 struts.xml 中配置 Action, 其配置信息如下:

```
<struts>
    <package extends="struts-default" namespace="/" name="default">
        <action name="message" class="Action.ActionErrorActionMessage">
            <result name="success">/showErrorActionMessage.jsp</result>
        </action>
    </package>
</struts>
```

3. Struts2 的数据标签

Struts2 中的数据标签主要用于提供各种与数据访问相关的功能, 常用于显示 Action 中的属性以及国际化输出。

1）bean 标签：bean 标签用于在 JSP 页面中创建 JavaBean 实例。在创建 JavaBean 实例时，可以使用<s:param>标签为 JavaBean 实例传入参数。

下面介绍常用属性。

- name: 指定实例化 JavaBean 的实现类，必选项。
- id: 为实例化对象指定 ID 名称，可选项。

2）include 标签：include 标签用来在页面上包含一个 JSP 页面或者 Servlet 文件。

格式：

```
<s:include value="文件路径"/>
```

或：

```
<s:include value="文件路径">
    <s:param name="" value=""/>
</s:include >
```

3）param 标签：用来为其他标签提供参数，如 include 标签、bean 标签等。

4）set 标签：定义新变量，并赋值，同时可以指定存取范围。

下面介绍常用属性。

- name: 指定新变量的名字，必选项。
- scope: 指定新变量作用域：action、page、request、session、application，可选项。
- value: 为新标量赋值，可选项。
- id: 指定应用的 ID。

例如，使用 set 标签设置新变量（setTag.jsp），代码如下：

```
<s:bean name="beanTag.Student" id="s">
    <s:param name="name" value="'张三'" />
</s:bean>
scope 属性值为 action 范围：
<s:set name="user" value="#s" scope="action" />
<s:property value="#attr.user.name" />
<br> scope 属性值为 session 范围：
<s:set name="user" value="#s" scope="session" />
<s:property value="#session.user.name" />
```

5）property 标签：用来输出 value 属性指定的值。值可以使用 OGNL 表达式。

6）url 标签：url 标签主要用来在页面中生成一个 URL 地址。

下面介绍常用属性：

- action: 指定一个 Action 作为 URL 地址。
- method: 指定使用 Action 的方法。
- id: 指定该元素的应用 ID。
- valu: 指定生成 URL 的地址，若不指定则使用 action 属性指定 Action 作为 URL 地址。
- encode: 指定编码请求方法。

- names: 指定名称空间。
- includeContext: 指定是否将当前上下文包含在 URL 地址中，默认值为 true。
- includeParams: 指定是否包含请求参数，值有 none、get、all，默认为 get。

7）date 标签：date 标签用于格式化输出一个日期，还可以计算指定日期和当前时刻之间的时间差。

下面介绍常用属性。

- format: 使日期格式化。
- nice: 指定是否输出指定日期与当前时刻的时间差，默认值为 false，即不输出时间差。
- name: 指定要格式化的日期值。
- id: 指定该元素的应用 ID。
- var: 指定格式化后的字符串将被放入 StacContext 中，该属性可以用 id 属性代替。

例如，date 标签的使用（dateTag.jsp），代码如下：

```
<body>
        <s:bean id="d" name="java.util.Date"/>
        nice="false"，且指定 format="dd/MM/yyyy" <br>
        <s:date name="#d" format="dd/MM/yyyy" nice="false"/>
        <hr>
        nice="true"，且指定 format="dd/MM/yyyy" <br>
        <s:date name="#d" format="dd/MM/yyyy" nice="true"/>
        <hr>
        指定 nice="true" <br>
        <s:date name="#d" nice="true" />
        <hr>
        nice="false"，且没有指定 format 属性<br>
        <s:date name="#d" nice="false"/>
        <hr>
        nice="false"，没有指定 format 属性，指定了 var <br>
        <s:date name="#d" nice="false" var="abc"/>
        <hr>
        ${requestScope.abc} <s:property value="#abc"/>
</body>
```

4. Struts2 的控制标签

控制标签主要用来完成流程的控制，如条件分支、循环操作，也可以实现对集合的排序和合并。

1）if、elseif 和 else 标签：这 3 个标签是用来控制流程的，与 Java 语言中的 if、elseif、else 语句相似。例如，

```
<body>
    <s:set name="score" value="86"/>
    <s:if test="#score>=90">优秀</s:if>
    <s:elseif test="#score>=80">良好</s:elseif>
    <s:elseif test="#score>=70">中等</s:elseif>
    <s:elseif test="#score>=60">及格</s:elseif>
    <s:else>不及格</s:else>
</body>
```

2）iterator 标签：迭代器，用于遍历集合，集合可以是 List、Map、Set 和数组。

格式如下：

```
<s:iterator value=""  var=""  status="">…</s:iterator>
```

下面介绍常用属性。

- value：指定输出的集合对象，可以是 OGNL，也可以通过 Action 返回集合类型。
- var：指定集合中每个元素的引用变量。
- status：指定集合中元素的 status 属性。

另外，iterator 标签的 status 属性可以实现一些很有用的功能。指定 status 属性后，每次迭代都会产生一个 IteratorStatus 实例对象，该对象常用的方法有以下几个。

- int getCount()：返回当前迭代元素的个数。
- int getIndex()：返回当前迭代元素的索引值。
- boolean isEven()：返回当前迭代元素的索引值是否为偶数。
- boolean isOdd()：返回当前迭代元素的索引值是否为奇数。
- boolean isFirst()：返回当前迭代元素的是否是第一个元素。
- boolean isLast()：返回当前迭代元素的是否是最后一个元素。

使用 iterator 标签的 status 属性时，其实例对象包含以上方法，而且也包含对应的属性，如#status.count、#status.even、#status.odd、#status.first 等。

例如，

```
<table border="1">
    <s:iterator value="{'AAAAA','BBBBB','CCCCC",DDDDD'}" var="abcd" status="s">
        <tr <s:if test="#s.odd">style="background-color:red"</s:if>>
            <td><s:property value="abcd"/></td>
        </tr>
    </s:iterator>
</table>
```

3）append 标签：用来将多个集合对象连接起来，组成一个新的集合，从而允许通过一个 iterator 标签完成对多个集合的迭代。

常用属性为 id：指定连接生成的新集合的名字。

例如，

```
<s:append id="newList">
    <s:param value="{'C 程序设计', 'C++程序设计','C#程序设计'}"/>
    <s:param value="{'Java 程序设计', 'JSP 程序设计','Web 框架技术'}"/>
</s:append>
<table border="1">
    <s:iterator value="#newList" status="st">
        <tr <s:if test="#st.odd">style="background-color:red"</s:if>>
            <td><s:property /></td>
        </tr>
    </s:iterator>
</table>
</body>
```

4）sort 标签：用来对指定集合进行排序，但是排序规则由开发者提供，即实现自己的 Comparator 实例，Comarator 是通过实现 java.util.Comparator 接口来实现的。

下面介绍常用属性。

- Comparator：指定实现排序规则的 Comparator 实例，必选项。
- Source：指定要排序的集合。

例如，排序规则的类（MyComparator.java）代码如下：

```
package sortTag;
import java.util.Comparator;
public class MyComparator implements Comparator{
    public int compare(Object element1, Object element2){
        return element1.toString().length()-element2.toString().length();
    }
}
```

对应的 sort 标签页面（sortTag.jsp），代码如下：

```
<s:bean id="mc" name="sortTag.MyComparator" />
<s:sort source="{'Java 程序设计', 'C++序设计','Web 框架技术'}" comparator="#mc">
    <s:iterator status="st">
        <br><s:property />
    </s:iterator>
</s:sort>
```

13.4.3　Struts2 的国际化

国际化是指应用程序运行时，可根据客户端请求来自的国家/地区、语言的不同而显示不同的界面。常用 I18N 作为"国际化"的简称，其来源是英文单词 Internationalization 的首末字母 I 和 N 及它们之间的字符个数 18。Struts2 框架通过资源文件的方式来实现国际化。

实现国际化的步骤是：

1）建立不同语言的资源文件，并把中文字符转换为 Unicode 代码。

2）在 struts.xml 配置文件中配置资源文件。

3）国际化使用。

1．资源文件及其建立

语言资源文件内容是由一组 key-value 对组成的。例如，

```
loginName=用户名称
loginPassword=用户密码
```

针对不同的语言环境，需要定义不同的资源文件。资源文件放在"源包"（src）下，全局资源文件的命名可以有以下 3 种形式：

- 资源文件名_语言种类编码_国家编码.properties。
- 资源文件名_语言种类编码.properties。
- 资源文件名.properties。

资源文件如果使用第三种命名方式，即默认语言代码，但系统找不到与客户端请求的语言环境匹配的资源文件，则系统使用该默认的属性文件。

【例 13-5】 假设对登录系统进行国际化处理，要求根据不同的语言环境显示英文和中文用户界面，那么就需要创建英文和中文版本的资源文件，分别取名为 globalMessages_GBK.properties 和 globalMessages_en_US.properties。

📖 提示：对于中文资源文件名先使用 globalMessages_GBK.properties，待以后把中文字符转换为 Unicode 代码后，建立的文件名为 globalMessages_zh_CN.properties。

1）建立中文版资源文件：globalMessages_GBK.properties，代码如下：

```
title.login = 登录页面
label.username = 姓名
label.password = 密码
item.submit = 登录
item.reset = 重置
message.success = 你已成功登录。现进入了主页。
message.failure = 你登录失败。现进入注册页面，请注册你的信息。
```

2）建立英文版资源文件：globalMessages_en_US.properties，代码如下：

```
title.login = Login Page
label.username = Input your username
label.password = Input your password
item.submit = Submit
item.reset = Reset
message.success = You're successful to login in. Now you've entered the main page.
message.failure = You fail to login in. You need register your information.
```

注意：在国际化中，所有的编码都要使用标准的编码方式，需要把中文字符转换为 Unicode 代码，否则在国际化处理时页面将会出现乱码。中文资源文件是不能直接使用的，必须转换为编制的编码方式。一般使用 JDK 自带的 native2ascii 工具进行中文资源文件编码方式的转换。

3）将中文资源文件中的中文字符转换为 Unicode 编码。

将中文资源文件 globalMessages_GBK.properties 中的中文字符转换为 Unicode 代码，并生成符合资源文件命名规则的新文件：globalMessages_zh_CN.properties，其实现方法是在资源文件所在的文件夹下（必须设置 JDK 的访问路径）输入以下代码：

```
native2ascii -encoding UTF-8 globalMessages_GBK.properties globalMessages_zh_CN.properties
```

编译后在该文件夹下生成一个 globalMessages_zh_CN.properties 文件，并将该文件复制到工程的 src 包下。

2. 在 struts.xml 配置文件中配置资源文件

编写完国际化资源文件后，需要在 struts.xml 文件中配置国际化资源文件的名称，从而使 Struts2 的 I18N 拦截器在加载国际化资源文件的时候能找到这些国际化资源文件。配置格式如下：

```
<struts>
```

```
            <!--使用 Struts2 中的 I18N 拦截器，并通过 constant 元素配置常量，指定国际资源文件名字，
value 中的值就是常量值，即国际化资源文件的名字-->
            <constant name="struts.custom.i18n.resources" value="globalMessages" />
            <constant name="struts.i18n.encoding" value="UTF-8" />
    </struts>
```

这里是资源文件名的第一部分

3．国际化使用

当建立资源文件并配置后，就可以在 Web 应用程序中引用这些资源文件。但不同的
Web 技术（JSP、Struts2 中的 Action、XML）其引用方法不同。

1）JSP 页面的国际化，主要使用<s:text>标签。例如，

```
    <s:text name="title.login"></s:text>
```

2）Action 中实现信息的国际化（直接从指定国际化资源文件中查找），主要是通过
getText(String key)方法实现的。主要用于在 Action 处理后，跳转到显示页面时，显示添加的
有关信息，例如，下面两个语句就是当输入用户名不正确时要保存的信息：

```
    this.addFieldError(loginName,this.getText("label.username"));
    this.addActionError(this.getText("label.username"));
```

3）xml 验证框架中错误信息的国际化（直接从指定国际化资源文件中查找）。

```
    <message key="label.username"></message>
    或  <message>${getText("label.username")}</message>
```

4）Struts2 表单的国际化，表单的 theme 属性不能设置为 simple，应使用 key 属性。例如，

```
    <s:textfield name="label.username" key="label.username"></s:textfield>
```

13.4.4 Struts2 的国际化应用案例

【例 13-6】 基于 Struts2，设计一个适合中英文的登录系统。

【分析】对于登录系统的业务流程，在前面的一些案例中已经介绍，请参考它们。

【设计】该系统需要设计的组件如下。

1）两个页面：登录页面 login.jsp、成功登录页面 loginsuccess.jsp。

2）两个资源文件：支持英文登录的西文编码的资源文件、支持中文登录的汉字编码的
资源文件。

3）登录验证的控制器 LoginAction 类。该控制器的业务逻辑是：如果验证成功，则跳转
到 loginsuccess.jsp 页面；如果验证不成功，则重新返回到登录页面（login.jsp）。

【实现】

1）建立工程 ch13_6_i18n，并在 web.xml 中配置核心控制器。

2）编写国际化资源文件并进行编码转换：见例 13-5 给出的资源文件及其转换。

3）编写视图组件输出国际化消息。

中英文登录页面（login.jsp）的代码如下：

```
    <%@ page contentType="text/html; charset=UTF-8" %>
    <%@ taglib prefix="s" uri="/struts-tags" %>
```

```
<html>
    <head>  <title><s:text name="title.login"/></title>  </head>
    <body>
        <s:form action="checkLogin" method="post">
            <!--表单元素的 key 值与资源文件的 key 对应-->
            <s:textfield name="name" key="label.username" size="20"/>
            <s:password name="password" key="label.password" size="22"/>
            <s:submit key="item.submit"/>
        </s:form>
    </body>
</html>
```

登录成功页面（loginSuccess.jsp）的代码如下：

```
<%@ page contentType="text/html; charset=UTF-8" %>
<%@ taglib prefix="s" uri="/struts-tags" %>
<html>
    <head> <title><s:text name="message.success"/></title> </head>
    <body>
        <hr>
        <s:text name="label.username"/>:<s:property value="name"/><br>
        <s:text name="label.password"/>:<s:property value="password"/>
    </body>
</html>
```

4）编写控制器 Action，login.jsp 对应的业务控制器 LoginAction 类，代码如下：

```
package loginAction;
//这里省略了 import 语句
public class LoginAction extends ActionSupport{
    private String name;
    private String password;
    private String tip; //用于定义标题信息
    //这里省略了各属性的 getter、setter 方法
    public String execute() throws Exception{
        if(getName().equals("QQ")&&getPassword().equals("123") ){
            ActionContext.getContext().getSession().put("name",getName());
            return "success";
        }else{ return "error";}
    }
}
```

5）在 struts.xml 中配置 Action 与国际资源文件。

修改配置文件 struts.xml，在配置文件中配置 Action 和国际化资源文件，配置内容如下：

```
<struts>
    <constant name="struts.custom.i18n.resources" value="globalMessages" />
    <constant name="struts.i18n.encoding" value="UTF-8" />
    <package name="I18N" extends="struts-default">
```

```
<action name="checkLogin" class="loginAction.LoginAction">
    <result name="success">/I18N/loginSuccess.jsp</result>
    <result name="error">/I18N/login.jsp</result>
</action>
    </package>
</struts>
```

6）项目的部署和运行。部署项目后运行项目，如果操作系统是中文系统下的，运行 login.jsp 页面，将出现中文提示信息的运行页面；如果使用的是英文操作系统或者通过设置浏览器语言，运行时将出现英文登录页面。

13.5　Struts2 的拦截器

拦截器（Interceptor）是 Struts2 的核心组成部分。拦截器动态地拦截 Action 调用的对象，它提供了一种机制，使开发者可以定义一个特定的功能模块，这个模块可以在 Action 执行之前或者之后运行，也可以在一个 Action 执行之前阻止 Action 执行。

拦截器分为两类：Struts2 提供的内建拦截器和用户自定义的拦截器。

📖 提示：Struts2 的拦截器就是 Servlet 中的过滤器。

13.5.1　Struts2 的内建拦截器

Struts2 利用内建的拦截器完成了框架内的大部分操作，例如文件的上传和下载、国际化、转换器和数据校验等。表 13-2 所示的是 Struts2 主要的内建拦截器。

表 13-2　Struts2 提供的拦截器的功能说明

拦　截　器	名　　字	说　　明
Alias Interceptor	alias	在不同的请求之间将请求参数在不同的名字间转换，请求内容不变
Chaining Interceptor	chain	让前一个 Action 的属性可以被后一个 Action 访问，现在和 chain 类型的 result（<result type="chain">）结合使用
Checkbox Interceptor	checkbox	添加了 checkbox 自动处理代码，将没有选中的 checkbox 的内容设定为 false，而 HTML 默认情况下不提交没有选中的 checkbox
Cookies Interceptor	cookies	使用配置的 name、value 来指 Cookies
Conversion Error Interceptor	conversionError	将错误从 ActionContext 中添加到 Action 的属性字段中
Create Session Interceptor	createSession	自动创建 HttpSession，用来为需要使用到 HttpSession 的拦截器服务
Execute and Wait Interceptor	execAndWait	在后台执行 Action，同时将用户带到一个中间的等待页面
Exception Interceptor	exception	将异常定位到一个画面
File Upload Interceptor	fileUpload	提供文件上传功能
I18n Interceptor	i18n	记录用户选择的 locale
Logger Interceptor	logger	输出 Action 的名字
Message Store Interceptor	store	存储或者访问实现 ValidationAware 接口的 Action 类出现的消息、错误、字段错误等

拦 截 器	名 字	说 明
Model Driven Interceptor	model-driven	如果一个类实现了 ModelDriven，将 getModel 得到的结果放在 Value Stack 中
Scoped Model Driven	scoped-model-driven	如果一个 Action 实现了 ScopedModelDriven，则这个拦截器会从相应的 Scope 中取出 model 调用 Action 的 setModel 方法将其放入 Action 内部
Parameters Interceptor	params	将请求中的参数设置到 Action 中去
Prepare Interceptor	prepare	如果 Acton 实现了 Preparable，则该拦截器调用 Action 类的 prepare 方法
Scope Interceptor	scope	将 Action 状态存入 session 和 application 的简单方法
Servlet Config Interceptor	servletConfig	提供访问 HttpServletRequest 和 HttpServletResponse 的方法，以 Map 的方式访问
Static Parameters Interceptor	staticParams	从 struts.xml 文件中将\<action\>里\<param\>中的内容设置到对应的 Action 中
Timer Interceptor	timer	输出 Action 执行的时间
Token Interceptor	token	通过 Token 来避免双击
Validation Interceptor	validation	使用 action-validation.xml 文件中定义的内容校验提交的数据
Workflow Interceptor	workflow	调用 Action 的 validate 方法，一旦有错误返回，重新定位到 INPUT 页面

对于 Struts2 内建拦截器的应用，将在 13.6 节文件上传、下载中给出 fileUpload 拦截器的使用。

13.5.2　Struts2 拦截器的自定义实现

为了实现自定义拦截器，Struts2 提供了 Interceptor 接口，以及对该接口实现的一个抽象拦截器类（AbstractInterceptor）。实现拦截器类一般可以实现 Interceptor 接口，或者直接继承 AbstractInterceptor 类。Struts2 还提供了一个 MethodFilterIntercepter 类，该类是 AbstractInterceptor 类的子类，若要实现方法过滤，就需要继承 MethodFilterIntercepter，设计方法拦截器。用户自定义一个拦截器一般需要 3 步：

1）自定义一个实现 Interceptor 接口（或继承 AbstractInterceptor 或继承 MethodFilterIntercepter）的类。

2）在 struts.xml 中注册上一步中定义的拦截器。

3）在需要使用的 Action 中引用上述定义的拦截器。

1. 拦截器接口：Interceptor

Struts2 提供的 Interceptor 接口（Interceptor.java）的代码如下：

```
import com.opensymphony.xwork2.ActionInvocation;
import java.io.Serializable;
public interface Interceptor extends Serializable {
    void destroy();
    void init();
    String intercept(ActionInvocation invocation) throws Exception;
```

```
    }
```

该接口提供了 3 个方法。

1）void destroy()：用于在拦截器执行完之后，释放 init()方法里打开的资源。

2）void init()：由拦截器在执行之前调用，主要用于初始化系统资源。

3）String intercept(ActionInvocation invocation) throws Exception：该方法是拦截器的核心方法，实现具体的拦截操作，返回一个字符串作为逻辑视图。与 Action 一样，如果拦截器能够成功调用 Action，则 Action 中的 execute()方法返回一个字符串类型值作为逻辑视图，否则，返回开发者自定义的逻辑视图。

2．抽象拦截器类：AbstractInterceptor

抽象拦截器类（AbstractInterceptor）是对接口 Interceptor 的一种实现，其中，init()和 destroy()方法是空实现。

AbstractInterceptor 类（AbstractInterceptor.java）的代码如下：

```
import com.opensymphony.xwork2.ActionInvocation;
public abstract class AbstractInterceptor implements Interceptor {
    public void init(){ }
    public void destroy(){ }
    public abstract String intercept(ActionInvocation invocation) throws Exception;
}
```

3．自定义拦截器

实现接口 Intercepter（或继承 AbstractInterceptor），并在 interceptor 方法中加入有关的处理代码，其代码格式如下：

```
package interceptor;
public class MyInterceptor extends AbstractInterceptor {
    public String intercept(ActionInvocation invocation) throws Exception {
        System.out.println("Before");        //在 Action 之前调用
        String result = invocation.invoke();
        /* invocation.invoke()方法检查是否还有拦截器，若有，则继续调用余下的拦截器，若
没有，则执行 Action 的业务逻辑，并返回值*/
        System.out.println("After");
        return result;
    }
}
```

4．在 Struts.xml 中配置拦截器

在 struts.xml 中声明拦截器，并在 Action 中配置拦截器，配置格式如下：

```
<struts>
    <package name="interceptor1" extends="struts-default">
        <!— 定义拦截器 —>
        <interceptors>
            <interceptor name="myInterceptor" class="interceptor.MyInterceptor"/>
        </interceptors>
        <!— 配置 action —>
        <action name="test_interceptor" calss="Action.Test_InterceptorAction">
```

```
        <result name="success">/success.jsp</result>
        <result name="input">/test.jsp</result>
        <!-- 将声明好的拦截器插入 Action 中 -->
        <interceptor-ref name="myInterceptor"></interceptor-ref>
        <!--引用系统默认的拦截器 -->
        <interceptor-ref name="defaultStack"></interceptor-ref>
    </action>
  </package>
</struts>
```

注意：一旦某个 Action 引用了自定义的拦截器，Struts2 默认的拦截器就不会再起作用了，为此，还需要引用默认拦截器。

5. 自定义方法拦截器

Struts2 还提供了一个方法拦截器类 MethodFilterInterceptor，该类继承 AbstractInterceptor 类，并重写了 intercept(ActionInvocation invocation)方法，还提供了一个新的抽象方法 doInterceptor(ActionInvocation invocation)。通过该拦截器可以指定哪些方法需要被拦截，哪些不需要。

1）建立拦截器：继承 MethodFilterInterceptor，创建一个拦截器。

2）配置拦截器：该类拦截器只能配置在 Action 内部，配置格式如下：

```
<action name="test_interceptor" calss="Action.Test_InterceptorAction">
    <result name="success">/success.jsp</result>
    <result name="input">/test.jsp</result>
    <interceptor-ref name="MyInterceptor">
        <param name="includeMethod">test,execute</param>
        <!-- 拦截 text 和 execute 方法，方法间用逗号分隔 -->
        <param name="excludeMethod">myfun</param>
        <!-- 不拦截 myfun 方法 -->
    </interceptor-ref>
</action>
```

注意：

1）excludMethods: 指定不被拦截的方法，若有多个方法以逗号分隔。

2）includMethods: 指定被拦截的方法，若有多个方法以逗号分隔。

6. 在 interceptor 方法中，利用参数 ActionInvocation 可获取页面提交的信息

代码如下：

```
public String intercept(ActionInvocation ai) throws Exception {
    Map session = ai.getInvocationContext().getSession();
    if(session.get("user") == null) {
        return "login";
    } else {
        return ai.invoke();
    }
}
```

13.5.3 案例——文字过滤器的设计与应用

【例 13-7】 开发一个网上论坛过滤系统，如果网友发表的内容有不文明的语言，将通过拦截器对不文明的文字进行自动替代。这里只是给出了一种简单的过滤，过滤是否有"讨厌"文字，若有"讨厌"，则用"喜欢"代替要过滤的内容"讨厌"，形成新的文本内容并显示在论坛上。运行界面如图 13-6 所示。

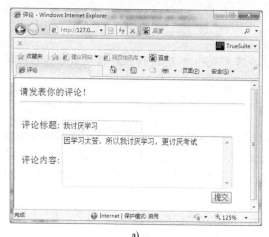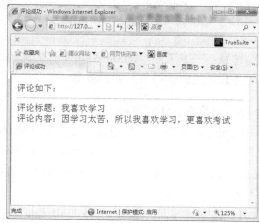

a)   b)

图 13-6 例 13-7 的运行界面

a) 提交页面   b) 过滤后显示信息的页面

【分析】对于该案例，需要编写一个自定义拦截器（MyInterceptor.java）、一个发表新闻评论的页面（news.jsp）和其对应的业务控制器 PublicAction 类，以及评论成功页面 success.jsp 页面。

【设计关键】该问题的关键是设计一个拦截器 MyInterceptor.java，该拦截器的工作过程是：在页面提交信息后，获取所提交的请求参数信息，对其进行判定是否含有"讨厌"文字，并进行处理，处理后重新修改请求参数值，然后再执行 Action 或下一个过滤器。

【实现】

1）建立工程 ch13_7_Interceptor，并在 web.xml 中配置核心控制器。

2）根据图 13-6 所示的页面，设计评论页面（news.jsp），其代码如下：

```
<%@ page language="java" pageEncoding="UTF-8"%>
<%@taglib prefix="s" uri="/struts-tags"%>
<html>
    <head> <title>评论</title> </head>
    <body>
        请发表你的评论！ <hr>
        <s:form action="public" method="post">
            <s:textfield name="title" label="评论标题" maxLength="36"/>
            <s:textarea name="content" cols="36" rows="6" label="评论内容"/>
            <s:submit value="提交"/>
        </s:form>
    </body>
</html>
```

3）编写评论成功页面（success.jsp）的代码如下：

```jsp
<%@ page contentType="text/html; charset=UTF-8" %
<%@ taglib prefix="s" uri="/struts-tags" %>
<html>
    <head> <title>评论成功</title> </head>
    <body>
        评论如下： <hr>
        评论标题： <s:property value="title"/> <br>
        评论内容： <s:property value="content"/>
    </body>
</html>
```

4）评论页面对应的业务控制器（PublicAction.java）的代码如下：

```java
package interceptor;
import com.opensymphony.xwork2.ActionSupport;
public class PublicAction extends ActionSupport{
    private String title;
    private String content;
    //这里省略了各属性的 getter/setter 方法
    public String execute(){
        return SUCCESS;
    }
}
```

5）编写自定义拦截器 MyInterceptor.java，代码如下：

编写一个自定义拦截器用于对发表评论的内容进行过滤，代码如下：

```java
package interceptor;
//整理省略了 import 语句
public class MyInterceptor extends AbstractInterceptor {
    public String intercept(ActionInvocation ai) throws Exception {
        //获取页面提交的所有属性及其属性值
        Map<String, Object> parameters = ai.getInvocationContext().getParameters();
        //对每对属性、属性值分别进行过滤，将过滤后的内容再保存到该属性中
        for (String key : parameters.keySet()) {
            Object value = parameters.get(key);
            if ( value != null && value instanceof String[]) {
                String[] valueArray = (String[]) value;
                for (int i = 0; i < valueArray.length; i++) {
                    if( valueArray[i] != null ){
                        //判断用户提交的评论内容是否有要过滤的内容
                        if(valueArray[i].contains("讨厌")) {
                            //用 "喜欢" 代替要过滤的内容 "讨厌"
                            valueArray[i] =valueArray[i].replaceAll("讨厌", "喜欢");
                            //把替代后的评论内容设置为 Action 的评论内容
                            parameters.put(key, valueArray);
                        }
                    }
                }
            }
        }
```

```
            return ai.invoke();                              //进行执行下一个拦截器或 Action
        }
    }
```

6）在 struts.xml 中配置自定义拦截器和 Action。

修改配置文件 struts.xml，在配置文件中配置拦截器和 Action，代码如下：

```
<struts>
    <constant name="struts.custom.i18n.resources" value="globalMessages"/>
    <constant name="struts.i18n.encoding" value="UTF-8" />
    <package name="I18N" extends="struts-default">
        <interceptors>
                <!--文字过滤拦截器配置，replace 是拦截器的名字-->
                <interceptor name="replace" class="interceptor.MyInterceptor" />
        </interceptors>
        <action name="public" class="interceptor.PublicAction"><!--文字过滤 Action 配置-->
            <result name="success">/success.jsp</result>
            <result name="login">/success.jsp</result>
            <interceptor-ref name="replace"/>    <!--使用自定义拦截器-->
            <interceptor-ref name="defaultStack" />   <!--Struts2 系统默认拦截器-->
        </action>
    </package>
</struts>
```

7）项目部署和运行。部署项目后，运行效果如图 13-6 所示。

13.6   Struts2 文件的上传及下载

在 Struts2 框架中，专门提供了实现文件上传、下载功能的 Jar 包：commons-fileupload-版本号.jar 和 commons-io-版本号.jar（这两个 Jar 包在 Struts2 的 lib 目录下），在开发 Web 程序时，需要将两个 Jar 包导入到 Web 工程中。

13.6.1   文件上传与应用案例

Struts2 进行文件上传需要使用 FileUpload 拦截器，所以在 Action 中实现文件上传，必须遵守一些原则，下面具体介绍。

1．基本的文件上传

在 Action 中必须定义属性：文件、文件名、文件类型，并提供 getter、setter 方法：

```
private File file;                      //上传文件对象
private String fileFileName;            //上传文件名
private String fileContentType;         //上传文件内容类型
```

注意：这 3 个变量的命名，必须按照如下规则。

1）File 类型的变量名必须与表单中文件的 name 相同。

2）fileFileName 的命名格式为 name+"FileName"。

3）fileContentType 的命名规则是 name+"ContentType"。

然后在 Action 的上传方法中，使用 IO 流（或者 commons.io 包中的工具类）进行文件的上传即可。

2．一次上传多个文件

若上传多个文件，则上述 3 个属性可改为 List 类型，多个文件的 name 属性名称需要一致。

3．可以在配置文件内对上传文件的有关限制进行设置

对上传文件的扩展名、内容类型、上传文件的大小等可以进行限制。同时，上传时若出错，可以定制显示错误消息。

1）通过配置 FileUploadInterceptor 拦截器参数的方式来进行限制。

常见的配置信息如下。

● maximumSize：默认的最大值为 2MB，这是上传的单个文件的最大值。

● allowedTypes：允许的上传文件的类型，多个使用"，"分割。

● allowedExtensions：允许的上传文件的扩展名，多个使用"，"分割。

注意：在 org.apache.struts2 下的 default.properties 中，Struts2 提供了对上传文件总大小的限制，可以使用常量的方式来修改该限制，例如，

```
struts.multipart.maxSize=2097152    //限制为 20MB
```

2）定制错误消息：可以在国际化资源文件中定义如下消息。

● struts.messages.error.uploading：文件上传出错的消息。

● struts.messages.error.file.too.large：文件超过最大值的消息。

● struts.messages.error.content.type.not.allowed：文件内容类型不合法的消息。

● struts.messages.error.file.extension.not.allowed：文件扩展名不合法的消息。

注意：这里只给出了部分定制消息，若需要了解其他消息，请参考 org.apache.struts2 下的 struts-messages.properties，可以提供更多的定制信息。

【例 13-8】 基于 Struts2 设计文件上传 Web 程序。

【分析】文件的上传可以按以下步骤：

1）编写上传页面，并设置 form 表单的编码类型。

2）编写上传文件的 Action，在该 Action 中定义属性：文件、文件名和文件类型。

3）修改配置文件 struts.xml，对 Action 进行配置。

4）文件上传信息的过滤。

5）编写上传成功页面。

【实现】

1）编写上传页面，并设置 form 表单的编码类型。

在文件上传页面的表单中，所使用的编码类型为 enctype="multipart/form-data"，并且数据提交方式要用 post 方式。假设该页面是 inputFile.jsp，代码如下：

```
<s:form action="fileupload"   method="post" enctype="multipart/form-data">
<s:file name="file" lable="选择要上传的文件" />
<input type="submit" value="上传"/>
```

```
        </form>
```

2）编写上传文件的 Action：FileUploadAction，并定义 3 个属性：文件、文件名和文件类型，其关键代码如下：

```
package Action;
//省略了 import 语句
public class FileUploadAction extends ActionSupport {
    private File file;                      //上传文件对象
    private String fileFileName;            //上传文件名
    private String fileContentType;         //上传文件内容类型
    //省略了属性的 setter、getter 方法
    public String execute() throws Exception {
        String realPath=ServletActionContext.getServletContext().getRealPath("/file");
        if(file!=null){
            //创建上传文件要存放的文件及其存放位置（绝对路径）
            File saveFile=new File(new File(realPath),fileFileName); //上传文件存放路径
            if(!saveFile.getParentFile().exists()) saveFile.getParentFile().mkdirs();
            //利用 commons.io 包中的工具类，实现文件复制
            FileUtils.copyFile(file, saveFile);
        }
        return "success";
    }
}
```

3）修改配置文件 struts.xml，配置 Action，配置内容如下：

```
<struts>
    <package name="default" namespace="/" extends="struts-default">
        <action name="fileupload" class="Action.FileUploadAction">
            <result name="success">/upLoadSuccess.jsp</result>
            <result name="input">/inputFile.jsp</result>
        </action>
    </package>
</struts>
```

4）文件上传过滤。在 Struts2 中提供了文件上传拦截器（fileUpload），该拦截器能够实现对上传文件的过滤功能。在 struts.xml 文件中，配置 fileUpload 拦截器，并配置上传过滤条件：

```
<struts>
    <!--  配置 fileUpload 拦截器  -->
    <interceptor-ref name="fileUpload">               Struts2 内置拦截器名称
        <!--  配置允许文件上传的文件类型  -->
        <param name="allowedType">image/jpeg,image/gif</param>
        <!--  配置允许上传的文件大小，以字节为单位，这里设为 10M -->
        <param name="maximumSize">1048576</param>
    </interceptor-ref>
                                          配置的 Action 名称
    <package name="default" namespace="/" extends="struts-default">
        <action name="fileupload" class="Action.FileUploadAction">
            <result name="success">/FileUploadSuccess.jsp</result>
            <result name="input">/inputFile.jsp</result>
```

```
            </action>
        </package>
    </struts>
```

5）编写上传成功页面：fileUploadSuccess.jsp，其关键代码如下：

```
<body>
    文件上传成功！<br>
    上传的文件是：<s:propertyvalue="fileFileName" />
</body>
```

思考：对于该案例是否可以进一步改进设计，给出类似于目前使用的网盘的上传呢？如何实现？

13.6.2　文件下载与应用案例

Struts2 专门为文件下载提供了一种 stream 结果类型，从而在 Struts2 的 Action 配置中使用 type="stream"的 result 配置有关信息，实现文件的下载。

对于 stream 结果类型的具体使用细节可参考 Struts2 文档 docs/WW/docs/streamresult.html 中给出的说明。在下载文件时，需要为 stream 的 result 设定如下参数：

- contentType: 被下载的文件的 MIME 类型。默认值为 text/plain。
- contentLength: 被下载的文件的大小，以字节为单位。
- contentDisposition: 指定文件下载的处理方式。
- inputName: Action 中提供的文件的输入流。默认值为 inputStream。
- bufferSize: 文件下载时缓冲区的大小。默认值为 1024。
- allowCaching: 文件下载时是否允许使用缓存。默认值为 true。
- contentCharSet: 文件下载时的字符编码集。

注意：这些参数既可以在配置文件内给出具体配置值（所配置的值固定），也可以在 Action 中用 getter 方法提供（stream 结果类型的参数可以在 Action 以属性的方式覆盖，并且可以动态地改变所设置的参数值）。一般情况下，前 3 个参数采用动态方式，后面的 4 个参数采用固定配置，而 inputName 参数采用默认值 inputStream，并且必须在 Action 中提供 getInputStream()方法。

利用 Struts2 下载文件，一般需要以下 3 步：

1）编写下载页面。

2）编写 Struts2 实现文件下载的 Action。

3）修改配置文件 struts.xml，配置 Action。

【例 13-9】　基于 Struts2 设计文件下载 Web 程序。

【设计与实现】下面按文件下载的处理步骤给出实现。

1）编写下载文件页面：通过超链接调用 Action（只给出关键代码）。

```
<body>
    <a href="fileDownload.action?fileName=abcd 中国.txt">单击此处下载文件</a>
```

```
</body>
```

2）Struts2 实现文件下载的 Action。Struts2 文件下载的 Action 与普通的 Action 相同，只是在该 Action 中，通常需要提供 5 个属性（contentType、contentLength、contentDisposition、inputStream、fileName），并给出 getter 方法，同时在实现下载的 Action 方法中，指定这些属性的具体值。注意，对于提供的返回 InputStream 流的 getter 方法，该输入流代表了被下载文件的入口。该 Action 类的代码如下：

```java
package com.edu.action.download;
//省略了 import 语句
public class DownLoadAction extends ActionSupport {
    private static final long serialVersionUID = 1L;
    private String contentType;                  //指定下载文件的类型
    private long contentLength;                  //指定下载文件的长度限制
    private String contentDisposition;           //下载文件的下载方式，并指定保存文件的文件名
    private InputStream inputStream;             //指定文件读数据流
    private String fileName;                     //设置文件下载后要保存的文件名
    //省略了 setter、getter 方法
    public String execute() throws Exception {
        //确定各个成员变量的值
        contentType = "application/octet-stream";            //指定为任意类型的文件
        //指定下载后要保存的默认文件名
        String name=java.net.URLEncoder.encode(fileName, "UTF-8");
        contentDisposition = "attachment;filename="+name;
        ServletContext servletContext =ServletActionContext.getServletContext();
        String fileNamefrom = servletContext.getRealPath("/downloadfiles/中国.txt");
        inputStream = new FileInputStream(fileNamefrom);
        contentLength = inputStream.available();        //指定下载的长度
        return SUCCESS;
    }
}
```

使用说明：

- getInputStream()：该方法返回一个 InputStream 输入流，是下载目标文件的入口。
- 使用 getResourceAsStream 方法时，文件路径必须以 "/" 开头，且是相对路径。
- 可以用 return new FileInputStream(fileName)的方法来得到绝对路径的文件。

3）配置 struts.xml。在 Struts2 中实现文件的下载需要在 struts.xml 配置文件中配置 <result name="success" type="stream">中 stream 的参数值。

配置格式如下（只给出了涉及该 Action 的配置信息）：

```xml
<package name="default" namespace="/" extends="struts-default">
    <action name="fileDownload" class="com.edu.action.download.DownLoadAction">
        <result type="stream">
            <param name="bufferSize">4096</param>
            <!-- 可以配置更多的其他参数信息 -->
        </result>
    </action>
</package>
```

4）部署运行程序，下载工程目录 "/downloadfiles/中国.txt" 的文件，并保存在指定的位

置（默认要保存的文件名为：abcd 中国.txt），运行下载界面如图 13-7 所示。

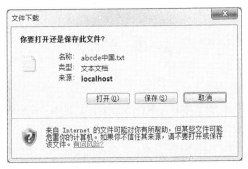

图 13-7　例 13-9 的下载对话框

思考：该案例指定了单个下载文件，请考虑如下改进设计（类似于目前使用的网盘），首先给出一个要下载的文件列表，然后从中选择要下载的文件，可以同时下载多个文件，如何实现呢？

本章小结

Struts2 框架是目前开发者最常使用的 MVC 开发框架，本章主要介绍了 Struts2 框架的使用方法及使用 Struts2 开发 Web 程序所采用的技术；Struts2 框架的结构及其工作原理；Action 的设计与配置，Action 的调用方法；Struts2 标签、国际化、拦截器、文件的上传与下载等应用和实现方法。

习题

1．采用 Struts2 架构构建一个简单的登录系统，要求如下。

1）系统功能要求：当用户在登录页面上填写用户名和密码并提交后，系统检查该用户是否已经注册，若已注册，系统进入主页面，否则，进入注册页面。

2）使用 JavaBean 封装提交信息为对象，重新实现所要求的功能。

2．修改题目 1，将提交的"用户名信息"保存到 request 中，将"密码信息"保存到 session 中，而将"用户是否已经注册的判定信息"保存在 application 中，并在显示页面中，分别从 request、session 和 application 中获取数据并显示出来。

3．在第 4 章的习题中给出了"简单的网上名片管理系统"的开发需求和有关的要求，针对该习题中所给出的功能要求，基于 Struts2+JDBC+DAO 这 3 种技术进行整合重新开发该系统。

参 考 文 献

[1] 朱金华，胡秋芬，戚常林. 网页设计与制作[M]. 北京：机械工业出版社，2014.

[2] 高洛峰. 跟兄弟连学 PHP[M]. 北京：电子工业出版社，2016.

[3] 聂常红. Web 前端开发技术[M]. 2 版. 北京：人民邮电出版社，2016.

[4] 张继军，董卫. Java EE 框架开发技术与案例教程[M]. 北京：机械工业出版社，2016.

[5] 刘聪. 零基础学 Java Web 开发：JSP+Servlet+Struts+Spring+Hibernate+Ajax[M]. 北京：机械工业出版社，2008.

[6] 胡书敏，陈宝峰，程炜杰. Java 第一步——基础+设计模式+Setvlet+EJB+Struts+Spring+Hibernate[M]. 北京：清华大学出版社，2009.

[7] 杨树林，胡洁萍. Java Web 应用技术与案例教程[M]. 北京：人民邮电出版社，2011.

[8] 杨树林，胡洁萍. Java EE 企业级架构开发技术与案例教程[M]. 北京：机械工业出版社，2012.

[9] 龚永罡，陈秀新. Java Web 应用开发使用教程[M]. 北京：机械工业出版社，2010.

[10] MARTY HALL,LARRY BROWN, YAAKOV CHAIKIN. Servlet 与 JSP 核心编程：第 2 卷[M]. 2 版. 胡书敏，译. 北京：清华大学出版社，2009.

[11] MARTY HALL,LARRY BROWN. Servlet 与 JSP 核心编程[M]. 2 版. 赵学良，译. 北京：清华大学出版社，2006.

[12] 甘勇. JSP 程序设计技术教程[M]. 北京：清华大学出版社，2010.

[13] 张志峰，申红雪. Struts2+Hibernate 框架技术教程[M]. 北京：清华大学出版社，2012.

[14] 邬继成. J2EE 开源编程精要 15 讲——整合 Eclipse、Struts、Hiberbnate 和 Spring 的 Java Web 开发[M]. 北京：电子工业出版社，2008.

[15] 郭珍，王国辉. JSP 程序设计教程[M]. 北京：人民邮电出版社，2008.

[16] 孙延鹏，吕晓鹏. Web 程序设计——JSP[M]. 北京：人民邮电出版社，2008.